翻倍效率工作術

不會就太可惜的 Excel × ChatGPT 自動化應用

關於文淵閣工作室

ABOUT

常常聽到很多讀者跟我們說：我就是看你們的書學會用電腦的。

是的！這就是寫書的出發點和原動力，想讓每個讀者都能看我們的書跟上軟體的腳步，讓軟體不只是軟體，而是提昇個人效率的工具。

文淵閣工作室創立於 1987 年，創會成員鄧文淵、李淑玲在學習電腦的過程中，就像每個剛開始接觸電腦的你一樣碰到了很多問題，因此決定整合自身的編輯、教學經驗及新生代的高手群，陸續推出「快快樂樂全系列」電腦叢書，冀望以輕鬆、深入淺出的筆觸、詳細的圖說，解決電腦學習者的徬徨無助，並搭配相關網站服務讀者。

隨著時代的進步與讀者的需求，文淵閣工作室除了原有的 Office、多媒體網頁設計系列，更將著作範圍延伸至各類程式設計、影像編修與創意書籍。如果在閱讀本書時有任何的問題，歡迎至文淵閣工作室網站或使用電子郵件與我們聯絡。

- 文淵閣工作室網站　http://www.e-happy.com.tw
- 服務電子信箱　e-happy@e-happy.com.tw
- Facebook 粉絲團　http://www.facebook.com/ehappytw

總 監 製：鄧君如

監　　督：鄧文淵．李淑玲

責任編輯：鄧君如

執行編輯：黃郁菁、熊文誠．鄧君怡

本書學習資源

RESOURCE

本書範例檔可從此網站下載：http://books.gotop.com.tw/DOWNLOAD/ACI037000，下載的檔案為壓縮檔，請解壓縮檔案後再使用。範例檔檔名是以各章標題編號命名，例如：<314.xlsx>。

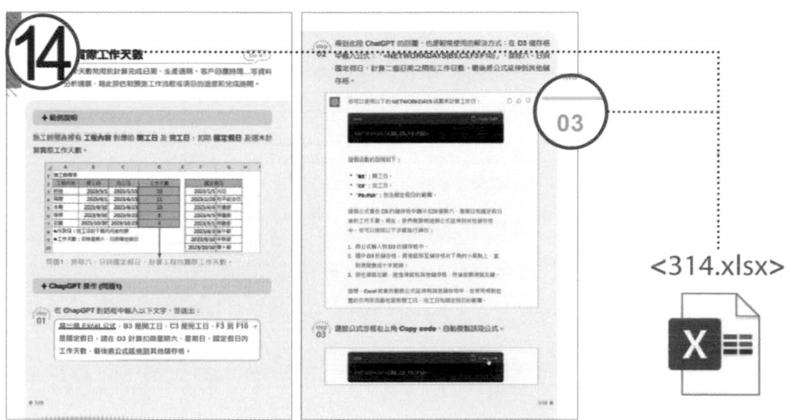

大部分範例檔會有二個工作表，如下圖，第一個 "施工時間表" 工作表為原始練習內容，而第二個 "施工時間表ok" 工作表為完成內容。(若完成內容無法以工作表呈現則會依原練習檔檔名加上 "ok" 另存完成檔。)

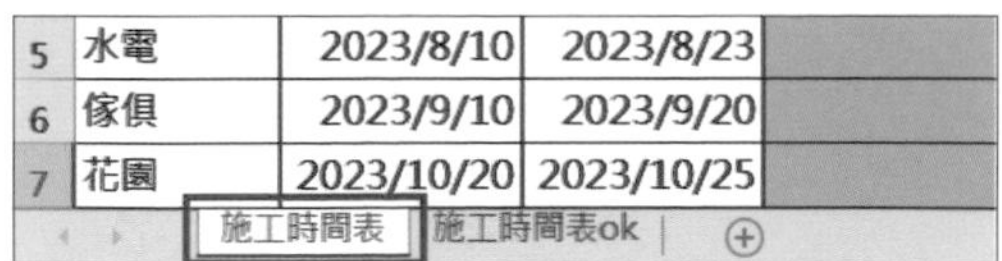

5	水電	2023/8/10	2023/8/23	
6	傢俱	2023/9/10	2023/9/20	
7	花園	2023/10/20	2023/10/25	

施工時間表　施工時間表ok

5	水電	2023/8/10	2023/8/23	10
6	傢俱	2023/9/10	2023/9/20	8
7	花園	2023/10/20	2023/10/25	4

施工時間表　施工時間表ok

◤線上下載

本書範例檔、教學影片、ChatGPT 指令速查，請至下列網址下載：

http://books.gotop.com.tw/DOWNLOAD/ACI037000

單元目錄

CONTENTS

準備篇

Part 1 解密 ChatGPT 利用 AI 簡化工作

智能化升級，效率倍增

▶ 實用篇

Part 2 優化資料整理與限定檢查

數據整合，提升準確度

Part 3 快速掌握函數應用
高效處理數據運算

▶ 提升篇

Part 4 用 VBA 開啟自動化工作處理
讓工作更智慧、更快速

Part

5 在 Excel 就能問 ChatGPT

輕鬆問答，快速解決問題

Part

6 更多提升工作效率的整合應用

打造高效工作環境

PART 01

解密 ChatGPT 利用 AI 簡化工作

1 瞭解 ChatGPT 與應用範圍

Do it !

開始使用 ChatGPT 前，先簡單了解一下什麼是 ChatGPT，以及應用層面上有什麼樣的限制。

✦ 什麼是 ChatGPT？

ChatGPT 不只是一款 AI 聊天機器人，還擅長於各種任務。它能輕鬆回答問題、翻譯文章、創作小說、撰寫程式以及進行除錯...等工作。

GPT 指的是 "生成型預訓練變換模型 (Generative Pre-trained Transformer)"，由 OpenAI 基金會研發，利用大量網路文字樣本進行深度學習訓練，建立起龐大的 "自然語言處理模型分析大數據" 資料庫。ChatGPT 會使用這個資料庫，拆解與重新組合文字，生成多種不同答案。因此，即使問題相同，ChatGPT 的回答也不一定相同。

ChatGPT 也會透過人工處理的方式調整回應內容，使之更具 "人性化"，在這樣的問與答、反覆學習的過程中，當 ChatGPT 獲得足夠的知識庫後，其生成的結果也會越來越精準。

Open AI 在 2018 年推出 GPT，至今為止已來到 GPT-4 版本，目前 GPT-3.5 仍提供免費服務，GPT-4 則是開放給 ChatGPT Plus 訂閱者使用。一般使用者只要連結至 Open AI 官網，註冊登記一組 ChatGPT 帳號就可以開始免費使用。

✦ 應用上的限制

作為一個 AI 聊天機器人，使用上還是有些侷限，例如：

- **輸入的語言**：ChatGPT 支援多國語言，因此使用中文也沒有問題。一般來說，ChatGPT 訓練數據多以廣泛使用的英文為主，因此對英文的接受度與表現也會較好，其他語言可能依普遍性、使用程度或特殊性，有些許的差異。
- **受限來源資料的時間**：ChatGPT 的知識主要來自於一個已經預先訓練好的自然語言處理模型，其數據的時間範圍從最早公開的資料開始，一直到 2021 年 9 月，如果超出此範圍的資料，ChatGPT 可能會因為缺乏相關訓練數據，導致無法提供正確結果。例如：具有時間性的事件或新聞、新興產業、目前趨勢或潮流...等。

我的知識截至日期為2021年9月。我的資料並未包含在這之後的信息。如有需要了解最新資訊，建議您查詢其他可靠來源。

- **無法正確理解的情境**：ChatGPT 無法像人類一樣理解情境和內容，它只能根據提供的問題和輸入的訊息來回答，如果沒有足夠的訊息或者理解不了問題的背景和目的，即無法提供有用的答案。
- **無情感**：ChatGPT 是一個自然語言處理模型資料庫，因此無法理解及感受情感。對於涉及情感方面的問題，無法提供建議或支持。

對於虛擬貨幣的漲跌你有什麼樣的看法？

作為一個語言模型，我並不會對虛擬貨幣的漲跌提供個人意見，因為我沒有自己的觀點或感受。不過，我可以提供一些關於虛擬貨幣的一般資訊。

虛擬貨幣是一種使用加密技術的數位貨幣，例如比特幣、以太幣、萊特幣等等。它們的價值通常會根據市場供需關係和投資者對它們的信心等因素而產生波動。

對於虛擬貨幣的漲跌，人們的看法不盡相同。有些人認為虛擬貨幣具有投資價值，可以作為一種風險投資進行購買。而另外一些人則擔心虛擬貨幣的價值波動過大，可能會造成投資損失或市場不穩定的情況。

ChatGPT 知識廣博，但有時候也會給出看似正確，但實際上錯誤的回應，例如：詢問日月潭周邊民宿時，它推薦的三間民宿可能並不存在。因此使用 ChatGPT 時，必須保持獨立思考的態度，不能將其回答當成唯一的決策依據。

> 以下是我為您推薦的南投日月潭周邊的三間民宿：
>
> 1. 水舞小築：這家民宿位於距離日月潭水社碼頭約十分鐘車程的地方，建築採用了傳統的中國古典風格，房間內部設計簡約大方，同時還有一個非常漂亮的庭院，是個能夠提供放鬆舒適體驗的好選擇。
> 2. 蕙典膽艾莊園：這是一家由當地特有的草本植物所打造的民宿，可以讓您體驗到獨特的生態環境，民宿內部設計風格極具時尚感，配備齊全的娛樂設施，能夠滿足您的所有需求。
> 3. 奕居民宿：這家民宿距離日月潭風景區不遠，位置優越，擁有寬敞的房間和乾淨舒適的床鋪，民宿還提供了完善的早餐和各種優惠活動，是一個非常適合家庭旅遊和小型團體的好選擇。

對個人使用者而言，七至九成的回答，準確度或許沒有疑慮，但企業若憑藉不正確的資料做出決策，可能會釀成嚴重後果。此外 ChatGPT 透過不斷收集使用者所提供的資訊進行理解與對話；使用 ChatGPT 提問時，需避免隨意洩露公司機密導致重大損失。

✦ 生成文字的著作權說明

由於 Open AI 不會對 ChatGPT 生成的文字主張著作權，因此 ChatGPT 生成的文字都屬於該平台使用者。目前 ChatGPT 的創作均來自訓練數據中的文字和資訊，因此某些生成內容可能缺乏原創性，會有複製或抄襲的狀況，建議不要直接運用在商業行為上，不管是內容使用或轉載，最好都要小心謹慎與再三求證，確保遵守相關法律和道德準則。

依台灣經濟部智慧財產局電子郵件字第 1070420 號函文明確表示 AI (人工智慧) 是指由人類製造出來的機器所表現出來的智慧成果，由於 AI 並非自然人或法人，其創作完成之智慧成果，非屬著作權法保護的著作，原則上無法享有著作權。

2 開始使用 ChatGPT

ChatGPT 目前只要註冊一組帳號，即可免費使用，以下介紹註冊流程，並簡單說明使用技巧。

✦ 註冊帳號

step 01 開啟瀏覽器，在網址列輸入：「https://openai.com/blog/chatgpt」進入 ChatGPT 首頁，選按 **Try ChatGPT** 鈕，接著若為初次使用請選按 **Sign up** 鈕。

Welcome to ChatGPT

Log in with your OpenAI account to continue

step 02 可以選擇用自己的 Email 註冊帳號；或選按 **Continue with Google** 鈕，直接綁定 Google 帳號 (在此示範此方式)。

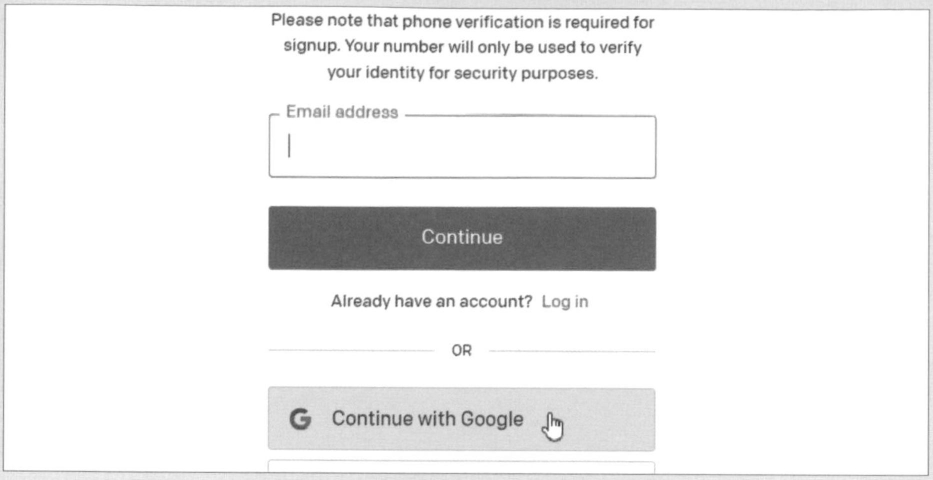

Please note that phone verification is required for signup. Your number will only be used to verify your identity for security purposes.

Email address

Continue

Already have an account? Log in

OR

Continue with Google

step 03 選按欲登入的帳號 (或依步驟完成帳號登入)，輸入 **First name** 與 **Last name**，設定出生年月日後，選按 **Continue** 鈕。

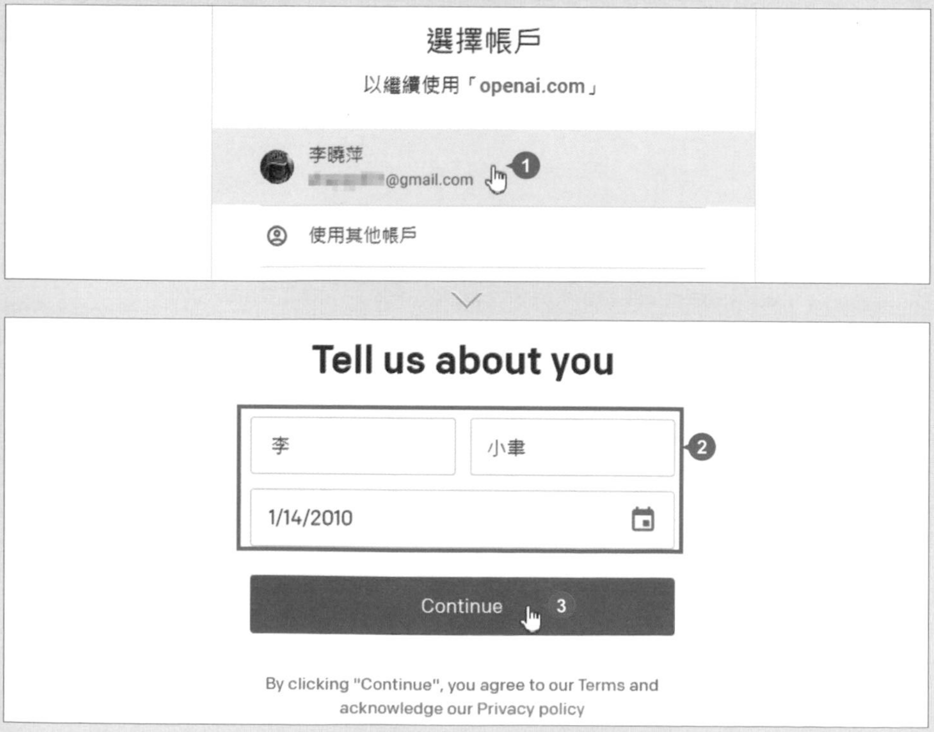

選擇帳戶

以繼續使用「openai.com」

李曉萍

@gmail.com

1

使用其他帳戶

Tell us about you

李

小聿

1/14/2010

2

Continue 3

By clicking "Continue", you agree to our Terms and acknowledge our Privacy policy

輸入手機號碼，選按 **Send code** 鈕，待收到簡訊後，輸入 6 碼的驗證碼即完成帳號註冊。

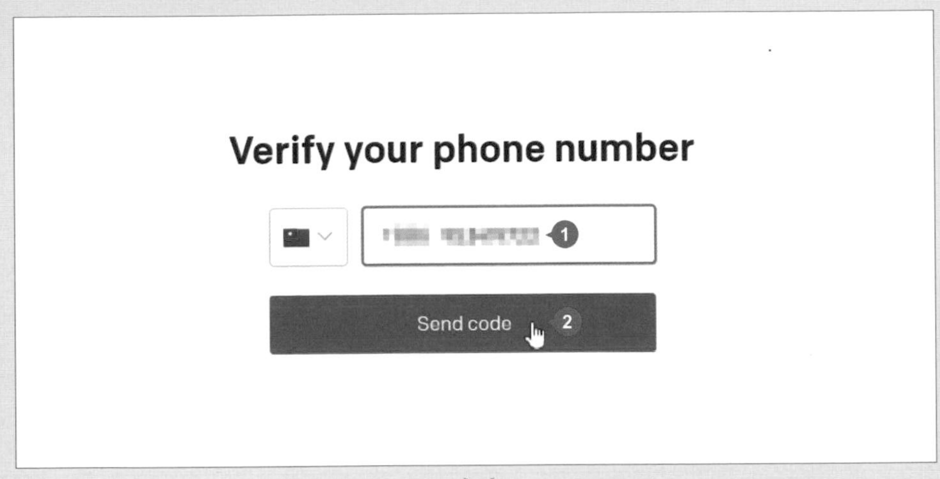

Enter code

Please enter the code we just sent you.

123 450

3

手機號碼無法使用

為避免 ChatGPT 被濫用，每組電話都有被限制使用次數，當使用的號碼已驗證過二次後 (不管自己用或是給其他人用過)，會被警告已達驗證上限。

Verify your phone number

+886

This phone number is already linked to the maximum number of accounts.

step 05 接著會出現簡單的歡迎畫面與簡介，選按二次 **Next** 鈕、一次 **Done** 鈕，進入 ChatGPT 畫面。

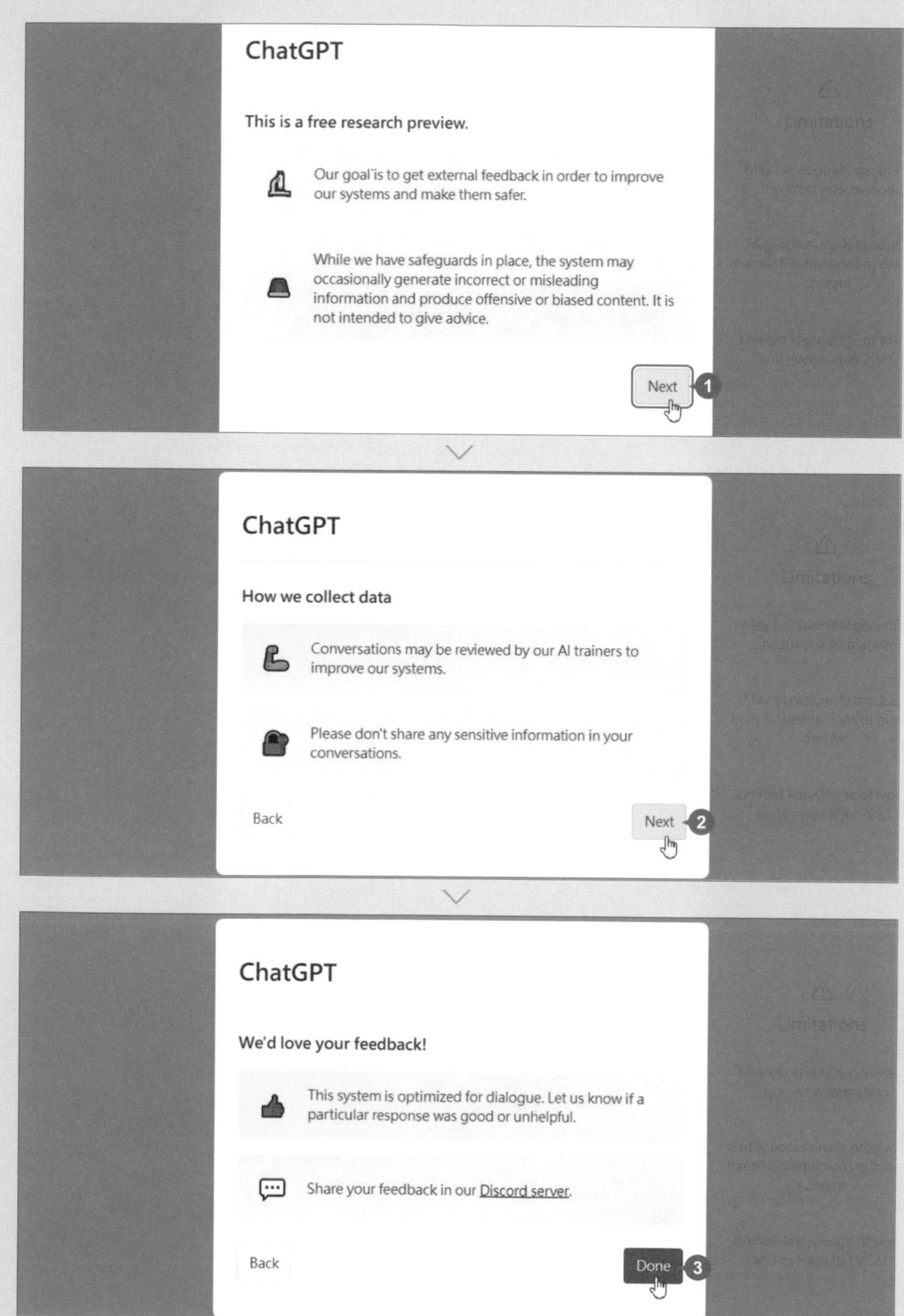

✦ 認識 ChatGPT 介面

使用 ChatGPT 前，先瞭解一下介面的基本配置：

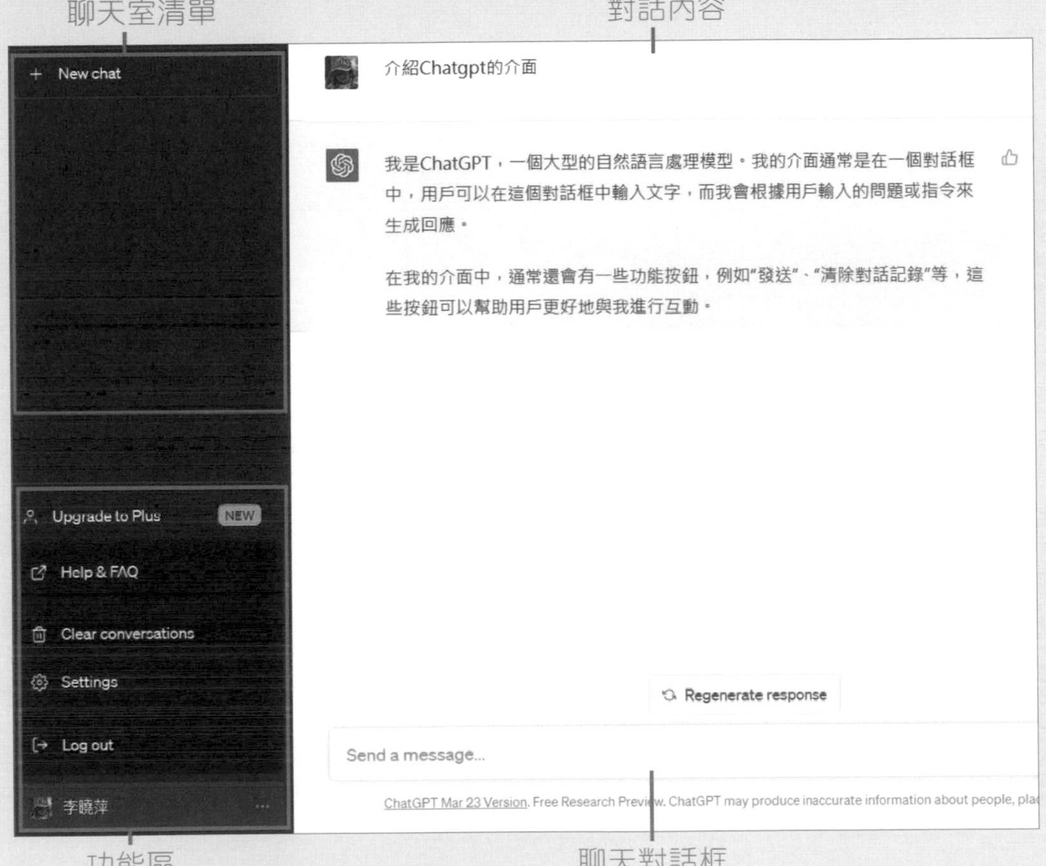

- **聊天室清單**：選按 **New chat** 可發起新主題的聊天室，正在進行或曾經開啟的聊天室會一一列項於下方，選按清單中某一個聊天室可開啟該對話內容，其中 🗑 可刪除該聊天室，✎ 則可為聊天室重新命名。
- **對話內容**：聊天室內容會顯示於此處。
- **聊天對話框**：此處輸入欲詢問的問題，選按 ➢ 或按 Enter 鍵傳送。
- **功能區**：**Upgrade to Plus** 付費升級項目；選按 ⋯ 開啟清單，清單中有幫助與問答、刪除所有聊天室、設定主題及登出。

✦ ChatGPT 的入門使用技巧

如果初次接觸 ChatGPT，不知道如何開始，可以使用起始主畫面中的 "Examples" (實例) 與 ChatGPT 進行互動。但由於提問的內容是英文，因此 ChatGPT 也會以英文來回答。此外，聲明中還介紹了 ChatGPT 的 "Capabilities" (能力) 與 "Limitations" (限制)，可以更了解何種問題較適合使用 ChatGPT 回答。

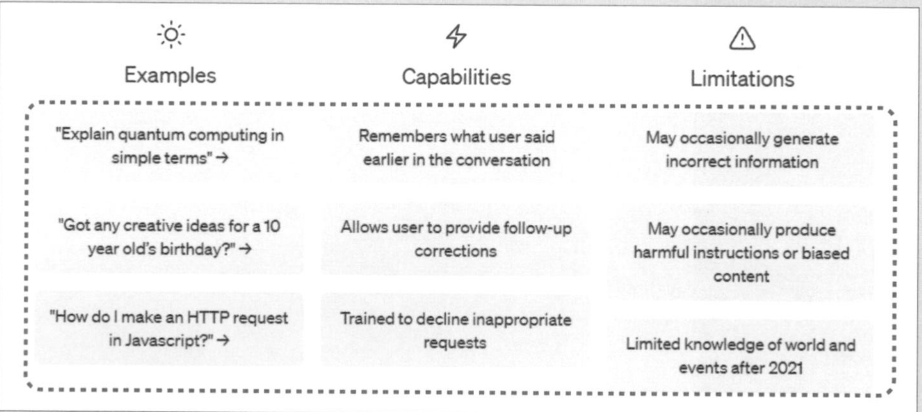

有問題想詢問 ChatGPT，可以依以下方法操作：

step 01 於對話框按一下滑鼠左鍵產生輸入線，輸入欲詢問的問題，選按 [➤] 或按 Enter 鍵將問題送出。

接著 ChatGPT 會回答你的問題。(每次的回答都隨機產生，因此就算同樣的問題問了二次，有可能二次的答案都不太相同。)

提問的問題

時光旅行有可能實現嗎？

目前科學界尚未發現時光旅行的方法，因此在當前的科學知識和技術水平下，我們無法確定時光旅行是否能夠實現。

然而，許多理論物理學家和時間哲學家已經提出了一些關於時光旅行的理論，例如通過縮短時空、利用黑洞或蟲洞等方法進行時光旅行等，但這些理論都存在著許多未解決的問題，而且也尚未被科學界廣泛認可。

ChatGPT 的回答

step
03

針對 ChatGPT 的回覆，可以再進一步提出發問。

蟲洞是什麼？

蟲洞是一種假想中的天體物理學物體，是由愛因斯坦的廣義相對論方程組推導出來的解，它被認為是時空結構的一種特殊現象。蟲洞通常被描述為一種連接兩個不同時空位置的通道，這些通道在時空中的形狀類似於一個隧道或管道，兩端可能分布在不同的宇宙地區、不同的星系或不同的時空。

蟲洞的存在需要一定的物理條件，例如需要大量質量或能量的存在，或者需要某些假想的物質，如負質量或暗能量。目前，蟲洞只是一個理論假設，並且還未被觀測到，但是許多理論

step
04

如果對 ChatGPT 的回答不滿意或是不甚了解，一樣可以繼續提問，像是「有更簡單的說明嗎？」，或是「請把我當成 3 歲小孩一樣解釋給我聽」...等，讓 ChatGPT 的回答更符合需求。

有更簡單的說明嗎？

蟲洞可以想像成時空中的一個隧道，可以將不同的地方或時間點連接在一起，就像是一個捷徑，讓你可以在短時間內到達較遠的地方或不同的時刻。不過，要構建這樣的蟲洞需要很特殊的物理條件，目前還只是一種理論假設。

Tip

3 管理 ChatGPT 對話記錄

Do it !

ChatGPT 的對話記錄就像一般聊天室一樣，每個聊天室都是獨立的項目，以下說明如何管理。

✦ 管理聊天室

step 01 每當發起一個問題，側邊欄聊天室清單會自動產一個聊天室，並隨機取樣問題中的關鍵字當作聊天室名稱。

step 02 選按聊天室名稱後，選按 ✎ 可替聊天室重新命名，完成後再選按 ✓ 完成重新命名。

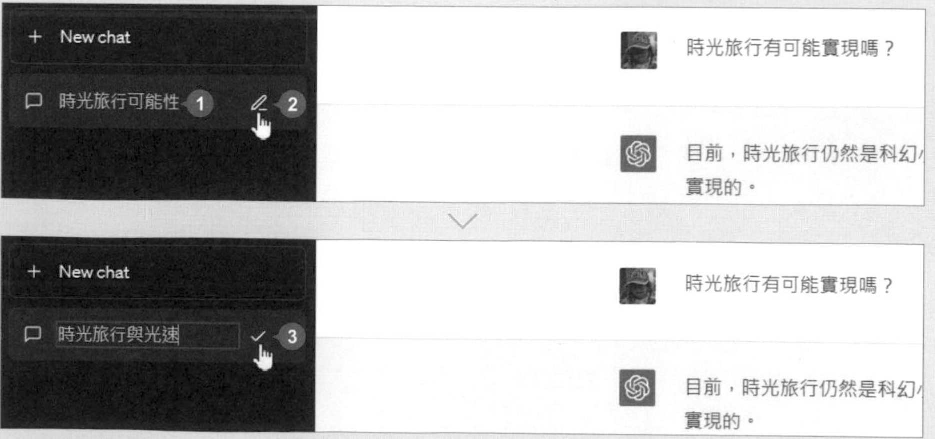

step 03 側邊欄選按 **+ New chat**，並於聊天對話框輸入提問，選按 ◁ 或按 Enter 鍵將問題送出，即可建立另一個新的聊天室。

step 04 若要刪除聊天室，選按聊天室名稱後，選按 🗑 可刪除，完成後再選按 ☑ 完成刪除聊天室。

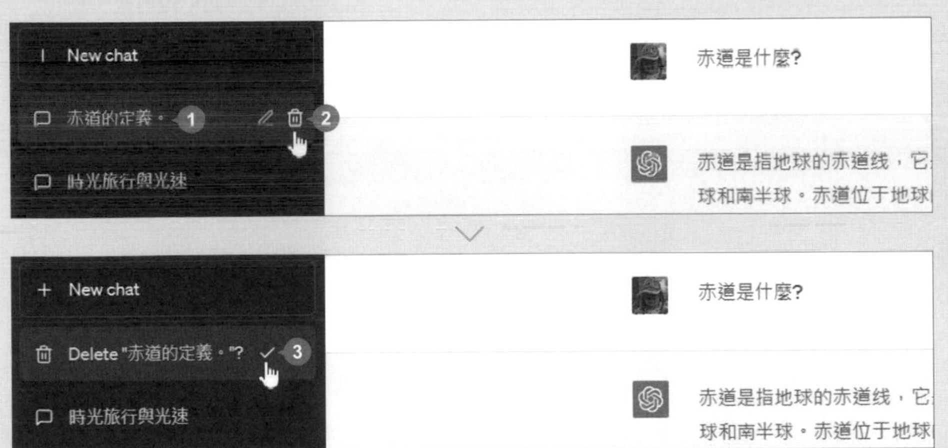

小提示

刪除所有聊天室

如果想要刪除所有聊天室，可於側邊欄選按 ⋯ \ **Clear conversations** \ **Confirm clear conversations**。

準備篇

01 解密 ChatGPT 利用 AI 簡化工作

✦ 要求重新回覆或重新編輯提問內容

如果 ChatGPT 的回答無效或不滿意時，雖然可以一直重新提問，但對話內容會越來越長，最後反而找不到需要的內容，參考以下操作方法，更精簡的管理回覆。

step 01 當 ChatGPT 回覆後，如果對此次的回答不滿意，可以於對話框上方選按 **Regenerate response** 鈕重新回覆。

你知道星際效應嗎

如果你是指電影《星際效應》（Interstellar），那麼我可以告訴你一些關於這部電影的基本信息。

《星際效應》是一部由克里斯托弗·诺兰（Christopher Nolan）執導，馬修·麥康納（Matthew McConaughey）、安妮·海瑟薇（Anne Hathaway）、杰西卡·查斯坦（Jessica Chastain）等人主演的科幻電影，於2014年上映。

這部電影講述了一群科學家和太空人前往宇宙深處尋找一個新的家園，以拯救人類種族。電影深入探討了時間、重力和多維度等複雜的科學概念，並在故事情節中融入了家庭、人性和信仰等主題。

這部電影獲得了廣泛的好評和商業成功，並獲得了奧斯卡獎、金球獎等多個獎項的提名和獲獎。

Regenerate response

step 02 ChatGPT 重新回覆的內容會顯示在目前頁面上，Ⓢ 左側會顯示數字 (如：2/2)，代表 "目前第幾筆回覆/全部回覆筆數"，選按 < 、 > 可前後切換瀏覽回覆內容。

你知道星際效應嗎

如果您是指電影《星際效應》（Interstellar），那麼是的，我知道它。《星際效應》是一部2014年上映的科幻電影，由克里斯托弗·諾蘭執導，馬修·麥康納、安妮·海瑟薇、崔西·蒙特馬利和傑西卡·查斯坦等人主演。電影的故事圍繞著一個由NASA發起的太空探險，目的是找可以支持人類生存的新地球。影片在劇情、視覺效果和音樂方面都受到了廣泛的讚譽，被認為是當代科幻電影的經典之作之一。

如果覺得 Chatgpt 重新回覆的內容不是很滿意，也可考慮修改問題內容，將滑鼠指標移至問題右側，選按 ☑。

你知道星際效應嗎

如果您是指電影《星際效應》（Interstellar），那麼是的，我知道它。《星際效應》是一部2014年上映的科幻電影，由克里斯托弗·諾蘭執導，馬修·麥康納、安妮·海瑟薇、崔西·蒙特戈馬利和傑西卡·查斯坦等人主演。電影的故事圍繞著一個由NASA發起的太空探險，目的是尋找可以支持人類生存的新地球。影片在劇情、視覺效果和音樂方面都受到了廣泛的讚譽，並被認為是當代科幻電影的經典之作之一。

重新輸入或變更問題，選按 **Save & Submit** 鈕，ChatGPT 會依新問題回覆，此外也會在個人縮圖左側顯示數字 (如：2/2)，一樣可選按 ‹、› 前後切換，瀏覽不同的問題與相對應的回覆內容。

你知道星際效應電影中說到的蟲洞是什麼嗎？ 1

‹ 2/2 ›

如果您是指電影《星際效應》（Interstellar），那麼是的，我知道它。《星際效應》是一部2014年上映的科幻電影，由克里斯托弗·諾蘭執導，馬修·麥康納、安妮·海瑟薇、崔西·蒙特戈馬利和傑西卡·查斯坦等人主演。電影的故事圍繞著一個由NASA發起的太空探險，目的是尋找可以支持人類生存的新地球。影片在劇情、視覺效果和音樂方面都受到了廣泛的讚譽，並被認為是當代科幻電影的經典之作之一。

‹ 2/2

你知道星際效應電影中說到的蟲洞是什麼嗎？

是的，星際效應電影中提到的蟲洞是指時空隧道，也稱為愛因斯坦-羅森橋（Einstein-Rose bridge）。它是由阿爾伯特·愛因斯坦和他的同事尼克爾斯·羅森在1935年提出的概念，用於描述將一個宇宙區域與另一個宇宙區域相連的通道。通過這個通道，人們可以在不同的宇宙區域之間穿行，甚至是在不同的時空之間穿行。在星際效應中，蟲洞被用作太空船到達遙遠離地球的星球和星系的手段。

4 常見的 ChatGPT 使用問題

Do it !

使用 ChatGPT 的過程中偶而會遇到一些問題，以下將列出一些常會發生的情況。

Q：回應時間過長？

A：ChatGPT 由於使用網際網路連線的方式一問一答，回應速度會因流量而有所影響，一般而言大概數 10 秒內可以完成答題，如果線上使用人數激增，可能會慢到 30 秒至 1 分鐘左右。還有其他可能因素：

- 該問題需要進行更多的分析和推理，以便提供正確的回答。
- 可能需要更多的上下文訊息才能理解問題，需要更長的時間來解決。

Q：隨機的答案？

A：同一個問題，不同的時間或情況下，可能會得到不同答案。這是因為 ChatGPT 是基於語言模型及當前知識水平和上下文的資訊，這些因素都會影響最後回答結果。在無法控制 ChatGPT 回答的情況下，只能透過精確關鍵字或分段式提問方式，逐漸培養和提高 ChatGPT 準確性。

地球有多少人口?

截至2021年9月，世界人口大約為78.3億人。然而，由於人口數量在不斷變化，這個數字每時每刻都在發生變化。您可以透過網路搜索引擎獲取最新的數字。

截至2021年，根據聯合國的數據，地球的人口約為78億。然而，這個數字會不斷變化，因為人口數量會受到出生率、死亡率、移民和難民等因素的影響。

Q：出現錯誤訊息？

A：有時候因為頁面待機時間過長，網路連線逾時，詢問 **ChatGPT** 會出現類似下圖的錯誤訊息。此時可以按 F5 鍵重新整理頁面，試著恢復正常；或者是重新開啟新的頁面，並再次進入 **ChatGPT**。

可以幫我介紹 GPT-3.5與GPT-4的差異

Something went wrong. If this issue persists please contact us through our help center at help.openai.com.

Q：使用英文或簡體字回覆？

A：儘管 **ChatGPT** 支援多國語系，但某些情況下，可能無法正確識別繁體中文。此外，如果問題中包含特定詞語或用語，**ChatGPT** 也有可能自動轉換成相對應的英文或簡體字。這時，只要重新提供更清楚的提示，可以請 **ChatGPT** 修正語言環境。此外，還要特別注意用語的差異，例如 **Excel** 列與欄的用法，在兩岸使用上剛好相反。

你知道星際效應電影中說到的蟲洞是什麼嗎？

是的，星际效应电影中提到的蟲洞是指时空隧道，也称为爱因斯坦-罗森桥(Einstein-Rosen bridge)。它是由阿尔伯特·爱因斯坦和他的同事尼克尔斯·罗森在1935年提出的概念，用于描述将一个宇宙区域与另一个宇宙区域相连的通道。通过这个通道，人们可以在不同的宇宙区域之间穿行，甚至是在不同的时空之间穿行。在星际效应中，蟲洞被用作太空船到达远离地球的星球和星系的手段。

請用繁體中文再說明一次。

Q：回答到一半中斷？

A： 回覆較大篇幅的內容時，很容易會遇到回答到一半中斷的情況，此時只要輸入「繼續」或「將**xx**說完」文字，**ChatGPT** 會繼續完成回覆內容。

了茂密的樹林和綠色的植被，還有一些微光閃爍在樹叢中。

艾瑪開始進

將故事講完。

艾瑪開始進入魔法森林，但很快就迷失了方向。她走了一段時間後，遇到了一個友善的小精靈。小精靈告訴艾瑪，要通過森林必須經過三個試煉：第一個試煉是解開一個謎語，第二個

Q：拒絕回覆過於主觀的問題？

A： 如果詢問一些較主觀的評論、政治、犯罪...等敏感話題，**ChatGPT** 也會迴避答覆，另外像最近事件的相關問題也無法回覆。

請評估台基電股票的漲幅走勢？

我們AI模型無法即時獲取即時股市數據，請您見諒。此外，股市波動受多種因素影響，包括但不限於市場需求、公司基本面、宏觀經濟因素等等，因此建議您在投資前充分瞭解相關風險，進行風險管理，謹慎評估投資決策。如果您需要更詳細的股票分析報告，建議請專業的財務顧問提供協助。

韓國歐巴帥嗎？

這個問題的答案是很主觀的，因為每個人對於「帥」的定義不盡相同，而且對於外貌的評價也受到個人喜好和文化背景的影響。韓國有很多帥氣的男性，包括許多演員、歌手和模特等

5 掌握 Excel 高效提問技巧

Do it！

面對 Excel 各種資料歸納與統計需求，有效掌握 ChatGPT 提問技巧，快速生成最適用的操作流程、公式或函數...等方案。

使用 ChatGPT 這類 AI 聊天機器人，直覺自然的詢問，雖然可以獲得需要的答案，但是當應用在尋求 Excel 操作方面的幫助，想藉此達成智慧自動表格化、資料取得與驗證、函數應用或執行 VBA...等統計分析需求時，就必須透過精準的提問技巧，讓 ChatGPT 的回答有效又有正確率！

✦ 設定角色

先決定 ChatGPT 的角色，藉此提高 Excel 問題解決的能力，讓 ChatGPT 可以更符合期望，並更好地回答問題。例如：

- 請用 Excel 專家的身份...
- 假設你是一個 Excel 專家...

如何加總？

加總是指把多個數值相加的過程。以下是一些加總的方法：

1. 總和符號：使用符號"∑"表示加總，把要相加的數值寫在符號下方，例如：∑x
2. 計算器：現代科技的計算器具有加總功能，可以輕鬆地輸入要相加的數值，然後按下...

請用Excel專家的身份 說明加總方式？

作為Excel專家，我可以向您介紹在Excel中進行加總的幾種方式：

1. 使用SUM函數：SUM函數是Excel中最常用的加總函數之一，可以將選定範圍內的數值相加。例如，要加總A1到A10的數值，可以在B1單元格輸入"=SUM(A1:A10)"並按下...鍵

✦ 簡單易懂的文字，避免過於冗長

利用簡單易懂的文字來陳述 Excel 需求，避免過於冗長，另外不要使用艱澀或複雜的專業用語。

選取第A欄第一個儲存格到第E欄第五個儲存格

您可以使用滑鼠或鍵盤來選取第A欄第一個儲存格到第E欄第五個儲存格。以下是幾種選取方式：

在Excel中，如何選取A1到E5？

您可以使用滑鼠或鍵盤來選取A1到E5這個範圍。以下是幾種選取方式：

✦ 確定具體問題

確定 Excel 問題是什麼，或需要什麼樣的幫助，讓 ChatGPT 可以根據要求，提供最符合又正確的答案。例如：

- 將資料整理成表格...
- 寫一個公式計算總和...

3/6 財務部 沈芳蓉 A4 20入資料夾 55 2
3/26 業務部 王子維 簽字筆 8 5
4/7 行政部 陳正翰 修正帶 29 2
4/15 資訊部 陳賢文 無線滑鼠 399 1
4/24 行政部 張婷婷 釘書機 50 5

這些資料可能是某個公司或組織的物品購買記錄，其中每筆記錄包括日期、部門、員工、物品名稱、單價和數量等資訊。可以進一步將這些資訊整理成表格，便於分析和總結。例如，在Excel中可以建立一個表格，然後將日期、部門、員工、物品名稱、單價和數量等欄位作為表格的項目，再將每筆記錄填入表格中，就可以方便地進行統計分析了。

在excel中，將下面資料整理成表格，表頭分別為：申請日期、申請部門、員工姓名、文具品項、單價、申請數量：
3/6 財務部 沈芳蓉 A4 20入資料夾 55 2
3/26 業務部 王子維 簽字筆 8 5
4/7 行政部 陳正翰 修正帶 29 2
4/15 資訊部 陳賢文 無線滑鼠 399 1
4/24 行政部 張婷婷 釘書機 50 5

申請日期	申請部門	員工姓名	文具品項	單價	申請數量
3/6	財務部	沈芳蓉	A4 20入資料夾	55	2
3/26	業務部	王子維	簽字筆	8	5

✦ 說明欄位、範圍或資料格式

指定 Excel 操作範圍、說明欄位名稱或提供正確的資料格式，如：數字、日期、時間...等，讓 ChatGPT 回答相關操作，或提供公式與函數，可以降低錯誤的內容，順利獲得解答。例如：

- 找到 A2 到 H21 中的空白儲存格...
- 限制輸入日期需介於 "2023/1/1" 至 "2023/12/31"...

找到資料中的空白儲存格

在Excel中，可以使用內建的條件格式來找到資料中的空白儲存格。請按照以下步驟執行：

1. 選擇您要搜尋的範圍（例如，整個工作表）。
2. 在功能區中選擇【首頁】>【條件格式】>【新規則】。

在Excel中，找到A2到H21資料中的空白儲存格

要找到 A2 到 H21 資料中的空白儲存格，可以使用以下步驟：

1. 選取 A2 到 H21 的範圍，可以直接點選 A2，然後按住滑鼠左鍵不放，拖曳至 H21，最後放開滑鼠左鍵即可。
2. 在「尋找和選取」功能中選擇「前往特定儲存格」，或者使用快捷鍵「Ctrl+G」，打開

✦ 修正問題

遇到 ChatGPT 的答案不正確，或內容不如預期時，可以針對 Excel 問題進行多次修正，讓 ChatGPT 可以進行學習與調整。

在 Excel 中，如何於 E2 到 E21 輸入正確金額值? ──▶ 原始問題

在Excel中，您可以按照以下步驟輸入正確的金額值：

1. 確定E2到E21是您要輸入金額的儲存格範圍。
2. 在第一個儲存格（例如E2）中輸入金額數字。如果需要輸入貨幣符號，可以在數字前面加上符號，例如"$"表示美元，"€"表示歐元等。
3. 按下Enter鍵，將數字輸入到儲存格中。
4. 將游標移到右下角的小方格，游標會變成十字形狀。
5. 按住滑鼠左鍵，拖動游標到您想要輸入數字的儲存格範圍（例如E3到E21），釋放滑鼠左鍵。
6. 在彈出的選項中，選擇"填充數列"。

在Excel中，於 E2 到 E21 限制輸入 "整數" 且 "大於0" 的數值 ──▶ 修正後的問題

可以使用「資料驗證」功能在 E2 到 E21 設定限制條件，只允許輸入大於 0 的整數。請參照以下步驟：

1. 選取 E2 到 E21 的儲存格範圍。
2. 在功能表列中選擇「資料」，然後點選「資料驗證」。
3. 在彈出的「資料驗證」對話框中，選擇「整數」。
4. 在下方的限制選項中，選擇「大於」，然後輸入「0」。
5. 按下「確定」即可完成設定。

這樣設定之後，使用者在 E2 到 E21 的儲存格中輸入的數值會被限制為大於 0 的整數。如果輸入不符合限制條件的數值，Excel 會顯示錯誤訊息，並要求使用者重新輸入。

希望這些步驟可以幫助您在 Excel 中限制輸入「整數」且「大於 0」的數值。如果您需要進一步的幫助或有其他問題，請隨時與我聯繫。

✦ 一步步提問

面對複雜的 Excel 問題，先從簡單但具體的提問開始，再一步步將問題累加進去，讓 ChatGPT 提供精準有幫助的答案。

在Excel中，於 E2 到 E21 限制輸入 "整數" 且 "大於0" 的數值 ──► 第一次提問

可以使用「資料驗證」功能在 E2 到 E21 設定限制條件，只允許輸入大於 0 的整數。請參照以下步驟：

1. 選取 E2 到 E21 的儲存格範圍。
2. 在功能表列中選擇「資料」，然後點選「資料驗證」。
3. 在彈出的「資料驗證」對話框中，選擇「整數」。
4. 在下方的限制選項中，選擇「大於」，然後輸入「0」。
5. 按下「確定」即可完成設定。

這樣設定之後，使用者在 E2 到 E21 的儲存格中輸入的數值會被限制為大於 0 的整數。如果輸入不符合限制條件的數值，Excel 會顯示錯誤訊息，並要求使用者重新輸入。

延續上個問題：資料不正確時，停止輸入並顯示提醒內容 ──► 第二次提問

要讓 Excel 在輸入不正確的資料時停止輸入並顯示提醒內容，可以按照以下步驟進行設定：

1. 選取 E2 到 E21 的儲存格範圍。
2. 在功能表列中選擇「資料」，然後點選「資料驗證」。
3. 在彈出的「資料驗證」對話框中，選擇「整數」。
4. 在下方的限制選項中，選擇「大於」，然後輸入「0」。
5. 在對話框的下方選擇「停止」。
6. 在「提醒」選項卡中，輸入想要顯示的錯誤訊息。
7. 按下「確定」即可完成設定。

這樣設定之後，使用者在 E2 到 E21 的儲存格中輸入不符合限制條件的數值時，Excel 會顯示錯誤訊息，並要求使用者重新輸入。如果使用者繼續輸入不正確的資料，Excel 會持續顯示錯誤訊息，直到輸入正確的資料為止。

進行更改。

✦ 確認答案

為了獲得最接近與可用的 Excel 操作，可以與 ChatGPT 進行多次確認，藉此讓答案更為完滿，最後再根據 ChatGPT 的回答實際操作，確保流程與結果無誤。例如：

- 請再確認一次...
- 還有需要補充的嗎？...

延續上個問題，資料不正確時，停止輸入並顯示提醒內容

要讓 Excel 在輸入不正確的資料時停止輸入並顯示提醒內容，可以按照以下步驟進行設定：

1. 選取 E2 到 E21 的儲存格範圍。
2. 在功能表列中選擇「資料」，然後點選「資料驗證」。
3. 在彈出的「資料驗證」對話框中，選擇「整數」。
4. 在下方的限制選項中，選擇「大於」，然後輸入「0」。
5. 在對話框的下方選擇「停止」。
6. 在「提醒」選項卡中，輸入想要顯示的錯誤訊息。
7. 按下「確定」即可完成設定。

請再確認一次

確認過後，以下是設定步驟：

1. 選取 E2 到 E21 的儲存格範圍。
2. 在功能表列中選擇「資料」，然後點選「資料驗證」。
3. 在彈出的「資料驗證」對話框中，選擇「整數」。
4. 在下方的限制選項中，選擇「大於」，然後輸入「0」。
5. 在對話框的下方選擇「停止」。
6. 在「提醒」選項卡中，輸入想要顯示的錯誤訊息。
7. 按下「確定」即可完成設定。

這樣設定之後，使用者在 E2 到 E21 的儲存格中輸入不符合限制條件的數值時，Excel 會顯示錯誤訊息，並要求使用者重新輸入。如果使用者繼續輸入不正確的資料，Excel 會持續顯示錯誤訊息，直到輸入正確的資料為止。

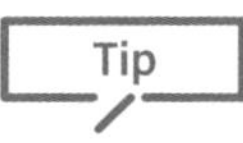

6 ChatGPT 提問方法及 AI 助手養成 Do it !

學習 ChatGPT 提問，提問方式影響回答精準度，選擇適當的訓練資料、應用場景、調整回應內容養成 AI 助手。

✦ 問對問題才能解決問題

使用 ChatGPT 時，有時會發現無法得到自己所需的回答。這類問題就像是向朋友詢問 "附近有什麼好吃的？"，朋友會提供許多美食選項，但如果問 ChatGPT 卻未指定地區或美食類型，無法獲得精確的回答。因此，正確問題是使用 ChatGPT 的關鍵，需要使用更具體的 "Prompt (提示語)" 讓 ChatGPT 理解問題，進而提高回答品質與精準度。

✦ 用 Prompt (提示語) 精準提問

Prompt 在電腦程式或系統操作中被使用，指的是 "提示訊息"、"命名提示字元"、"指示"...等意思。人與人溝通的過程中，常常會出現難以清楚表達的情況，導致對話重點偏離，缺乏精準訊息。這種模糊的對話不僅會影響人際溝通，也會讓 ChatGPT 無法提供正確回應。因此，進行溝通時，透過具體的指示、清晰的情境想像力、重點範圍與目的...等方式，讓 ChatGPT 了解問題本質，進而提供更準確的回答，也能讓溝通過程更加順暢。

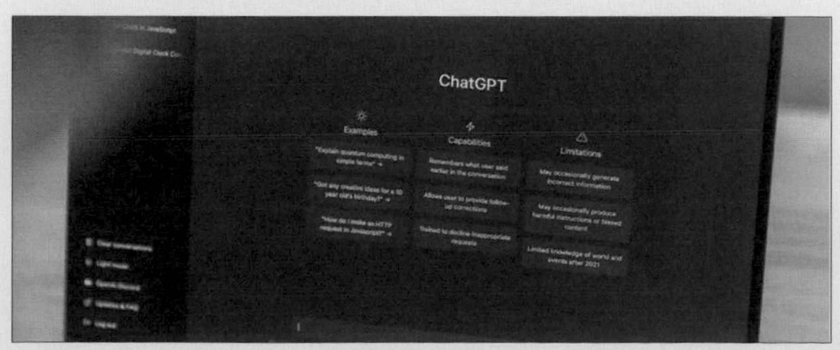

✦ 好的 Prompt 有哪些基本元素？

- **清晰具體的指示**：提問時，需給予 ChatGPT 具體的指示，例如："撰寫一篇 500 字內的文章" 或 "以 VBA 程式撰寫..."，避免使用模糊或不確定的描述。
- **專家角色定位**：告訴 ChatGPT 在接下來對話中要擔任的 "角色"，先定義角色，再開始對話。例如 VBA 程式專家、科學家、歷史學家、旅行社服務人員、老師...等，這樣可以讓 ChatGPT 以不同的角度、個性、語調和口吻回答問題，提供更多樣化的見解，得到更符合你期望的回覆。
- **重點範圍及目的**：提出問題時，需明確指定重點範圍及目的，讓 ChatGPT 明確地了解要回答的問題。不要給出範圍過大或過小的問題，同時提供一些基本的要求與限制，並適當地增加難度，以促進學習和挑戰。例如："請撰寫一段 VBA 程式碼，將活頁簿中的工作表合併" 或 "舉一個實例，教我如何使用 COUNTIFS 函數的用法"。
- **保持與主題的相關性**：同一個聊天室 (chat) 中的問題方向需保持在相同主題架構下，因為過多主題可能會分散回答焦點。最好以 ChatGPT 的回答為基礎，繼續延伸問題，並反覆修訂，直到獲得最滿意的回答。

在 Excel 中，舉一個實例，教我如何使用 COUNTIFS 函數的用法。

當需要在 Excel 中同時滿足多個條件時，可以使用 COUNTIFS 函數進行計算。下面舉一個實例，假設有一個包含學生考試成績的表格，需要計算數學成績大於 80 分且英語成績大於 70 分的學生人數。

假設表格中數學成績在 B 欄，英語成績在 C 欄，第一列為標題列，則可以使用以下公式：

```less
=COUNTIFS(B2:B100,">80",C2:C100,">70")
```

這個公式的意思是，在 B2:B100 範圍中找到大於 80 的數字，同時在 C2:C100 範圍中找到大於 70 的數字，並且這兩個條件都要滿足，然後返回符合條件的細胞的數目。

✦ 先建立角色再提問

許多高階使用者使用 ChatGPT 時，都會利用 "角色扮演" 的技巧提升並培養 ChatGPT 回覆的品質，例如：

■ 「首先，你是一位網路行銷專家，善長在社群平台建立活動推廣產品與服務，首先你將選擇一個目標受眾，並建立關鍵資訊及口號，為了達成目標值還需要新增額外的推廣活動。」

首先，你是一位網路行銷專家，善長在社群平台建立活動來推廣產品與服務，首先你將選擇一個目標受眾，並建立關鍵資訊及口號，為了達成目標值還需要新增額外的推廣活動。

好的，作為一個網路行銷專家，我會先進行市場研究，確定我們要針對的目標受眾是誰，他們的需求和興趣是什麼，以及他們在哪些社群平台上活躍。

接下來，我會建立一個鮮明的口號，透過這個口號來傳達我們產品或服務的核心價值，讓目標受眾能夠迅速地理解我們的產品或服務。

同時，我也會創建關鍵資訊，例如產品或服務的優點、特色和獨特性等，並將它們與我們的口號相互關聯，以增強口號的效果。

接下來，我會選擇適合我們目標受眾的社群平台來推廣我們的產品或服務。例如，如果我們的目標受眾是年輕人，我們可能會選擇 Instagram 或 TikTok 來推廣；如果我們的目標受眾是商業人士，我們可能會選擇 LinkedIn 來推廣。

此外，我也會進行其他的推廣活動，例如舉辦線上活動、提供優惠折扣、製作宣傳影片等，以吸引更多的目標受眾並增加曝光率。

總結而言，要有效地推廣產品或服務，我們需要確定目標受眾，建立鮮明的口號和關鍵資訊，選擇適合的社群平台，並開展多種推廣活動。

透過上述的設定後，即可開始要求 ChatGPT 開始進行企劃：

■ 「我想要在 Facebook 平台銷售一款新型的藍牙耳機，目標受眾是 18~30 歲的台灣年輕人，請以繁體中文寫出這個專案的企劃文案。」，提出的問題結構越嚴謹，ChatGPT 的回覆會更精準，如果第一次取得的資訊不甚滿意，可以透過後續的提問慢慢修正結果。

我想要在 Facebook 平台銷售一款新型的藍牙耳機，目標受眾是 18~30 歲的台灣年輕人，請以繁體中文寫出這個專案的企劃文案。

專案名稱：X藍牙耳機 - 遇見音樂新視界

目標受眾：年齡介於 18 至 30 歲的台灣年輕人

核心口號：X藍牙耳機，讓你聆聽到音樂的真諦！

關鍵資訊：

- 高品質音效：X藍牙耳機採用最先進的藍牙技術，能夠提供高品質的音效，讓你聆聽到更真實、更細膩的音樂。
- 輕巧便攜：X藍牙耳機設計輕巧便攜，讓你在任何時候、任何地方都可以輕鬆享受音樂。
- 長時間續航：X藍牙耳機擁有強大的電池續航能力，一次充電即可持續使用長達 8 小時，讓你能夠盡情享受音樂。

推廣活動：

1. Facebook 广告宣传：在 Facebook 上推出广告，吸引目标年轻人群体注意，让他们了解到我们的 X 蓝牙耳机并增强品牌知名度。
2. KOL 合作：邀请年轻的社交网络名人和 KOLs，让他们分享自己的 X 蓝牙耳机使用经验和产品评价，以增加产品口碑和信誉度。

精準的 Prompt 可以提升 ChatGPT 回答品質。當 ChatGPT 越了解自己所扮演的 "角色" 時，能更精確地理解問題、記憶對話內容，並根據這些內容進行調整，以進行更複雜的互動，使其回答更貼近所設定的角色的真實狀態。

小提示

使用 ChatGPT 的經驗分享

儘管 ChatGPT 不是真人，但它是透過深度神經網路學習的自然語言模型，能夠不斷累積分析和回答的經驗，以提升自己的理解能力。當回答問題時，它會利用不斷延伸的問題來強化自己的學習能力。當遭遇錯誤回答時，也能夠改正自己的錯誤。此外，ChatGPT 藉由不同的提示，不斷練習，以獲得更優秀的回答。

✦ 對 ChatGPT 的回覆做出回饋

ChatGPT 是這幾年才推出的技術，雖然透過不少使用者回饋來糾正錯誤，不過至目前為止，部分的回覆還是會出現嚴重的錯誤資訊，此時可以透過回饋功能修訂錯誤。

step 01 於回覆的內容右側選按 [👎] 開啟回饋對話方塊。(如果覺得內容不錯或是需要再加強，可以選按 [👍]，並填寫意見送出。)

非常榮幸能為您介紹日月潭伊達邵周邊的三家推薦民宿。

第一家是「慕名民宿」，位於伊達邵附近，是一家乾淨、舒適、價格實惠的民宿。該民宿有多種客房選擇，包括有窗房、露台房等，您可以選擇最適合您的房型。此外，慕名民宿的老闆娘非常友善，經常提供當地的旅遊資訊和建議，為您的旅程增添更多的樂趣。

第二家是「日月行館民宿」，位於日月潭風景區內，是一家傳統台灣風格的民宿，它環境優美、住宿環境乾淨整潔，房間裡有許多裝飾品展示當地文化和特色。這裡也提供了一些活動和旅遊路線的建議，例如參加繞日月潭的單車活動，或前往附近的溫泉區泡湯等等。

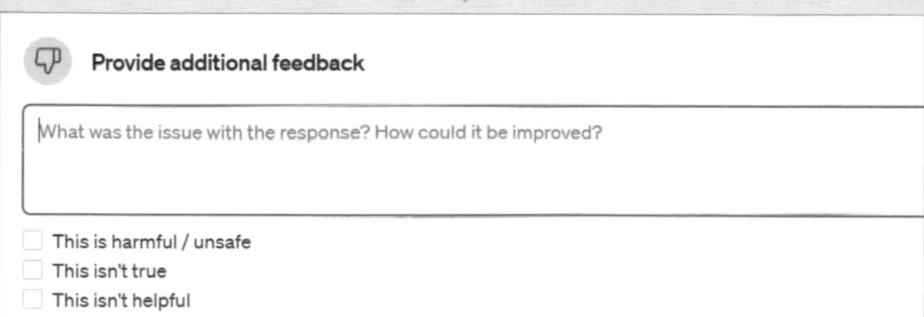

step 02 欄位中輸入建議修訂的內容，再核選 **This isn't true** (不是事實)，再選按 **Submit feedback** 鈕送出。

沒有慕名這間民宿,潭之戀民宿則是已經歇業.

- [ ] This is harmful / unsafe
- [x] This isn't true
- [ ] This isn't helpful

Submit feedback

step 03 接著 ChatGPT 會再回覆另一個新答案，如果是正確的，選按 **New answer is better** 鈕回饋，如果依舊是錯誤的資訊，則選按 **Neither answer is better** 鈕 (或 **Skip this step** 鈕略過此建議)。

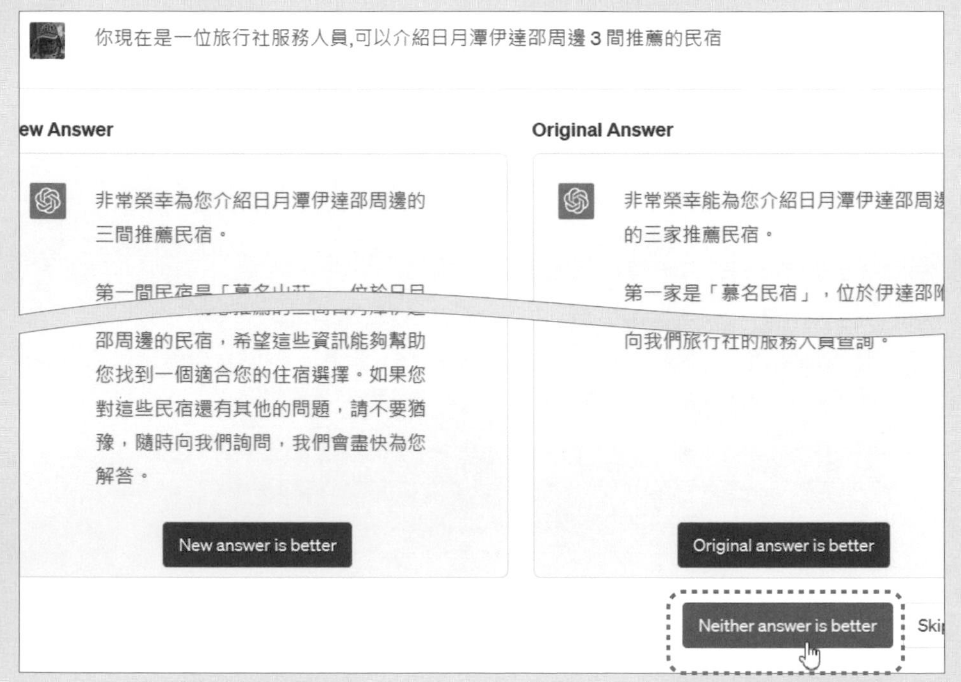

✦ 完整保存聊天室清單

ChatGPT 的聊天室偶爾會發生內容消失的現象，重整或是重新登入帳號也無法解決時，可參考以下做法：

step 01 側邊欄聊天室清單隨意選按一個聊天室，於瀏覽器網址列即可看到該聊天室的專屬網址，選取該網址後，按 Enter + C 鍵複製。

打開常用的文件軟體或線上記事本 (例如 Notion)，將剛剛複製的網址貼上，建立連結並重新命名以區分不同的聊天室。重複此步驟，將重要的聊天室網址備份到記事本中，同時進行分類，以便管理。

ChatGPT 聊天室清單

Excel VBA 程式碼學習

https://rarbg.to/download.php?id=3kw7xjy... Edit

ChatGPT 聊天室清單

Excel VBA 程式碼學習

電子書繪本故事撰寫

電影科學主題探討

生活旅遊主題

如果之後發生聊天室清單無法載入的情形時，可以開啟記事本或文件，選按欲開啟的聊天室連結，即可直接進入該聊天室。

小提示

使用歷史記錄或將對話內容完整匯出

除了利用網址備份聊天室外，還可以利用瀏覽器的歷史記錄尋找聊天室，或參考 P6-18 "匯出聊天室完整問答" 將完整的聊天室問答匯出，以 HTML 格式保存。

Chrome 歷史記錄
在其他裝置上開啟的分頁
清除瀏覽資料

下午4:08 台灣旅遊景點 chat.openai.com
下午4:08 https://chat.openai.com/c/749084f0-d64f-42
下午4:08 https://chat.openai.com/c/749084f0-d64f-42

Chat History & Training

Save new chats to your history and allow them to be used to improve ChatGPT via model training. Unsaved chats will be deleted from our systems within 30 days. Learn more

Export data • Delete account

✦ 專屬聊天室培養專屬 AI 助手

對於使用者而言，即便在任何聊天室中向 ChatGPT 提問，都可以獲得回答。但實際上，每個聊天室都是一個獨立的 AI 助手。建議使用者得到滿意的回答後，若未來仍需詢問相同類型的問題，仍使用相似主題的聊天室提問。如此一來，由於詢問的主題類型相似，ChatGPT 的後續回答將更符合需求，並能參考之前的回答進一步改進，生成更好的內容。

你的聊天室清單都是獨立的頻道嗎?請用繁體中文說明。

是的，我的聊天室清單中的每個頻道都是獨立的。這些頻道都是為了讓用戶在不同主題或討論中進行交流而創建的，每個頻道都有自己的主題和目的。使用者可以選擇加入他們感興趣的頻道，並在其中參與討論或與其他用戶交流。因此，我的聊天室清單中的每個頻道都是獨立的，用戶可以根據自己的需要和興趣進行選擇和加入。

如下圖，每個聊天室主要探討的主題略有不同，但都是關於 Excel VBA 程式碼的問題。最理想的情況是，每個聊天室中都有一位 AI 助手專門處理相同類型的問題，透過不斷的學習與反覆訓練，這些 AI 助手能夠對各自的主題越來越精通，並且產生更加精確的回答。

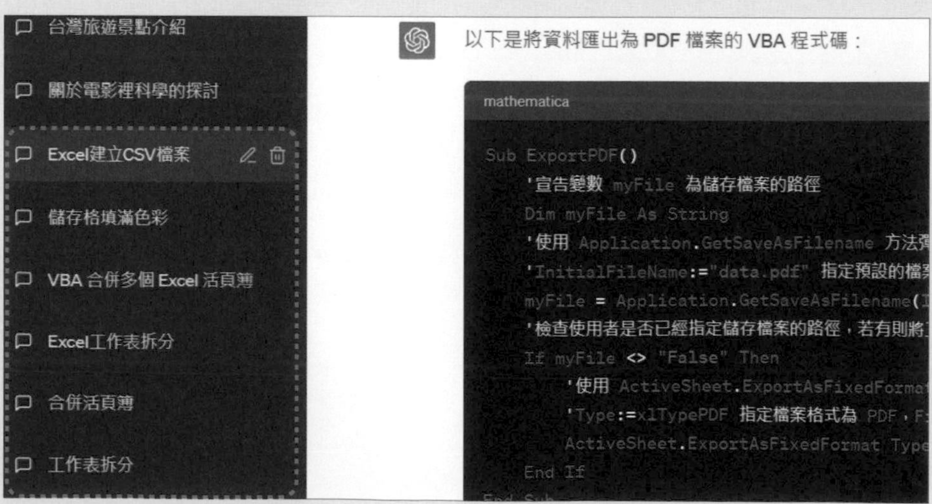

PART

02

優化資料整理與限定檢查

1 將現有資料整理成表格

將分散或繁雜的數據整理成表格是一種非常有效的表現方法，它可以讓資料變得更有條理，幫助我們更好的理解與使用。

✦ 範例說明

辦公用品的採購資料，只有文字，沒有表頭或確切年份...等，瀏覽資料時較不容易了解，交給 ChatGPT，可以快速整理成表格，依照內容判斷與調整。

	A	B	C	D	E	F	G	H	I
1	日期	部門	員工名稱	產品名稱	價格	數量			
2	2023/3/6	財務部	沈芳蓉	A4 20入資料夾	55	2			
3	2023/3/26	業務部	王子維	簽字筆	8	5			
4	2023/4/7	行政部	陳正翰	修正帶	29	2			
5	2023/4/15	資訊部	陳賢文	無線滑鼠	399	1			
6	2023/4/24	行政部	張婷婷	釘書機	50	5			

問題2：將日期以 "2023/月/日" 呈現　　問題1：將資料整理成表格

✦ ChatGPT 操作 (問題1)

在 ChatGPT 對話框中輸入以下文字，並送出，輸入時可以按 Shift + Enter 鍵換行 (或開啟範例原始檔 <201.txt> 複製、貼上)：

將下面資料整理成表格：

3/6 財務部 沈芳蓉 A4 20入資料夾 55 2

3/26 業務部 王子維 簽字筆 8 5

4/7 行政部 陳正翰 修正帶 29 2

4/15 資訊部 陳賢文 無線滑鼠 399 1

4/24 行政部 張婷婷 釘書機 50 5

step 02 得到此段 ChatGPT 回覆，是較常使用的解決方式：將資料依序整理在表格中，並自動產生表頭。

日期	部門	員工名稱	產品名稱	價格	數量
3/6	財務部	沈芳蓉	A4 20入資料夾	55	2
3/26	業務部	王子維	簽字筆	8	5
4/7	行政部	陳正翰	修正帶	29	2
4/15	資訊部	陳賢文	無線滑鼠	399	1
4/24	行政部	張婷婷	釘書機	50	5

小提示

更精準與符合需求的提示詞

ChatGPT 會根據表格內容，自動判斷產生表頭 (如範例中的 "日期"、"部門"...等)，如果需要有特定的表頭名稱，可以在 ChatGPT 對話框輸入：將下面資料整理成表格，表頭分別為：申請日期、申請部門、員工姓名、品名、單價、申請數量，讓產生的表格能更精準與符合需求。

✦ ChatGPT 操作 (問題2)

step 01 在 ChatGPT 對話框中輸入以下文字，並送出：

將日期以2023/月/日呈現 

step 02 得到此段 ChatGPT 回覆，是較常使用的解決方式：日期資料自動於原日期前加上年份 "2023"。

日期	部門	員工名稱	產品名稱	價格	數量
2023/3/6	財務部	沈芳蓉	A4 20入資料夾	55	2
2023/3/26	業務部	王子維	簽字筆	8	5
2023/4/7	行政部	陳正翰	修正帶	29	2
2023/4/15	資訊部	陳賢文	無線滑鼠	399	1
2023/4/24	行政部	張婷婷	釘書機	50	5

step 03 利用滑鼠拖曳選取整個表格，按 Ctrl + C 鍵複製。

日期	部門	員工名稱	產品名稱	價格	數量
2023/3/6	財務部	沈芳蓉	A4 20入資料夾	55	2
2023/3/26	業務部	王子維	簽字筆	8	5
2023/4/7	行政部	陳正翰	修正帶	29	2
2023/4/15	資訊部	陳賢文	無線滑鼠	399	1
2023/4/24	行政部	張婷婷	釘書機	50	5

✦ 回到 Excel 完成

依 ChatGPT 的回覆，回到 Excel 如下操作：

step 01 選取 A1 儲存格，按 Ctrl + V 鍵貼上。

step 02 資料無法完整顯示時，可以將滑鼠指標移至要調整寬度的欄名右側邊界，呈 ✛ 狀時，連按二下滑鼠左鍵，依內容自動調整欄寬。(或按住滑鼠左鍵不放左、右拖曳調整)

	A	B	C	D	E	F	G	H	I	J
1	日期	部門	員工名稱	產品名稱	價格	數量				
2	3月6日	財務部	沈芳蓉	A4 20入資料夾	55	2				
3	3月26日	業務部	王子維	簽字筆	8	5				
4	4月7日	行政部	陳正翰	修正帶	29	2				
5	4月15日	資訊部	陳賢文	無線滑鼠	399	1				
6	4月24日	行政部	張婷婷	釘書機	50	5				

step 03 選取儲存格範圍，於 **常用** 索引標籤選按 **儲存格樣式**，利用多種儲存格樣式快速選按套用，最後再設定字型與對齊方式即完成。

	A	B	C	D	E	F	G	H	I
1	日期	部門	員工名稱	產品名稱	價格	數量			
2	2023/3/6	財務部	沈芳蓉	A4 20入資料夾	55	2			
3	2023/3/26	業務部	王子維	簽字筆	8	5			
4	2023/4/7	行政部	陳正翰	修正帶	29	2			
5	2023/4/15	資訊部	陳賢文	無線滑鼠	399	1			
6	2023/4/24	行政部	張婷婷	釘書機	50	5			

2 根據問題產生資料與表格

根據具體的問題能夠快速地產生相應的資料與表格，進一步提高工作效率。

實用篇

02 優化資料整理與限定檢查

✦ 範例說明

想整理一份咖啡豆比較表，即使沒有任何資料，只要交給 ChatGPT，可以快速產生並整理成表格。

問題2：新增一欄 "咖啡因含量"

	A	B	C	D	E	F
1	種類	產地	烘焙方	咖啡因含	口味描述	
2	哥倫比亞咖啡豆	哥倫比亞	中度烘焙	中等	酸度高、香氣濃郁、口感平衡	
3	肯亞咖啡豆	肯亞	深度烘焙	高	酸度高、帶有莓果香氣、口感強烈	
4	考艾咖啡豆	印尼	深度烘焙	低	具有明顯的巧克力和焦糖口味，口感濃郁	
5	墨西哥咖啡豆	墨西哥	中度烘焙	中等	酸度低、口感平衡，帶有堅果和巧克力香氣	
6	印度曼特寧咖啡豆	印度	深度烘焙	高	具有明顯的香料口味，口感濃郁，帶有一定的苦味	
7	坦桑尼亞咖啡豆	坦桑尼亞	深度烘焙	中等	帶有濃郁的果香味，口感清新而清爽	
8	巴西咖啡豆	巴西	中度烘焙	低	酸度低、口感平衡，帶有巧克力和堅果香氣	
9	古巴咖啡豆	古巴	中度烘焙	中等	具有明顯的煙草和焦糖口味，口感濃郁	
10	衣索比亞咖啡豆	衣索比亞	淺度烘焙	高	酸度高、香氣濃郁、口感清新	
11	越南咖啡豆	越南	深度烘焙	高	具有濃郁的苦味和巧克力口感，帶有淡淡的咖啡香氣	

問題1：用表格整理出十種常見咖啡豆

✦ ChatGPT 操作 (問題1)

step 01 在 ChatGPT 對話框中輸入以下文字，並送出：

> **用表格整理十種常見咖啡豆，包含種類、產地、烘焙方式與口味的資料。**

step 02 得到此段 ChatGPT 回覆，是較常使用的解決方式：根據 "咖啡豆" 主題與欄位方向，如：種類、產地...等，產生表格並顯示十筆資料。

好的，這裡是十種常見咖啡豆的表格：

種類	產地	烘焙方式	口味描述
哥倫比亞咖啡豆	哥倫比亞	中度烘焙	酸度高、香氣濃郁、口感平衡
肯亞咖啡豆	肯亞	深度烘焙	酸度高、帶有莓果香氣、口感強烈
考艾咖啡豆	印尼	深度烘焙	具有明顯的巧克力和焦糖口味，口感濃郁
			酸度低、口感平衡，帶有堅果和巧克力香氣
古巴咖啡豆	古巴	中度烘焙	
衣索比亞咖啡豆	衣索比亞	淺度烘焙	酸度高、香氣濃郁、口感清新
越南咖啡豆	越南	深度烘焙	具有濃郁的苦味和巧克力口感，帶有淡淡的咖啡香氣

✦ ChatGPT 操作 (問題2)

step 01 在 ChatGPT 對話框中輸入以下文字，並送出：

新增一欄 "咖啡因含量"，放在 "烘焙方式" 後方。

step 02 得到此段 ChatGPT 回覆，是較常使用的解決方式：在 **烘焙方式** 後方新增 **咖啡因含量** 欄位，並顯示相關資料。

好的，這裡是新增 "咖啡因含量" 欄位後的表格：

種類	產地	烘焙方式	咖啡因含量	口味描述
哥倫比亞咖啡豆	哥倫比亞	中度烘焙	中等	酸度高、香氣濃郁、口感平衡
肯亞咖啡豆	肯亞	深度烘	高	酸度高、帶有莓果香氣、口感強烈
豆	亞	焙		
巴西咖啡豆	巴西	中度烘焙	低	酸度低、口感平衡，帶有巧克力和堅果香氣
古巴咖啡豆	古巴	中度烘焙	中等	具有明顯的煙草和焦糖口味，口感濃郁
衣索比亞咖啡豆	衣索比亞	淺度烘焙	高	酸度高、香氣濃郁、口感清新
越南咖啡豆	越南	深度烘焙	高	具有濃郁的苦味和巧克力口感，帶有淡淡的咖啡香氣

step 03 利用滑鼠拖曳選取整個表格，按 Ctrl + C 鍵複製。

好的，這裡是新增 "咖啡因含量" 欄位後的表格：

種類	產地	烘焙方式	咖啡因含量	口味描述
哥倫比亞咖啡豆	哥倫比亞	中度烘焙	中等	酸度高、香氣濃郁、口感平衡
肯亞咖啡豆	肯亞	深度烘焙	高	酸度高、帶有莓果香氣、口感強烈
考艾咖啡豆	印尼	深度烘焙	低	具有明顯的巧克力和焦糖口味，口感濃郁
墨西哥咖啡豆	墨西哥	中度烘焙	中等	酸度低、口感平衡，帶有堅果和巧克力香氣
印度曼特寧咖啡豆	印度	深度烘焙	高	具有明顯的香料口味，口感濃郁，帶有一定的苦味
坦桑尼亞咖啡豆	坦桑尼亞	深度烘焙	中等	帶有濃郁的果香味，口感清新而清爽
巴西咖啡豆	巴西	中度烘焙	低	酸度低、口感平衡，帶有巧克力和堅果香氣
古巴咖啡豆	古巴	中度烘焙	中等	具有明顯的煙草和焦糖口味，口感濃郁
衣索比亞咖啡豆	衣索比亞	淺度烘焙	高	酸度高、香氣濃郁、口感清新
越南咖啡豆	越南	深度烘焙	高	具有濃郁的苦味和巧克力口感，帶有淡淡的咖啡香氣

✦ 回到 **Excel** 完成 **(問題1、2)**

依 ChatGPT 的回覆，回到 Excel 如下操作：

step 01 選取 A1 儲存格，按 Ctrl + V 鍵貼上，接著在選取表格狀態下，於 **常用** 索引標籤選按 **清除 \ 清除格式**。

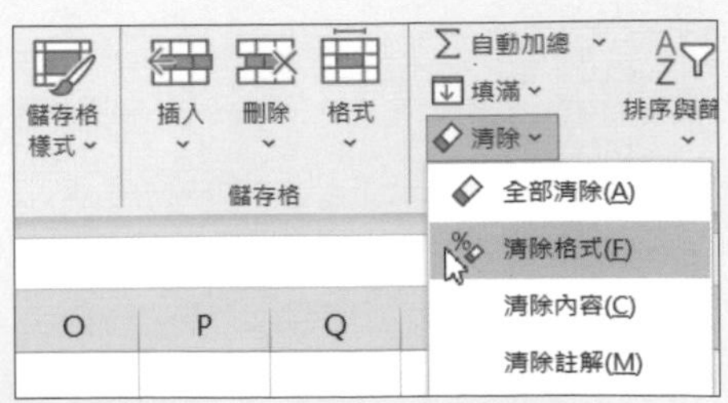

step 02 資料無法完整顯示時，可以將滑鼠指標移至要調整寬度的欄名右側邊界，呈 ✛ 狀時，連按二下滑鼠左鍵，依內容自動調整欄寬。

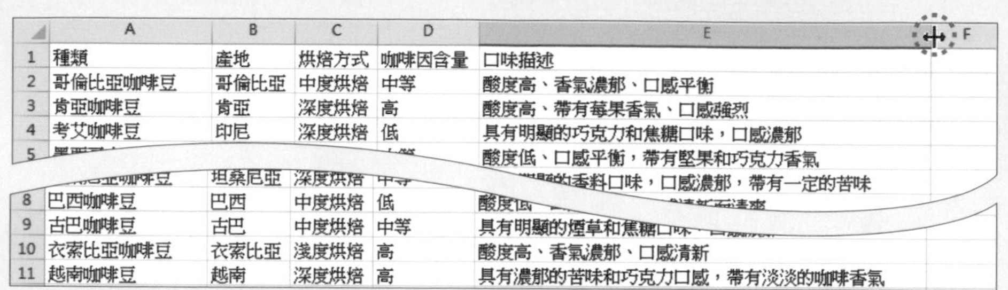

A B C D E F
1 種類 產地 烘焙方式 咖啡因含量 口味描述
2 哥倫比亞咖啡豆 哥倫比亞 中度烘焙 中等 酸度高、香氣濃郁、口感平衡
3 肯亞咖啡豆 肯亞 深度烘焙 高 酸度高、帶有莓果香氣、口感強烈
4 考艾咖啡豆 印尼 深度烘焙 低 具有明顯的巧克力和焦糖口味，口感濃郁
5 酸度低、口感平衡，帶有堅果和巧克力香氣
8 巴西咖啡豆 巴西 中度烘焙 低
9 古巴咖啡豆 古巴 中度烘焙 中等
10 衣索比亞咖啡豆 衣索比亞 淺度烘焙 高 酸度高、香氣濃郁、口感清新
11 越南咖啡豆 越南 深度烘焙 高 具有濃郁的苦味和巧克力口感，帶有淡淡的咖啡香氣

step 03 選取 A1 儲存格，於 **常用** 索引標籤選按 **格式化為表格**，利用多種表格樣式快速選按套用與確認資料來源，最後設定字型與對齊方式即完成。

檔案 常用 2 插入 頁面配置 公式 資料 校閱 檢視 說明
新細明體 12
通用格式
條件式格式設定
格式化為表格 3
插入
刪除
貼上
剪貼簿
字型
中等
4
A1 1

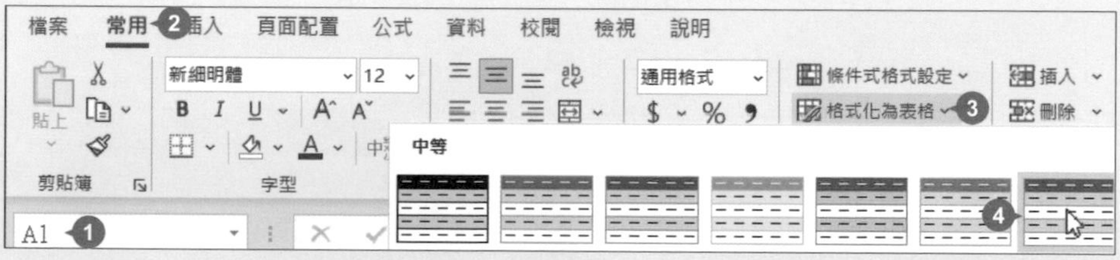

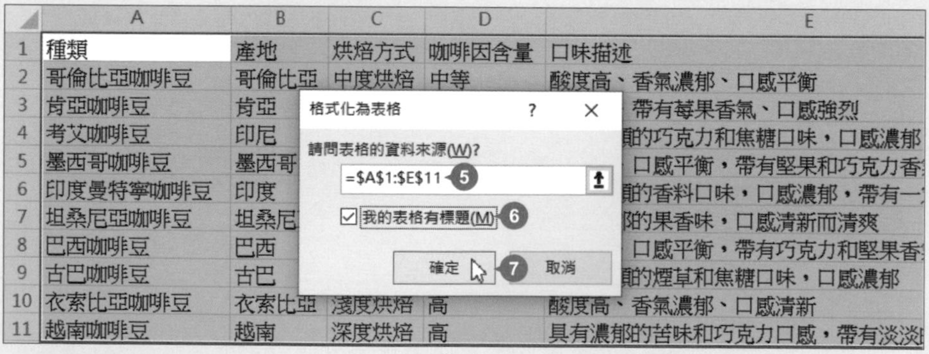

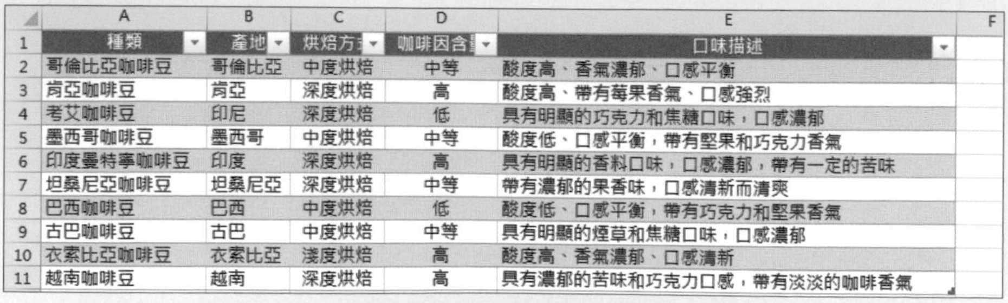

格式化為表格
請問表格的資料來源(W)?
=$A$1:$E$11 5
我的表格有標題(M) 6
確定 7
取消

A B C D E F
1 種類 產地 烘焙方式 咖啡因含量 口味描述
2 哥倫比亞咖啡豆 哥倫比亞 中度烘焙 中等 酸度高、香氣濃郁、口感平衡
3 肯亞咖啡豆 肯亞 深度烘焙 高 酸度高、帶有莓果香氣、口感強烈
4 考艾咖啡豆 印尼 深度烘焙 低 具有明顯的巧克力和焦糖口味，口感濃郁
5 墨西哥咖啡豆 墨西哥 中度烘焙 中等 酸度低、口感平衡，帶有堅果和巧克力香氣
6 印度曼特寧咖啡豆 印度 深度烘焙 高 具有明顯的香料口味，口感濃郁，帶有一定的苦味
7 坦桑尼亞咖啡豆 坦桑尼亞 深度烘焙 中等 帶有濃郁的果香味，口感清新而清爽
8 巴西咖啡豆 巴西 中度烘焙 低 酸度低、口感平衡，帶有巧克力和堅果香氣
9 古巴咖啡豆 古巴 中度烘焙 中等 具有明顯的煙草和焦糖口味，口感濃郁
10 衣索比亞咖啡豆 衣索比亞 淺度烘焙 高 酸度高、香氣濃郁、口感清新
11 越南咖啡豆 越南 深度烘焙 高 具有濃郁的苦味和巧克力口感，帶有淡淡的咖啡香氣

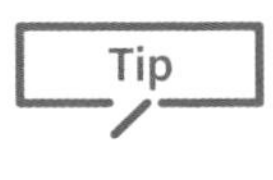

3 用色彩標示重複的資料項目

大量資料中，如果要找出重複的資料非常花時間，可以利用儲存格快速標示，再一一檢視是否需要保留，或資料是否有誤。

✦ 範例說明

選課單中以 **學員** 欄的姓名判斷該名學員是否選了一堂以上的課程，如果是，則將該名學員姓名加上底色。

	A	B	C	D	E	F	G	H
1	學員	課程	專案價	VIP	VIP 價			
2	王淑慧	Photoshop CC網頁設計	13999	✔	11899			
3	許嘉慧	Python與AI人工智慧開發	21999	-	-			
4	潘易茂	PHP 資料庫網站程式	14888	-	-			
5	楊志宏	PowerPoint多媒體簡報	15499	-	-			
6	林雅芬	AutoCAD國際認證	11990	-	-			
7	陳維白	3ds Max遊戲	8999	-	-			
8	李易琇	PHP 資料庫網站程式	19990	-	-			
9	余旺珍	Illustrator CC插圖設計	12345	✔	10493			
10	林政娟	AutoCAD國際認證	11990	-	-			
11	余旺珍	Photoshop CC網頁設計	13999	✔	11899			
12	黃文婷	AutoCAD國際認證	11990	✔	10191			
13	曹哲瑋	Python與AI人工智慧開發	21999	-	-			
14	黃文婷	PHP 資料庫網站程式	14888	✔	12654			
15	黃淑媛	PowerPoint多媒體簡報	15499	-	-			
16	王淑慧	Illustrator CC插圖設計	12345	✔	10493			

問題1：利用儲存格底色標示重複選課的學員姓名。

✦ ChatGPT 操作 (問題1)

step 01 在 ChatGPT 對話框中輸入以下文字，並送出：

> **在Excel中，A2到A16為學員姓名，如何用儲存格底色標示重複選課的學員姓名，請給我簡單的作法？**

step 02 得到此段 ChatGPT 回覆，是較常使用的解決方式：用 **重複的值** 規則標示出重複的學員姓名。

> 您可以按照以下步驟在Excel中用儲存格底色標示重複選課的學員姓名：
>
> 1. 選擇A2到A16範圍的儲存格。
> 2. 在首頁選單中，點選條件格式。
> 3. 選擇「重複項」。
> 4. 在「樣式」區塊，選擇想要的背景顏色。
> 5. 點選確定，完成條件格式設定。
>
> 這樣設定後，如果有學員姓名在範圍內重複選課，該儲存格底色就會被設定為您選擇的背景顏色。希望這能夠幫助您。

✦ 回到 Excel 完成 (問題1)

依 ChatGPT 的回覆，回到 Excel 如下操作：

step 01 選取要依條件格式化的 A2:A16 儲存格範圍，於 **常用** 索引標籤選按 **條件式格式設定 \ 醒目提示儲存格規則 \ 重複的值**。

step 02 設定 **格式化包含下列的儲存格：重複**，選按 **具有下列的值** 清單鈕，選擇合適的格式化樣式，再選按 **確定** 鈕即完成。

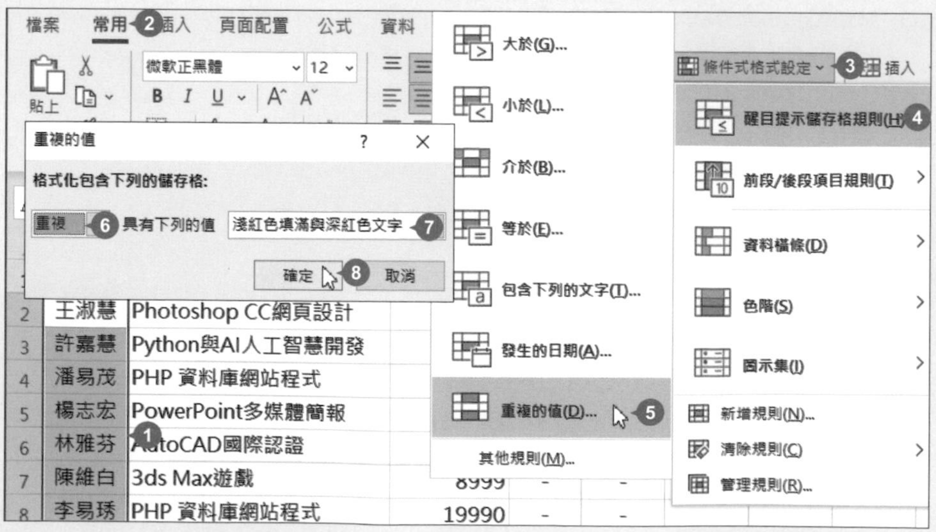

4 用色彩標示條件中的值

較多資料筆數，往往很難一眼找出重要訊息，藉由特定條件的設定，讓 Excel 幫你自動比對與標示，一秒捉住重點。

✦ 範例說明

業績統計表中，找出 **業績目標** 小於 "100" 以下的金額，並用色彩標示。

	A	B	C	D	E	F	G	H	I
1	員工編號	員工姓名	業績目標	達成業績	達成百分比	依業績金額排名	依達成率排名		
2	A001	吳家欣	90萬	116 萬	129%	4	4		
3	A002	錢芷璇	140萬	98 萬	70%	8	12		
4	A003	李姵虹	110萬	220 萬	200%	1	1		
5	A004	林俐帆	100萬	96 萬	96%	9	9		
6	A005	林舒婷	120萬	124 萬	103%	3	8		
7	A006	林正弘	80萬	55 萬	69%	12	13		
8	A007	黃延財	100萬	105 萬	105%	6	7		
9	A008	林玉玫	60萬	105 萬	175%	6	2		
10	A009	韓清嶧	40萬	60 萬	150%	11	3		
11	A010	黃科城	100萬	83 萬	83%	10	11		
12	A011	彭景翔	100萬	113 萬	113%	5	6		
13	A012	呂慈夢	60萬	30 萬	50%	15	15		
14	A013	趙曉雯	60萬	40 萬	67%	14	14		
15	A014	吳怡伶	60萬	50 萬	83%	13	10		
16	A015	羅丹易	150萬	185 萬	123%	2	5		

問題1：將業績目標 "100" 以下的儲存格標示底色。

✦ ChatGPT 操作 (問題1)

step 01 在 ChatGPT 對話框中輸入以下文字，並送出：

在Excel中，C2到C16為業績目標，如何將業績目標 "100" 以下的儲存格底色填入橘色？

step 02 得到此段 ChatGPT 回覆，是較常使用的解決方式：選取 C2:C16 儲存格範圍，使用 **條件式格式設定 \ 新規則** 功能，指定條件並填色。

您可以按照以下步驟在Excel中將業績目標 "100" 以下的儲存格底色填入橘色：

1. 選擇C2到C16這個範圍。
2. 在首頁標籤中的「條件格式」中，選擇「新規則」。
3. 在下拉選單中，選擇「使用公式來決定套用範圍的格式」。
4. 在公式框中輸入條件「=C2<100」，其中C2是您所選範圍中的第一個儲存格。
5. 按下「格式」按鈕，選擇「填充」標籤，在下方的顏色選擇器中選擇您想要用來標示業績目標 "100" 以下的儲存格底色，例如橘色。
6. 按下「確定」，符合條件的儲存格底色就會變成您所選的顏色。

✦ 回到 Excel 完成 (問題1)

依 ChatGPT 的回覆，回到 Excel 如下操作：

step 01 選取 C2:C16 儲存格範圍，於 **常用** 索引標籤選按 **條件式格式設定 \ 新增規則**。

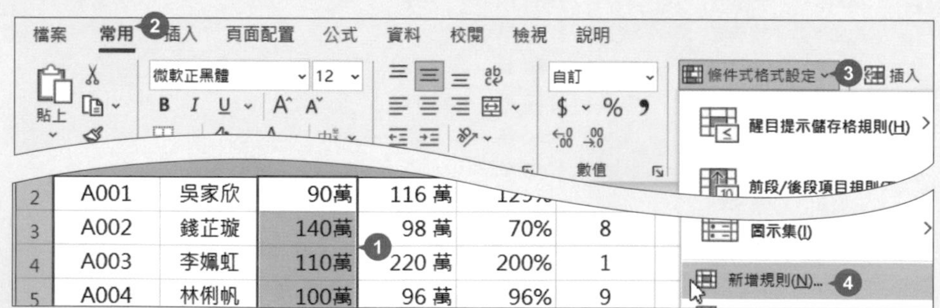

小提示

顯示的答案與此範例示範不同

依不同使用者或提問方式，ChatGPT 回覆的答案或函數可能會與範例稍有差異，可再次提問，或於 Excel 執行確認答案正確性，如發生錯誤可以再回到 ChatGPT 提問：「執行上段函數 (或操作) 時發生錯誤，該如何修正？」。

step 02 於對話方塊選按 **使用公式來決定要格式化哪些儲存格**，設定 **格式化在此公式為 True 的值**：「=C2<100」，選按 **格式** 鈕。

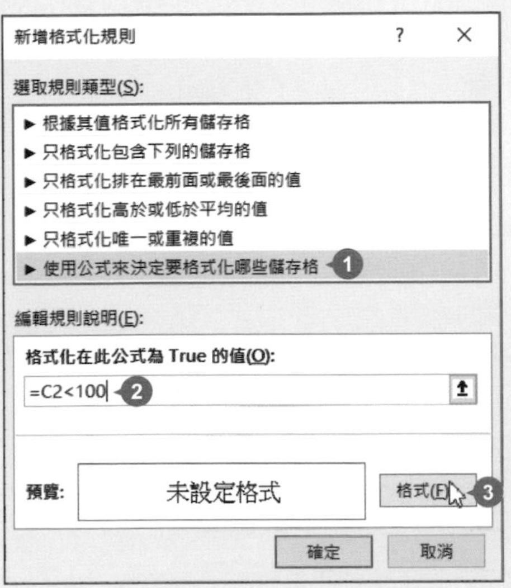

step 03 於對話方塊選按 **填滿** 標籤，於 **背景色彩** 選按合適色彩，選按二次 **確定** 鈕即完成。

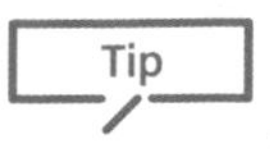

5 刪除資料中多餘空白

Do it !

文字資料中多餘的空白，不但造成文字彼此無法對齊，也可能影響資料分析結果。

✦ 範例說明

刪除產品銷售明細中 **部門** 欄位內的多餘空白，只保留 "業務部" 與 "A組" 文字之間的一個空白，修正好的資料會產生在新的欄位，最後再刪除含有多餘空白的錯誤欄位。

問題2：刪除錯誤的 C 欄

	A	B	C	D
1	訂單編號	銷售員	部門	部門
2	CD18003	劉星純	業務部 A組	
3	CD18009	何義鴻	業務部 A組	
4	CD18014	陳美惠	業務部 A組	
5	CD18021	傅振雲	業務部 A組	
6	CD18001	陳怡芬	業務部 A組	
7	CD18006	葉芳娥	業務部 A組	
8	CD18012	許智堯	業務部 A組	
9	CD18013	林佳芸	業務部 A組	
10	CD18002	符珮珊	業務部 A組	
11	CD18008	黃佩芳	業務部 A組	
12	CD18015	呂柏勳	業務部 A組	
13	CD18016	蔡詩婷	業務部 A組	
14	CD18017	王孝帆	業務部 A組	
15	CD18018	馬怡君	業務部 A組	
16	CD18020	鄭淑裕	業務部 A組	
17	CD18004	張信豪	業務部 A組	
18	CD18005	黃建仲	業務部 A組	
19				

問題1：保留原 C 欄 **部門** 中的一個空白，將結果顯示在 D 欄並移除公式。

	A	B	C
1	訂單編號	銷售員	部門
2	CD18003	劉星純	業務部 A組
3	CD18009	何義鴻	業務部 A組
4	CD18014	陳美惠	業務部 A組
5	CD18021	傅振雲	業務部 A組
6	CD18001	陳怡芬	業務部 A組
7	CD18006	葉芳娥	業務部 A組
8	CD18012	許智堯	業務部 A組
9	CD18013	林佳芸	業務部 A組
10	CD18002	符珮珊	業務部 A組
11	CD18008	黃佩芳	業務部 A組
12	CD18015	呂柏勳	業務部 A組
13	CD18016	蔡詩婷	業務部 A組
14	CD18017	王孝帆	業務部 A組
15	CD18018	馬怡君	業務部 A組
16	CD18020	鄭淑裕	業務部 A組
17	CD18004	張信豪	業務部 A組
18	CD18005	黃建仲	業務部 A組
19			

✦ ChatGPT 操作 (問題1)

step 01 在 ChatGPT 對話框中輸入以下文字，並送出：

> 在Excel中，C2到C18有多個空白，需保留一個空白與刪除其他全部空白，先在D2顯示結果，再將公式延伸到D18，最後讓 D2~D18 保留 "值" 而不再是公式。

step 02 得到此段 ChatGPT 回覆，是較常使用的解決方式：選取 D2 儲存格，使用 **TRIM** 函數調整第一筆資料，之後將公式延伸到 D18 並搭配其他操作完成。

可以使用以下公式來實現保留單一空白，刪除其他全部空白的需求：

1. 先在 D2 儲存格中輸入以下公式：

```less
=TRIM(SUBSTITUTE(C2,"  "," "))
```

這個公式使用了 SUBSTITUTE 函數，將 C2 中的所有空白都替換為一個空白，然後使用 TRIM 函數刪除字串開頭和結尾的空白，只保留單一空白。

2. 接著將 D2 儲存格複製到 D3:D18 儲存格，方法是選中 D2 儲存格，然後在填充控制點上拖曳鼠標，直到選中 D18 儲存格，Excel 會自動填充相應的公式。
3. 最後，選中 D2:D18 儲存格，右鍵點擊，選擇 "複製"，然後在同一位置右鍵點擊，選擇 "貼上值"，就可以將 D2:D18 儲存格的公式轉換為值，並保留最終結果。

希望這能幫助您完成所需的任務。

step 03 選按公式方框右上角 **Copy Code**，自動複製該段公式。

1. 在 D2 儲存格輸入以下公式：

```less
=TRIM(SUBSTITUTE(C2,"  "," "))
```

✦ 回到 Excel 完成 (問題1)

依 ChatGPT 的回覆，回到 Excel 如下操作：

step 01 選取 D2 儲存格，按 Ctrl + V 鍵，貼上剛剛複製的公式，將滑鼠指標移到 D2 儲存格右下角的 **填滿控點** 上，呈 + 狀，按滑鼠左鍵二下，自動填滿到最後一筆資料 D18 儲存格。

	A	B	C	D	E	F	G	H
1	訂單編號	銷售員	部門	部門	產品類別	第一季	第二季	第三季
2	CD18003	劉星純	業務部 A組	=TRIM(SUBSTITUTE(C2," "," ")) ❶			5000	7000
3	CD18009	何義鴻	業務部 A組	❷	清淨除溼	2500	6000	8000
4	CD18014	陳美惠	業務部 A組		清靜除溼	8000	8000	8000
5	CD18021	傅振雲	業務部 A組		清淨除溼	7600	3400	2000

如此只保留 "業務部" 與 "A組" 之間的一個空白，其餘皆刪除。

	A	B	C	D	E	F	G	H
1	訂單編號	銷售員	部門	部門	產品類別	第一季	第二季	第三季
2	CD18003	劉星純	業務部 A組	業務部 A組	清靜除溼	7000	5000	7000
3	CD18009	何義鴻	業務部 A組	業務部 A組	清淨除溼	2500	6000	8000
					清靜除溼	8000	8000	800
15	CD18018	馬怡君	業務部 A組					
16	CD18020	鄭淑裕	業務部 A組	業務部 A組	空調家電			5000
17	CD18004	張信豪	業務部 A組	業務部 A組	生活家電	8000	8000	2500
18	CD18005	黃建仲	業務部 A組	業務部 A組	生活家電	5000	3000	2000
19								

step 02 選取修正好的 D2:D18 儲存格範圍，按 Ctrl + C 鍵複製，再於 **常用** 索引標籤選按 **貼上** 清單鈕 \ **值**。

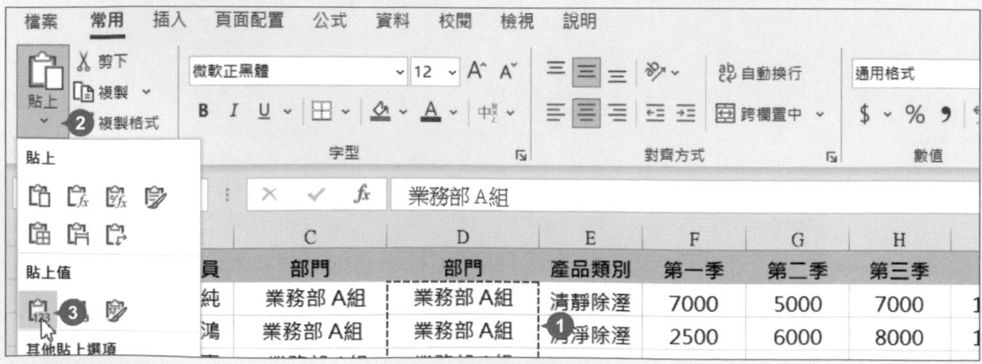

✦ ChatGPT 操作 (問題2)

step 01 在 ChatGPT 對話框中輸入以下文字，並送出：

刪除整個C欄

step 02 得到此段 ChatGPT 回覆，是較常使用的解決方式：選取 C 欄後，指定整欄刪除。

若您要刪除整個 C 欄，可以選擇 C 欄，然後按下鍵盤上的 Delete 鍵即可。您也可以右鍵選取 C 欄，然後從下拉選單中選擇「刪除」，再選擇「整欄」即可刪除整個 C 欄。請務必確定您已經完成了需要的備份或是已經將需要的資料轉移至其他儲存格，以免意外刪除造成不必要的損失。

✦ 回到 Excel 完成 (問題2)

依 ChatGPT 的回覆，回到 Excel 如下操作：

選取 C2:C18 儲存格範圍，於選取範圍上方按一下滑鼠右鍵，選按 **刪除**，於對話方塊核選 **整欄**，選按 **確定** 鈕即完成。

6 批次刪除資料中空白的列

Do it !

資料中若有空白欄或列，內容不僅無法連貫，也無法一次選取所有資料，甚至進行函數運算、圖表製作...等操作時，會出現錯誤。

✦ 範例說明

產品銷售明細中有多筆空白列，藉由尋找空白儲存格的方式，批次選取，最後再一次全部刪除。

	A	B	C	D	E	F	G	H
1	訂單編號	銷售員	部門	產品類別	第一季	第二季	第三季	總計
2	CD18003	劉星純	業務部	清靜除溼	7000	5000	7000	19000
3	CD18009	何義鴻	業務部	清淨除溼	2500	6000	8000	16500
4	CD18014	陳美惠						
5	CD18021	傅振雲						
6								
7	CD18001	陳怡芬						
8	CD18006	葉芳娥						
9	CD18012	許智堯						
10	CD18013	林佳芸						
11								
12	CD18002	符珮珊						
13	CD18008	黃佩芳						
14	CD18015	呂柏勳						
15	CD18016	蔡詩婷						
16	CD18017	王孝帆						
17	CD18018	馬怡君						
18	CD18020	鄭淑裕						
19								
20	CD18004	張信豪						
21	CD18005	黃建仲						

	A	B	C	D	E	F	G	H
1	訂單編號	銷售員	部門	產品類別	第一季	第二季	第三季	總計
2	CD18003	劉星純	業務部	清靜除溼	7000	5000	7000	19000
3	CD18009	何義鴻	業務部	清淨除溼	2500	6000	8000	16500
4	CD18014	陳美惠	業務部	清靜除溼	8000	8000	8000	24000
5	CD18021	傅振雲	業務部	清淨除溼	7600	3400	2000	13000
6	CD18001	陳怡芬	業務部	美容家電	5000	10000	4000	19000
7	CD18006	葉芳娥	業務部	美容家電	4000	8000	3000	15000
8	CD18012	許智堯	業務部	美容家電	7500	8000	8000	23500
9	CD18013	林佳芸	業務部	美容家電	8000	8000	8000	24000
10	CD18002	符珮珊	業務部	空調家電	8000	7000	8000	23000
11	CD18008	黃佩芳	業務部	空調家電	7000	8000	5000	20000
12	CD18015	呂柏勳	業務部	空調家電	6400	5000	5000	16400
13	CD18016	蔡詩婷	業務部	空調家電	6000	1000	4000	11000
14	CD18017	王孝帆	業務部	空調家電	3400	2800	8000	14200
15	CD18018	馬怡君	業務部	空調家電	7500	9400	7000	23900
16	CD18020	鄭淑裕	業務部	空調家電	4800	6700	5000	16500
17	CD18004	張信豪	業務部	生活家電	8000	8000	2500	18500
18	CD18005	黃建仲	業務部	生活家電	5000	3000	2000	10000

問題1：找到資料中所有空白儲存格，再批次刪除空白列。

✦ ChatGPT 操作 (問題1)

step 01 在 ChatGPT 對話框中輸入以下文字，並送出：

> **在Excel中，找到A2到H21資料中的空白儲存格，再刪除全部空白的列？**

step 02 得到此段 ChatGPT 回覆，是較常使用的解決方式：選取 A2:H21 儲存格範圍，開啟 **到** 對話方塊，快速找到空白儲存格，再批次刪除整列空白。

> 要找到 A2:H21 資料中的空白儲存格，再刪除所有空白的列，可以按照以下步驟操作：
>
> 1. 選擇 A2:H21 區間。
> 2. 按下 Ctrl+G 鍵打開"前往"對話框。
> 3. 在"前往"對話框中，選擇"特殊"按鈕。
> 4. 在"特殊"對話框中，選擇"空儲存格"選項，然後點擊"確定"。
> 5. 所有包含空格的儲存格都會被選中，然後可以按下 Ctrl+- 鍵，選擇"整行"，並點擊"確定"來刪除這些行。
>
> 這樣就可以找到 A2:H21 資料中的空白儲存格，並刪除包含這些儲存格的行。請注意，這將刪除包含空格的整行，而不僅僅是空格本身。因此，如果某行中只有一個儲存格包含空格，而其他儲存格都包含資料，則整個行也會被刪除。如果需要保留這些行中的其他資料，則需要使用其他方法來刪除空格儲存格。

✦ 回到 Excel 完成 (問題1)

依 ChatGPT 的回覆，回到 Excel 如下操作：

step 01 選取 A2:H21 儲存格範圍，按 Ctrl + G 鍵開啟對話方塊，選按 **特殊** 鈕。

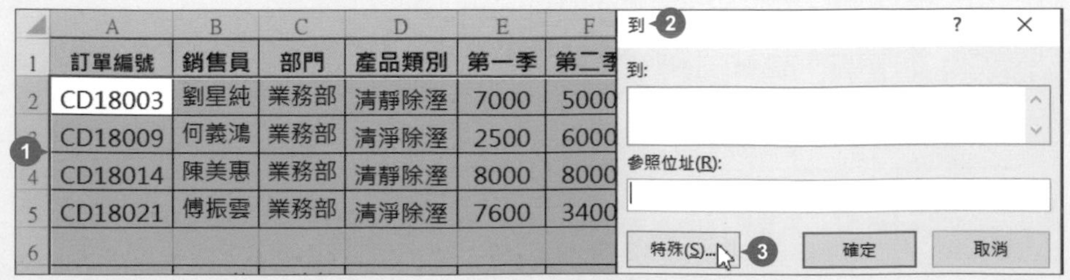

step 02 於對話方塊核選 **空格**，選按 **確定** 鈕回到工作表。

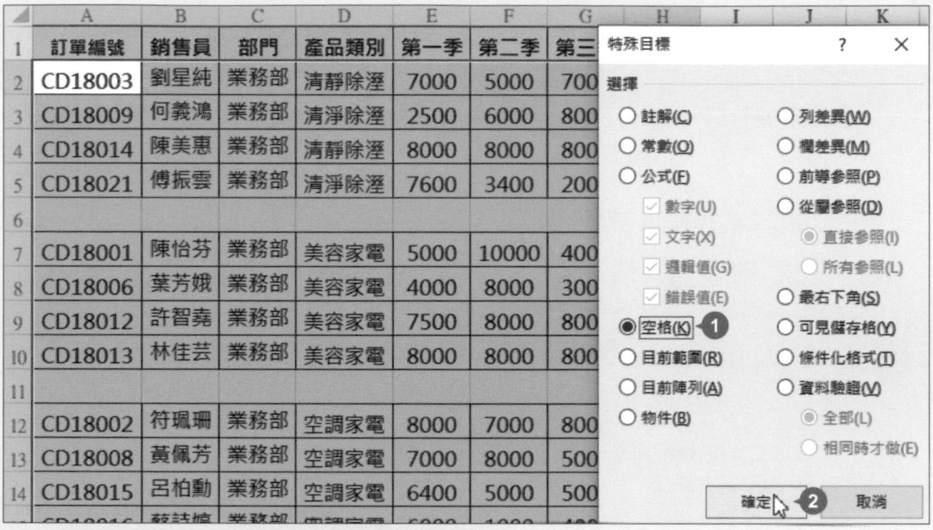

	A	B	C	D	E	F	G
1	訂單編號	銷售員	部門	產品類別	第一季	第二季	第三
2	CD18003	劉星純	業務部	清靜除溼	7000	5000	700
3	CD18009	何義鴻	業務部	清淨除溼	2500	6000	800
4	CD18014	陳美惠	業務部	清靜除溼	8000	8000	800
5	CD18021	傅振雲	業務部	清淨除溼	7600	3400	200
6							
7	CD18001	陳怡芬	業務部	美容家電	5000	10000	400
8	CD18006	葉芳娥	業務部	美容家電	4000	8000	300
9	CD18012	許智堯	業務部	美容家電	7500	8000	800
10	CD18013	林佳芸	業務部	美容家電	8000	8000	800
11							
12	CD18002	符珮珊	業務部	空調家電	8000	7000	800
13	CD18008	黃佩芳	業務部	空調家電	7000	8000	500
14	CD18015	呂柏勳	業務部	空調家電	6400	5000	500

特殊目標 ? ×

選擇

- 註解(C)
- 常數(O)
- 公式(F)
  - 數字(U)
  - 文字(X)
  - 邏輯值(G)
  - 錯誤值(E)
- 空格(K) ❶
- 目前範圍(R)
- 目前陣列(A)
- 物件(B)
- 列差異(W)
- 欄差異(M)
- 前導參照(P)
- 從屬參照(D)
  - 直接參照(I)
  - 所有參照(L)
- 最右下角(S)
- 可見儲存格(Y)
- 條件化格式(T)
- 資料驗證(V)
  - 全部(L)
  - 相同時才做(E)

確定 ❷ 取消

step 03 按 Ctrl + - 鍵，於對話方塊核選 **整列**，選按 **確定** 鈕即完成。

	A	B	C	D	E	F	G	H
1	訂單編號	銷售員	部門	產品類別	第一季	第二季	第三季	總計
2	CD18003	劉星純	業務部	清靜除溼	7000	5000	7000	19000
3	CD18009	何義鴻	業務部	清淨除溼	2500	6000	8000	16500
4	CD18014	陳美惠	業務部	清靜除溼	8000	8000	8000	24000
5	CD18021	傅振雲	業務部	清淨除溼	7600	3400	2000	13000
6								
7	CD18001	陳怡芬	業務部	美容家電	5000	10000	4000	19000
8	CD18006	葉芳娥	業務部	美容家電	4000	8000	3000	15000
9	CD18012	許智堯	業務部	美容家電	7500	8000	8000	23500
10	CD18013	林佳芸	業務部	美容家電	8000	8000	8000	24000
11								
12	CD18002	符珮珊	業務部	空調家電	8000	7000	8000	23000
13	CD18008	黃佩芳	業務部	空調家電	7000	8000	5000	20000
14	CD18015	呂柏勳	業務部	空調家電	6400	5000	5000	16400
15	CD18016	蔡詩婷	業務部	空調家電	6000	1000	4000	11000
16	CD18017	王孝帆	業務部	空調家電	3400	2800	8000	14200
17	CD18018	馬怡君	業務部	空調家電	7500	9400	7000	23900
18	CD18020	鄭淑裕	業務部	空調家電	4800	6700	5000	16500

刪除 ? ×

刪除

- 右側儲存格左移(L)
- 下方儲存格上移(U)
- 整列(R) ❶
- 整欄(C)

確定 ❷ 取消

將缺失資料自動填滿

Do it！

處理大量資料時，如果遇到資料缺失或空白情況，可以透過填滿功能，將相同資料填入空白儲存格，以提高資料的完整性和準確性。

✦ 範例說明

產品銷售明細可看到 **部門** 與 **產品類別** 二欄的內容有許多空格，在此先找出出空白儲存格，再用快速鍵產生公式，自動填滿相同內容。

	A	B	C	D
1	訂單編號	銷售員	部門	產品類別
2	CD18003	劉星純	業務部	清靜除溼
3	CD18009	何義鴻		
4	CD18014	陳美惠		
5	CD18021	傅振雲		
6	CD18001	陳怡芬		美容家電
7	CD18006	葉芳娥		
8	CD18012	許智堯		
9	CD18013	林佳芸		
10	CD18002	符珮珊		空調家電
11	CD18008	黃佩芳		
12	CD18015	呂柏勳		
13	CD18016	蔡詩婷		
14	CD18017	王孝帆		
15	CD18018	馬怡君		
16	CD18020	鄭淑裕		
17	CD18004	張信豪		生活家電
18	CD18005	黃建仲		
19				

	A	B	C	D
1	訂單編號	銷售員	部門	產品類別
2	CD18003	劉星純	業務部	清靜除溼
3	CD18009	何義鴻	業務部	清靜除溼
4	CD18014	陳美惠	業務部	清靜除溼
5	CD18021	傅振雲	業務部	清靜除溼
6	CD18001	陳怡芬	業務部	美容家電
7	CD18006	葉芳娥	業務部	美容家電
8	CD18012	許智堯	業務部	美容家電
9	CD18013	林佳芸	業務部	美容家電
10	CD18002	符珮珊	業務部	空調家電
11	CD18008	黃佩芳	業務部	空調家電
12	CD18015	呂柏勳	業務部	空調家電
13	CD18016	蔡詩婷	業務部	空調家電
14	CD18017	王孝帆	業務部	空調家電
15	CD18018	馬怡君	業務部	空調家電
16	CD18020	鄭淑裕	業務部	空調家電
17	CD18004	張信豪	業務部	生活家電
18	CD18005	黃建仲	業務部	生活家電
19				

問題1：找出所有的空白儲存格，再利用快速鍵取得上一個儲存格資料與自動填入空白儲存格中。

✦ ChatGPT 操作 (問題1)

step 01 在 ChatGPT 對話框中輸入以下文字，並送出：

> **在Excel中，如何選取C2到D18資料中的所有空白儲存格，利用快速鍵取得上一個儲存格資料與自動填入空白儲存格中？**

step 02 得到此段 ChatGPT 回覆，是較常使用的解決方式：選取 C2:D18 儲存格範圍，開啟 **到** 對話方塊，快速找到空白儲存格，再運用快速鍵產生公式，填滿相同內容的缺失資料。

您可以使用下列步驟利用快速鍵選取C2到D18資料中的所有空白儲存格，並取得上一個儲存格資料自動填入空白儲存格中：

1. 選取 C2 到 D18 區域
2. 按下 "Ctrl + G" 鍵，或是點選 "尋找和選取" 功能列中的 "尋找..." 按鈕
3. 在對話方塊中，點選 "特殊" 按鈕
4. 在 "特殊" 對話方塊中，選取 "空白儲存格" 選項，然後按下 "確定" 按鈕
5. 按下 "等於" "+" " ↑ " 鍵
6. 按下 "Ctrl + Enter" 鍵進行填值

這樣您就可以使用快速鍵選取所有空白儲存格，並將上一個儲存格的資料自動填入空白儲存格中了。

✦ 回到 Excel 完成 (問題1)

依 ChatGPT 的回覆，回到 Excel 如下操作：

step 01 選取 C2:D18 儲存格範圍，按 Ctrl + G 鍵開啟對話方塊，選按 **特殊** 鈕。

	A	B	C	D	E	F
1	訂單編號	銷售員	部門	產品類別	第一季	第二季
2	CD18003	劉星純	業務部	清靜除溼	7000	5000
3	CD18009	何義鴻			2500	6000
4	CD18014	陳美 1			8000	8000
5	CD18021	傅振雲			7600	3400
6	CD18001	陳怡芬		美容家電	5000	10000

到 2

到:

參照位址(R):

特殊(S)... 3 | 確定 | 取消

step 02 於對話方塊核選 **空格**，選按 **確定** 鈕回到工作表。

	A	B	C	D	E	F	G
1	訂單編號	銷售員	部門	產品類別	第一季	第二季	第三
2	CD18003	劉星純	業務部	清靜除溼	7000	5000	700
3	CD18009	何義鴻			2500	6000	800
4	CD18014	陳美惠			8000	8000	800
5	CD18021	傅振雲			7600	3400	200
6	CD18001	陳怡芬		美容家電	5000	10000	400
7	CD18006	葉芳娥			4000	8000	300
8	CD18012	許智堯			7500	8000	800
9	CD18013	林佳芸			8000	8000	800
10	CD18002	符珮珊		空調家電	8000	7000	800
11	CD18008	黃佩芳			7000	8000	500
12	CD18015	呂柏勳			6400	5000	500
13	CD18016	蔡詩婷			6000	1000	400

step 03 空白儲存格已選取狀態下，直接按鍵盤上的 ＝ 鍵，再按 ↑ 鍵，會產生一公式，取得上一格儲存格的資料內容，再按 Ctrl + Enter 鍵自動填滿公式，所有空格會被空白區段上方資料的內容填滿。

	A	B	C	D	E
1	訂單編號	銷售員	部門	產品類別	第一
2	CD18003	劉星純	業務部	清靜除溼	700
3	CD18009	何義鴻		=D2 ❶	50
4	CD18014	陳美惠			800
5	CD18021	傅振雲			760
6	CD18001	陳怡芬		美容家電	500
7	CD18006	葉芳娥			400
8	CD18012	許智堯			750
9	CD18013	林佳芸			800
10	CD18002	符珮珊		空調家電	800
11	CD18008	黃佩芳			700
12	CD18015	呂柏勳			640
13	CD18016	蔡詩婷			600
14	CD18017	王孝帆			340
15	CD18018	馬怡君			750
16	CD18020	鄭淑裕			480
17	CD18004	張信豪		生活家電	800
18	CD18005	黃建仲			500

	A	B	C	D	E
1	訂單編號	銷售員	部門	產品類別	第一
2	CD18003	劉星純	業務部	清靜除溼	700
3	CD18009	何義鴻	業務部	清靜除溼	250
4	CD18014	陳美惠	業務部	清靜除溼	800
5	CD18021	傅振雲	業務部	清靜除溼	760
6	CD18001	陳怡芬	業務部	美容家電	500
7	CD18006	葉芳娥	業務部	美容家電	400
8	CD18012	許智堯	業務部	美容家電	750
9	CD18013	林佳芸	業務部	美容家電	800
10	CD18002	符珮珊	業務部	空調家電 ❷	00
11	CD18008	黃佩芳	業務部	空調家電	700
12	CD18015	呂柏勳	業務部	空調家電	640
13	CD18016	蔡詩婷	業務部	空調家電	600
14	CD18017	王孝帆	業務部	空調家電	340
15	CD18018	馬怡君	業務部	空調家電	750
16	CD18020	鄭淑裕	業務部	空調家電	480
17	CD18004	張信豪	業務部	生活家電	800
18	CD18005	黃建仲	業務部	生活家電	500

8 限定輸入數值需為 "整數" 且大於 0

輸入數值資料前，可限定有效範圍，當輸入超過或低於指定範圍的數值會出現警告訊息，以避免輸入錯誤的數值資料。

✦ 範例說明

產品銷售明細中，限制輸入的 **數量** 需為 "整數"，且大於 "0"。

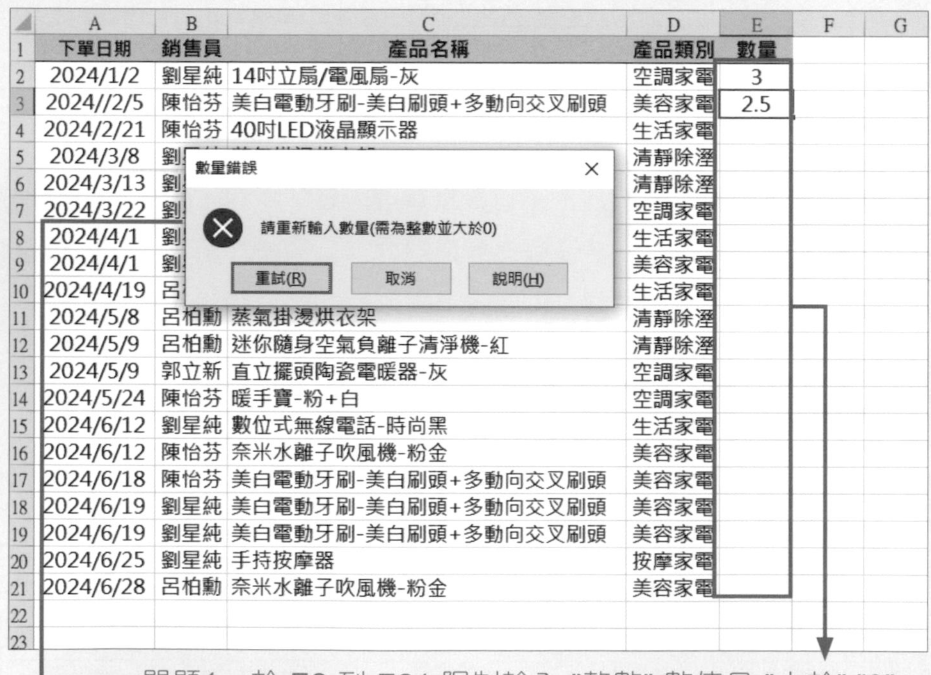

	A	B	C	D	E	F	G
1	下單日期	銷售員	產品名稱	產品類別	數量		
2	2024/1/2	劉星純	14吋立扇/電風扇-灰	空調家電	3		
3	2024//2/5	陳怡芬	美白電動牙刷-美白刷頭+多動向交叉刷頭	美容家電	2.5		
4	2024/2/21	陳怡芬	40吋LED液晶顯示器	生活家電			
5	2024/3/8	劉[illegible]	[illegible]	清靜除溼			
6	2024/3/13	劉[illegible]	[illegible]	清靜除溼			
7	2024/3/22	劉[illegible]	[illegible]	空調家電			
8	2024/4/1	劉[illegible]	[illegible]	生活家電			
9	2024/4/1	劉[illegible]	[illegible]	美容家電			
10	2024/4/19	呂[illegible]	[illegible]	生活家電			
11	2024/5/8	呂柏勳	蒸氣掛燙烘衣架	清靜除溼			
12	2024/5/9	呂柏勳	迷你隨身空氣負離子清淨機-紅	清靜除溼			
13	2024/5/9	郭立新	直立擺頭陶瓷電暖器-灰	空調家電			
14	2024/5/24	陳怡芬	暖手寶-粉+白	空調家電			
15	2024/6/12	劉星純	數位式無線電話-時尚黑	生活家電			
16	2024/6/12	陳怡芬	奈米水離子吹風機-粉金	美容家電			
17	2024/6/18	陳怡芬	美白電動牙刷-美白刷頭+多動向交叉刷頭	美容家電			
18	2024/6/19	劉星純	美白電動牙刷-美白刷頭+多動向交叉刷頭	美容家電			
19	2024/6/19	劉星純	美白電動牙刷-美白刷頭+多動向交叉刷頭	美容家電			
20	2024/6/25	劉星純	手持按摩器	按摩家電			
21	2024/6/28	呂柏勳	奈米水離子吹風機-粉金	美容家電			
22							
23							

問題1：於 E2 到 E21 限制輸入 "整數" 數值且 "大於" "0"。

問題2：E2 到 E21 資料輸入錯誤時，"停止" 輸入並顯示提醒內容。

✦ ChatGPT 操作 (問題1)

step 01 在 ChatGPT 對話框中輸入以下文字，並送出：

> **在Excel中，如何於E2到E21限制輸入 "整數" 數值且 "大於" "0"？**

step 02 得到此段 ChatGPT 回覆，是較常使用的解決方式：選取要套用限定的儲存格，使用 **資料驗證** 功能實現此限制。

您可以使用Excel的「資料驗證」功能，來限制輸入E2到E21儲存格的數值必須為「整數」且「大於0」的規則。

以下是這個操作的具體步驟：

1. 選擇要設定資料驗證的範圍。在這個案例中，您需要選擇E2到E21這個儲存格範圍。
2. 在Excel的功能表中，選擇「資料」>「資料驗證」。
3. 在「資料驗證」的視窗中，選擇「整數」選項，並在「數值」中選擇「大於」，輸入數值「0」。
4. 在設定完規則之後，按下「確定」即可完成資料驗證的設定。

現在，E2到E21儲存格中的數值只能為「整數」且「大於0」，如果有任何不符合規則的輸入，Excel會顯示錯誤訊息並拒絕儲存輸入的值。

✦ ChapGPT 操作 (問題2)

step 01 在 ChatGPT 對話框中輸入以下文字，並送出：

> **如果E2到E21資料輸入不正確時，如何 "停止" 輸入並顯示提醒內容？**

step 02 得到此段 ChatGPT 回覆，是較常使用的解決方式：於 **資料驗證** 對話方塊，切換至 **錯誤提醒** 標籤，輸入想要顯示的提醒內容。

如果E2到E21資料輸入不正確時，您可以使用Excel的「資料驗證」功能中的「錯誤提示」設定，以停止輸入並顯示提醒內容。

以下是這個操作的具體步驟：

1. 選擇要設定資料驗證的範圍。在這個案例中，您需要選擇E2到E21這個儲存格範圍。
2. 在Excel的功能表中，選擇「資料」>「資料驗證」。
3. 在「資料驗證」的視窗中，選擇「整數」選項，並在「數值」中選擇「大於」，輸入數值「0」。
4. 在設定完規則之後，切換到「錯誤提示」選項卡，在「顯示提示」框中輸入您想要顯示的提醒內容。
5. 調整其他錯誤提示設定，例如錯誤標題或提示類型等。
6. 在設定完畢後，按下「確定」即可完成資料驗證的設定。

現在，如果有任何不符合規則的輸入，Excel會顯示錯誤提示框，並拒絕儲存輸入的值，直到使用者輸入符合規則的數值。

✦ 回到 **Excel** 完成 **(**問題**1**、**2)**

依 ChatGPT 的回覆，回到 Excel 如下操作：

step 01 選取 E2:E21 儲存格範圍，於 **資料** 索引標籤選按 **資料驗證** 清單鈕 \ **資料驗證** 開啟對話方塊。

step 02 於 **設定** 標籤設定 **儲存格內允許**：**整數**、**資料**：**大於**、**最小值** 輸入：「0」。

step 03 於 **錯誤提醒** 標籤設定 **樣式**：**停止**、**標題** 輸入：「數量錯誤」、**訊息內容** 輸入：「請重新輸入數量 (需為整數並大於 0)」，選按 **確定** 鈕即完成。

限定日期資料的輸入範圍

Do it！

輸入日期時，可限定有效範圍，當輸入超過或低於指定範圍的日期會出現警告訊息，以避免日期資料輸入錯誤。

✦ 範例說明

產品銷售明細中，限制輸入的 **下單日期** 需介於 "2023/1/1" 至 "2023/12/31"。

	A	B	C	D	E	F	G
1	下單日期	銷售員	產品名稱	產品類別	數量		
2	2023/2/23	劉星純	14吋立扇/電風扇-灰	空調家電	45		
3	2022/6/3	陳怡芬	美白電動牙刷-美白刷頭+多動向交叉刷頭	美容家電	25		
4		陳怡芬	40吋LED液晶顯示器	生活家電	25		
5		劉星		清靜除溼	45		
6		劉星		清靜除溼	25		
7		劉星		空調家電	25		
8		劉星		生活家電	45		
9		劉星		美容家電	25		
10		呂柏		生活家電	25		
11		呂柏勳	蒸氣掛燙烘衣架	清靜除溼	45		
12		呂柏勳	迷你隨身空氣負離子清淨機-紅	清靜除溼	25		
13		郭立新	直立擺頭陶瓷電暖器-灰	空調家電	25		
14		陳怡芬	暖手寶-粉+白	空調家電	25		
15		劉星純	數位式無線電話-時尚黑	生活家電	25		
16		陳怡芬	奈米水離子吹風機-粉金	美容家電	25		
17		陳怡芬	美白電動牙刷-美白刷頭+多動向交叉刷頭	美容家電	25		
18		劉星純	美白電動牙刷-美白刷頭+多動向交叉刷頭	美容家電	25		
19		劉星純	美白電動牙刷-美白刷頭+多動向交叉刷頭	美容家電	25		
20		劉星純	手持按摩器	按摩家電	25		
21		呂柏勳	奈米水離子吹風機-粉金	美容家電	35		
22							
23							

問題1：於 A2 到 A21 限制輸入日期需介於 "2023/1/1" 至 "2023/12/31"。

問題2：A2 到 A21 輸入的日期不符合時，"停止" 輸入並顯示提醒內容。

✦ ChatGPT 操作 (問題1)

step 01 在 ChatGPT 對話框中輸入以下文字，並送出：

> **在Excel中，如何於A2到A21限制輸入日期需介於 "2023/1/1" 至 "2023/12/31"？**

step 02 得到此段 ChatGPT 回覆，是較常使用的解決方式：選取要套用限定的儲存格，使用 **資料驗證** 功能實現此限制。

您可以使用Excel的「資料驗證」功能，來限制輸入A2到A21儲存格的日期必須介於「2023/1/1」至「2023/12/31」之間的規則。

以下是這個操作的具體步驟：

1. 選擇要設定資料驗證的範圍。在這個案例中，您需要選擇A2到A21這個儲存格範圍。
2. 在Excel的功能表中，選擇「資料」>「資料驗證」。
3. 在「資料驗證」的視窗中，選擇「日期」選項，並在「資料」區塊中選擇「介於」，輸入起始日期「2023/1/1」和結束日期「2023/12/31」。
4. 在設定完規則之後，按下「確定」即可完成資料驗證的設定。

現在，A2到A21儲存格中的日期只能介於「2023/1/1」至「2023/12/31」之間，如果有任何不符合規則的輸入，Excel會顯示錯誤訊息並拒絕儲存輸入的值。

✦ ChatGPT 操作 (問題2)

step 01 在 ChatGPT 對話框中輸入以下文字，並送出：

> **如果A2到A21輸入的日期不符合限制，如何拒絕輸入並顯示錯誤訊息？**

step 02 得到此段 ChatGPT 回覆，是較常使用的解決方式：於 **資料驗證** 對話方塊，切換至 **錯誤提醒** 標籤，輸入想要顯示的提醒內容。

如果A2到A21輸入的日期不符合限制，您可以使用Excel的「資料驗證」功能中的「錯誤提示」設定，以拒絕輸入並顯示錯誤訊息。

以下是這個操作的具體步驟：

1. 選擇要設定資料驗證的範圍。在這個案例中，您需要選擇A2到A21這個儲存格範圍。
2. 在Excel的功能表中，選擇「資料」>「資料驗證」。
3. 在「資料驗證」的視窗中，選擇「日期」選項，並在「資料」區塊中選擇「介於」，輸入起始日期「2023/1/1」和結束日期「2023/12/31」。
4. 在設定完規則之後，切換到「錯誤提示」選項卡，在「顯示提示」框中輸入您想要顯示的錯誤訊息。
5. 調整其他錯誤提示設定，例如錯誤標題或提示類型等。
6. 在設定完畢後，按下「確定」即可完成資料驗證的設定。

現在，如果有任何不符合規則的輸入，Excel會顯示錯誤訊息並拒絕儲存輸入的值，直到使用者輸入符合規則的日期。

✦ 回到 Excel 完成 (問題1、2)

依 ChatGPT 的回覆，回到 Excel 如下操作：

step 01 選取 A2:A21 儲存格範圍，於 **資料** 索引標籤選按 **資料驗證** 清單鈕 \ **資料驗證** 開啟對話方塊。

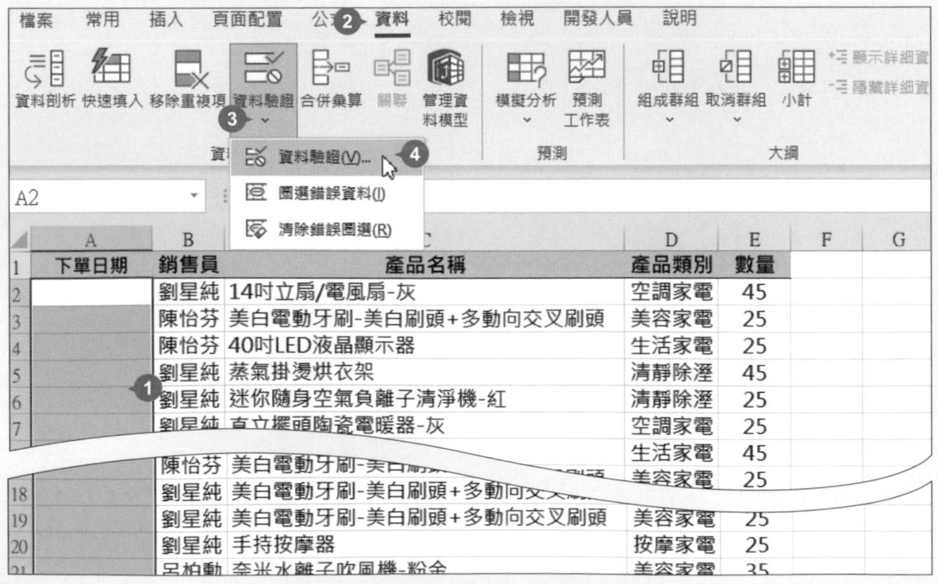

step 02 於 **設定** 標籤設定 **儲存格內允許：日期**、**資料：介於**，**開始日期** 與 **結束日期** 分別輸入：「2023/1/1」、「2023/12/31」。

step 03 於 **錯誤提醒** 標籤設定 **樣式：停止**、**標題** 輸入：「日期格式不正確」、**訊息內容** 輸入：「請輸入介於 2023/1/1 至 2023/12/31 之間的日期」，選按 **確定** 鈕即完成。

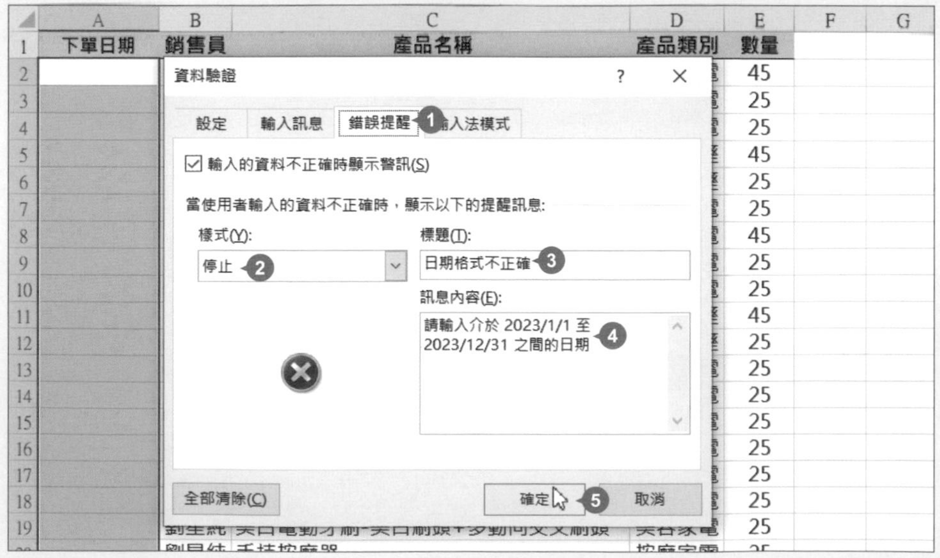

10 限定至少輸入七個字元

輸入身分證字號、電話號碼、訂單編號...等資料時，限制輸入固定字元數，可以確保資料符合預期格式，減少錯誤發生的機會。

✦ 範例說明

此份產品銷售明細中，規定 **訂單編號** 至少需七個字元，所以輸入 **訂單編號** 時檢查是否為七個字元，若不是則跳出現警告訊息並說明。

	A	B	C	D	E	F	G	H	I
1	訂單編號	部門	產品類別	第一季	第二季	第三季	總計		
2	CD18001	業務部 A組	美容家電	5000	10000	4000	19000		
3	CD1802	業務部 A組	空調家電	8000	7000	8000	23000		
4	CD18003	業務部 A組	清靜除溼	7000	5000	7000	19000		
5	CD18004	業務部				500	18500		
6	CD18005	業務部				000	10000		
7	CD18006	業務部				000	15000		
8	CD18008	業務部				000	20000		
9	CD18009	業務部				000	16500		
10	CD18012	業務部 A組	美容家電	7500	8000	8000	23500		
11	CD18013	業務部 A組	美容家電	8000	8000	8000	24000		
12	CD18014	業務部 A組	清靜除溼	8000	8000	8000	24000		
13	CD18015	業務部 A組	空調家電	6400	5000	5000	16400		
14	CD18016	業務部 A組	空調家電	6000	1000	4000	11000		
15	CD18017	業務部 A組	空調家電	3400	2800	8000	14200		
16	CD18018	業務部 A組	空調家電	7500	9400	7000	23900		
17	CD18020	業務部 A組	空調家電	4800	6700	5000	16500		
18	CD18021	業務部 A組	清淨除溼	7600	3400	2000	13000		

訂單編號錯誤

需七個字元

重試(R)　取消　說明(H)

問題1：A2 到 A18 輸入資料限制為七個字元，不符合時，"停止" 輸入並顯示提醒內容。

✦ ChatGPT 操作 (問題1)

step 01 在 ChatGPT 對話框中輸入以下文字，並送出：

> **在Excel中，於A2到A18限制輸入資料為七個字元，如果不符合限制，拒絕輸入並顯示錯誤訊息。**

得到此段 ChatGPT 回覆，是較常使用的解決方式：選取要套用限定的儲存格，使用 **資料驗證** 功能 \ **設定** 標籤實現此限制，切換至 **錯誤提醒** 標籤，輸入想要顯示的提醒內容。

你可以依照下列步驟設定：

1. 選擇A2到A18的儲存格範圍。
2. 點選"資料驗證"選單。
3. 在"設定規則"下拉選單中選擇"文字長度"。
4. 在"允許的最小長度"輸入7。
5. 在"允許的最大長度"輸入7。
6. 在"錯誤訊息"標籤頁中，輸入一個適當的錯誤訊息，例如："輸入資料必須為七個字"。
7. 按下"確定"按鈕。

現在，如果使用者輸入不符合七個字的資料，Excel會拒絕輸入並顯示你所設定的錯誤訊息。

✦ 回到 Excel 完成 (問題1)

依 ChatGPT 的回覆，回到 Excel 如下操作：

step 01 選取 A2:A18 儲存格範圍，於 **資料** 索引標籤選按 **資料驗證** 清單鈕 \ **資料驗證** 開啟對話方塊。

	A	B	C	D	E	F	G	H
1	訂單編號	部門	產品類別	第一季	第二季	第三季	總計	
2	CD18001	業務部 A組	美容家電	5000	10000	4000	19000	
3		業務部 A組	空調家電	8000	7000	8000	23000	
4	CD18003	業務部 A組	清靜除溼	7000	5000	7000	19000	
5	CD18004	業務部 A組	生活家電	8000	8000	2500	18500	
15	CD18017	業務部 A組	空調家電				15000	
16	CD18018	業務部 A組	空調家電	7500	9400			
17	CD18020	業務部 A組	空調家電	4800	6700	5000	16500	
18	CD18021	業務部 A組	清淨除溼	7600	3400	2000	13000	

step 02 於 **設定** 標籤設定 **儲存格內允許：文字長度**、**資料：等於**、**長度** 輸入：「7」。

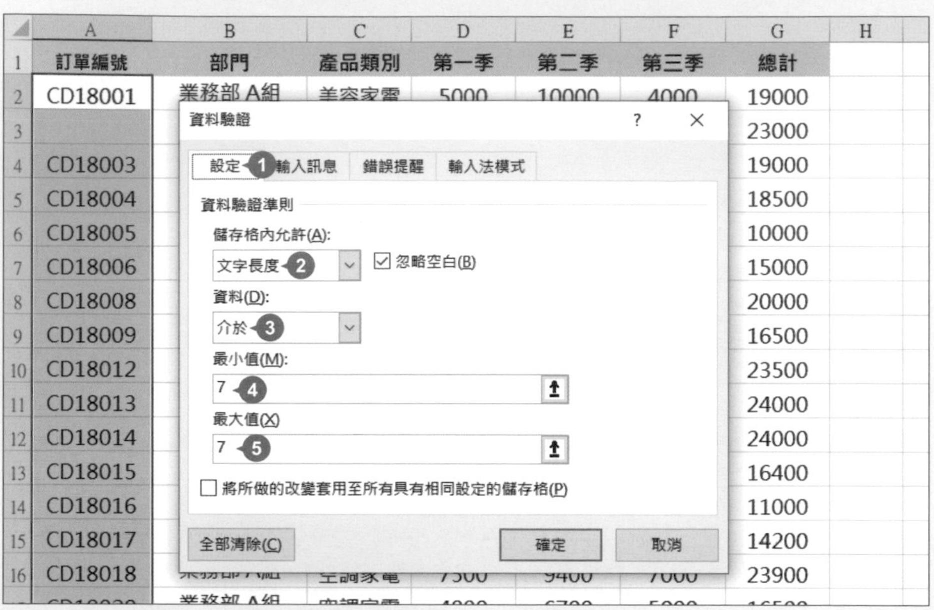

step 03 於 **錯誤提醒** 標籤設定 **樣式：停止**、**標題** 輸入：「訂單編號錯誤」、**訊息內容** 輸入：「需七個字元」，選按 **確定** 鈕即完成。

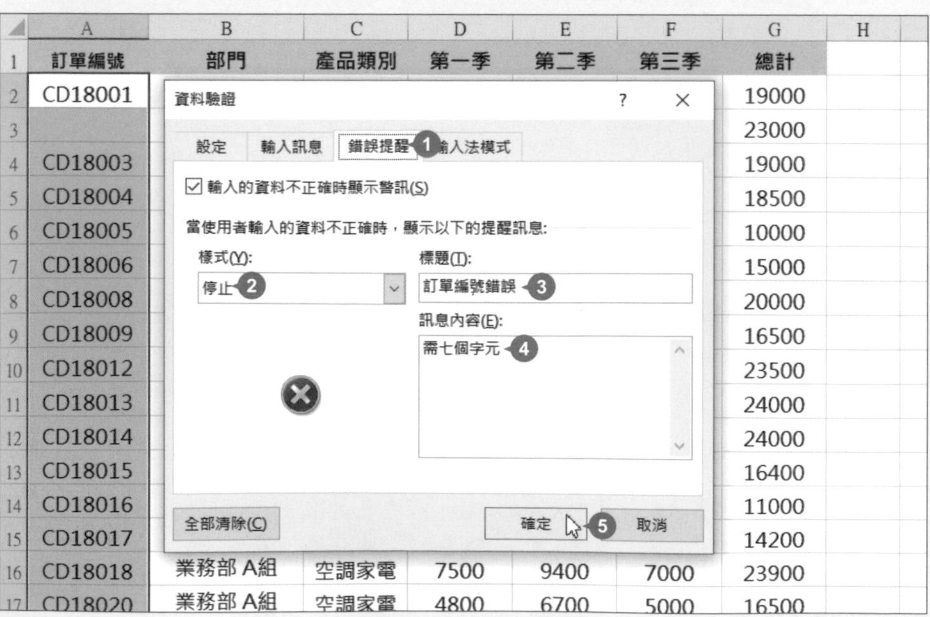

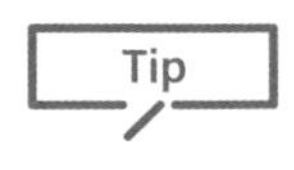

11 限定不能輸入重複的資料

員工編號、訂單編號、學生學號、身分證號碼...等，每一筆都是唯一、不重覆的資料，與其事後驗證不如事先限定。

✦ 範例說明

產品銷售明細中 **訂單編號** 不能重複，所以輸入 **訂單編號** 時，若遇到重複編號，會跳出現警告訊息並說明。

	A	B	C	D	E	F	G
1	訂單編號	銷售員	產品名稱	產品類別	數量	訂價	
2	CD18-00001	劉星純	14吋立扇/電風扇-灰	空調家電	45	980	
3	CD18-00001	陳怡芬	美白電動牙刷-美白刷頭+多動向交叉刷頭	美容家電	20	1200	
4	CD18-00003	陳怡芬	40吋LED液晶顯示器	生活家電	25	7490	
5	CD18-00004			清靜除溼	45	1500	
6	CD18-00005			清靜除溼	25	999	
7	CD18-00006			空調家電	25	2690	
8	CD18-00007			生活家電	45	7490	
9	CD18-00008		頭	美容家電	25	1200	
10	CD18-00009	呂柏勳	40吋LED液晶顯示器	生活家電	25	7490	
11	CD18-00010	呂柏勳	蒸氣掛燙烘衣架	清靜除溼	20	4280	
12	CD18-00011	呂柏勳	迷你隨身空氣負離子清淨機-紅	清靜除溼	25	2980	
13	CD18-00012	郭立新	直立擺頭陶瓷電暖器-灰	空調家電	25	2690	
14	CD18-00013	陳怡芬	暖手寶-粉+白	空調家電	25	860	
15	CD18-00014	劉星純	數位式無線電話-時尚黑	生活家電	25	990	
16	CD18-00015	陳怡芬	奈米水離子吹風機-粉金	美容家電	25	5990	
17	CD18-00016	陳怡芬	美白電動牙刷-美白刷頭+多動向交叉刷頭	美容家電	25	1200	
18	CD18-00017	劉星純	美白電動牙刷-美白刷頭+多動向交叉刷頭	美容家電	25	1200	
19	CD18-00018	劉星純	美白電動牙刷-美白刷頭+多動向交叉刷頭	美容家電	25	1200	
20	CD18-00019	劉星純	手持按摩器	按摩家電	25	2980	
21	CD18-00020	呂柏勳	奈米水離子吹風機-粉金	美容家電	35	5990	
22							

問題1：A2 到 A21 限制輸入重複的資料，不符合時，"停止" 輸入並顯示提醒內容。

✦ ChatGPT 操作 (問題1)

step 01 在 ChatGPT 對話框中輸入以下文字，並送出：

> **在Excel中，A2到A21限制輸入重複的資料，如果不符合限制，拒絕輸入並顯示錯誤訊息。**

step 02 得到此段 ChatGPT 回覆，是較常使用的解決方式：選取要套用限定的儲存格，使用 **資料驗證** 功能 \ **設定** 標籤實現此限制，切換至 **錯誤提醒** 標籤，輸入想要顯示的提醒內容。

> 你可以使用 Excel 中的資料驗證功能來限制輸入重複的資料，以下是步驟：
>
> 1. 選擇 A2 到 A21 的儲存格範圍。
> 2. 點擊 "資料驗證" 按鈕（在 "資料" 索引標籤下），選擇 "自訂"。
> 3. 在 "公式" 標籤中輸入以下公式：=COUNTIF($A$2:$A$21,A2)=1
> 4. 在 "錯誤警告" 標籤中輸入要顯示的錯誤訊息。
> 5. 點擊 "確定" 按鈕。
>
> 現在，如果輸入重複的資料，Excel 將拒絕輸入並顯示你指定的錯誤訊息。

✦ 回到 Excel 完成 (問題1)

依 ChatGPT 的回覆，回到 Excel 如下操作：

step 01 選取 A2:A21 儲存格範圍，於 **資料** 索引標籤選按 **資料驗證** 清單鈕 \ **資料驗證** 開啟對話方塊。

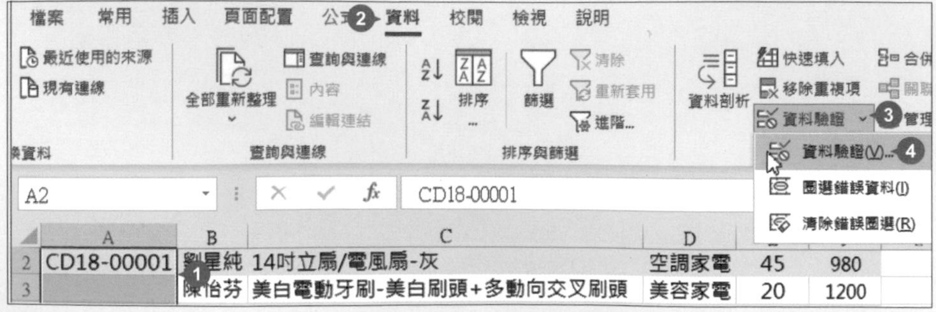

step 02 於 **設定** 標籤設定 **儲存格內允許**：**自訂**、**公式** 輸入：「=COUNTIF($A$2:$A$21,A2)=1」。

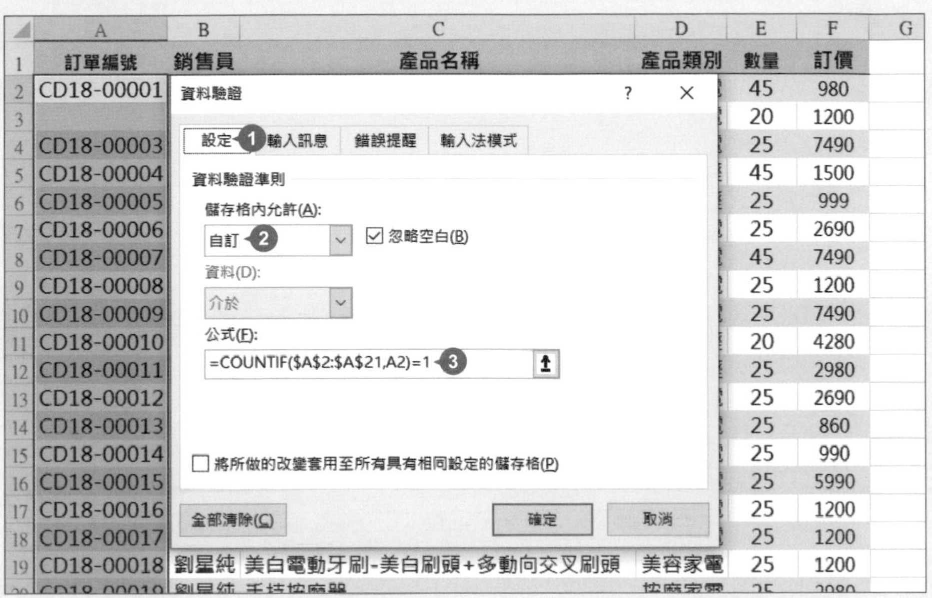

step 03 於 **錯誤提醒** 標籤設定 **樣式**：**停止**、**標題** 輸入：「訂單編號錯誤」、**訊息內容** 輸入：「此訂單編號已使用」，選按 **確定** 鈕即完成。

限定不能輸入未來日期

在計算利息、期限或到期日...等資料時，"未來日期" 會對分析和處理造成影響，甚至產生錯誤。

✦ 範例說明

產品銷售明細中，**下單日期** 欄僅能輸入今天或過去日期，輸入時會自動檢查，若是未來日期，會跳出現警告訊息並說明。

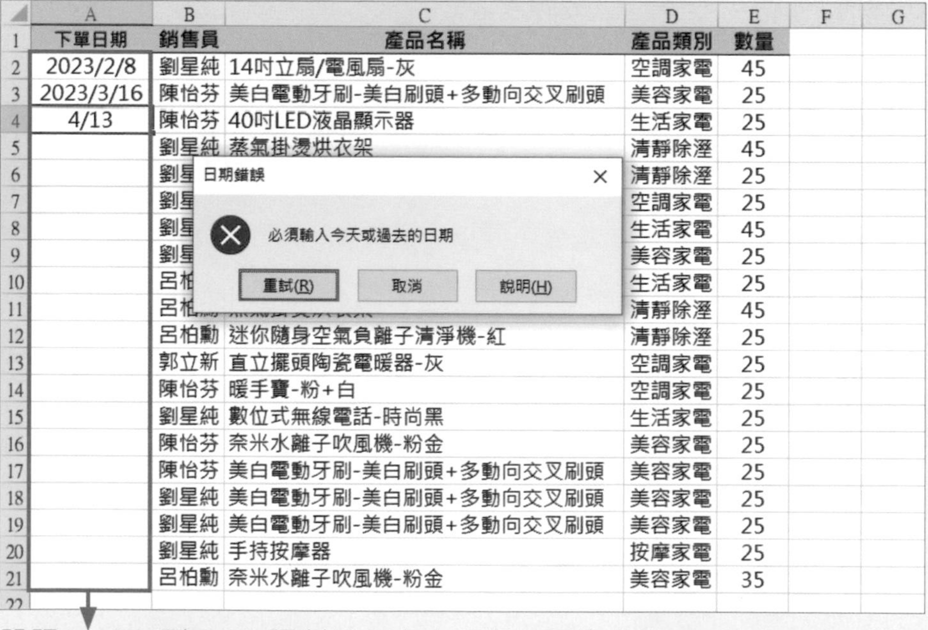

	A	B	C	D	E	F	G
1	下單日期	銷售員	產品名稱	產品類別	數量		
2	2023/2/8	劉星純	14吋立扇/電風扇-灰	空調家電	45		
3	2023/3/16	陳怡芬	美白電動牙刷-美白刷頭+多動向交叉刷頭	美容家電	25		
4	4/13	陳怡芬	40吋LED液晶顯示器	生活家電	25		
5		劉星純	蒸氣掛燙烘衣架	清靜除溼	45		
6		劉星		清靜除溼	25		
7		劉星		空調家電	25		
8		劉星		生活家電	45		
9		劉星		美容家電	25		
10		呂柏		生活家電	25		
11		呂柏		清靜除溼	45		
12		呂柏勳	迷你隨身空氣負離子清淨機-紅	清靜除溼	25		
13		郭立新	直立擺頭陶瓷電暖器-灰	空調家電	25		
14		陳怡芬	暖手寶-粉+白	空調家電	25		
15		劉星純	數位式無線電話-時尚黑	生活家電	25		
16		陳怡芬	奈米水離子吹風機-粉金	美容家電	25		
17		陳怡芬	美白電動牙刷-美白刷頭+多動向交叉刷頭	美容家電	25		
18		劉星純	美白電動牙刷-美白刷頭+多動向交叉刷頭	美容家電	25		
19		劉星純	美白電動牙刷-美白刷頭+多動向交叉刷頭	美容家電	25		
20		劉星純	手持按摩器	按摩家電	25		
21		呂柏勳	奈米水離子吹風機-粉金	美容家電	35		

問題1：A2 到 A21 限制輸入未來日期，不符合時， "停止" 輸入並顯示提醒內容。

✦ ChatGPT 操作 (問題1)

step 01 在 ChatGPT 對話框中輸入以下文字，並送出：

> **在Excel中，A2到A21限制輸入未來日期，不符合時，"停止" 輸入並顯示提醒內容。**

得到此段 ChatGPT 回覆，是較常使用的解決方式：選取要套用限定的儲存格，使用 **資料驗證** 功能 \ **設定** 標籤實現此限制，切換至 **錯誤提醒** 標籤，輸入想要顯示的提醒內容。

你可以使用Excel的資料驗證功能來實現這個限制輸入未來日期的需求。請按照以下步驟操作：

1. 選擇A2到A21的儲存格範圍。
2. 在「資料」功能表中，選擇「資料驗證」。
3. 在「設定」選項卡中，將「設定條件」選為「日期」，將「限制」選擇為「≤」，然後在「數值」欄位中輸入「=TODAY()」。
4. 在「輸入訊息」選項卡中，輸入一條提醒用的訊息，例如「請輸入今天日期或之前的日期」。
5. 在「錯誤訊息」選項卡中，將「顯示訊息時」選擇為「停止」，然後輸入一條錯誤訊息，例如「輸入的日期必須等於或早於今天的日期」。
6. 點擊「確定」按鈕。

✦ 回到 Excel 完成 (問題1)

依 ChatGPT 的回覆，回到 Excel 如下操作：

step 01

選取 A2:A21 儲存格範圍，於 **資料** 索引標籤選按 **資料驗證** 清單鈕 \ **資料驗證** 開啟對話方塊。

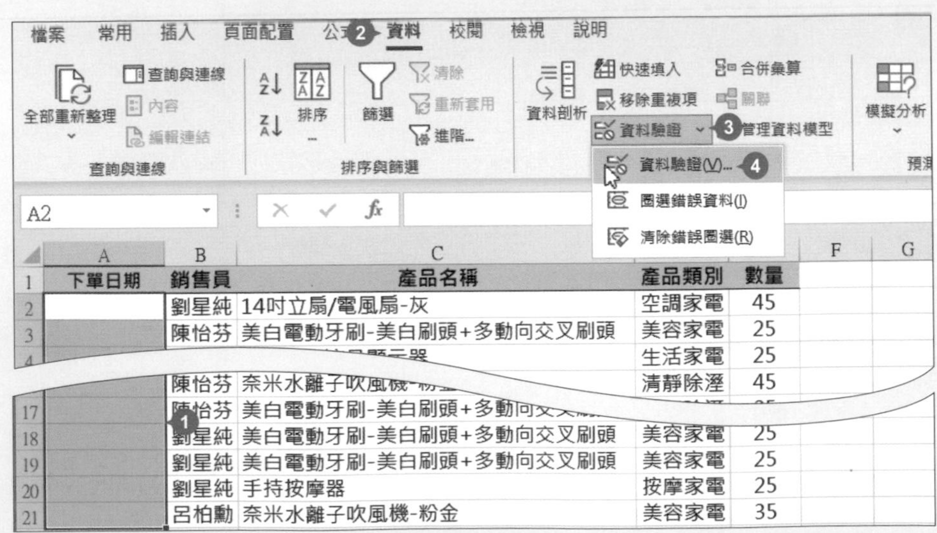

step 02 於 **設定** 標籤設定 **儲存格內允許：日期**、**資料：小於或等於**、**結束日期** 輸入：「=TODAY()」。

step 03 於 **錯誤提醒** 標籤設定 **樣式：停止**、**標題** 輸入：「日期錯誤」、**訊息內容** 輸入：「必須輸入今天或過去的日期」，選按 **確定** 鈕即完成。

13 檢查數值資料中是否包含文字

數值資料中若包含文字，可能影響運算結果、排序、圖表產生，或導致不正確的資料分析，這時不妨檢查一下欄位的資料格式！

✦ 範例說明

產品銷售明細中要檢查 **數量**、**訂價** 欄位中是否包含文字，若有文字資料，儲存格將標示底色。

	A	B	C	D	E	F	G	H
1	訂單編號	銷售員	產品名稱	產品類別	數量	訂價		
2	CD18-00001	劉星純	14吋立扇/電風扇-灰	空調家電	45	980		
3	CD18-00002	陳怡芬	美白電動牙刷-美白刷頭+多動	美容家電	$	1200		
4	CD18-00003	陳怡芬	40吋LED液晶顯示器	生活家電	25	7490		
5	CD18-00004	劉星純	蒸氣掛燙烘衣架	清靜除溼	45	A		
6	CD18-00005	劉星純	迷你隨身空氣負離子清淨機-紅	清靜除溼	25	999		
7	CD18-00006	劉星純	直立擺頭陶瓷電暖器-灰	空調家電	25	2690		
8	CD18-00007	劉星純	40吋LED液晶顯示器	生活家電	45	7490		
9	CD18-00008	劉星純	美白電動牙刷-美白刷頭+多動	美容家電	25	1200		
10	CD18-00009	呂柏勳	40吋LED液晶顯示器	生活家電	25	7490		
11	CD18-00010	呂柏勳	蒸氣掛燙烘衣架	清靜除溼	數量	4280		
12	CD18-00011	呂柏勳	迷你隨身空氣負離子清淨機-紅	清靜除溼	25	[illegible]		
13	CD18-00012	郭立新	直立擺頭陶瓷電暖器-灰	空調家電	25	2690		
14	CD18-00013	陳怡芬	暖手寶-粉+白	空調家電	25	訂價		
15	CD18-00014	劉星純	數位式無線電話-時尚黑	生活家電	25	990		
16	CD18-00015	陳怡芬	奈米水離子吹風機-粉金	美容家電	25	5990		
17	CD18-00016	陳怡芬	美白電動牙刷-美白刷頭+多動	美容家電	25	1200		
18	CD18-00017	劉星純	美白電動牙刷-美白刷頭+多動	美容家電	25	1200		
19	CD18-00018	劉星純	美白電動牙刷-美白刷頭+多動	美容家電	25	1200		
20	CD18-00019	劉星純	手持按摩器	按摩家電	25	2980		
21	CD18-00020	呂柏勳	奈米水離子吹風機-粉金	美容家電	35	5990		
22								

問題1：檢查 E2 到 F21 的資料是否包含文字，並將有文字的儲存格填入底色。

✦ ChatGPT 操作 (問題1)

step 01 在 ChatGPT 對話框中輸入以下文字，並送出：

> **在Excel中，如何檢查E2到F21的資料是否包含文字，並將有文字的儲存格填入底色？**

step 02 得到此段 ChatGPT 回覆，是較常使用的解決方式：選取 E2:F21 儲存格範圍，以 **條件式格式設定** 功能搭配 **ISTEXT** 函數自訂公式檢查。

您可以使用Excel的「條件格式」功能來檢查E2到F21的資料是否包含文字，並將有文字的儲存格填入底色。

以下是這個操作的具體步驟：

1. 選擇要設定條件格式的範圍。在這個案例中，您需要選擇E2到F21這個儲存格範圍。
2. 在Excel的功能表中，選擇「條件格式」>「新規規則」。
3. 在「新規格式設定」的視窗中，選擇「使用公式判斷式來決定要套用哪些儲存格格式」，並在「格式值為」框中輸入以下公式：=ISTEXT(E2:F21)
4. 在設定完公式之後，按下「格式」按鈕，選擇您想要設定的底色，例如黃色。
5. 在設定完畢後，按下「確定」即可完成條件格式的設定。

現在，如果E2到F21中有任何包含文字的儲存格，它們的底色會自動變成您所設定的底色，讓它們更容易被辨認出來。

✦ 回到 Excel 完成 (問題1)

依 ChatGPT 的回覆，回到 Excel 如下操作：

step 01 選取 E2:F21 儲存格範圍。

	A	B	C	D	E	F	G	H
1	訂單編號	銷售員	產品名稱	產品類別	數量	訂價		
2	CD18-00001	劉星純	14吋立扇/電風扇-灰	空調家電	45	980		
			刷頭+多動向	美容家電	$	1200		
18	CD18-00017	劉星純	美白電動牙刷-美白刷頭		25	7490		
19	CD18-00018	劉星純	美白電動牙刷-美白刷頭+多動向	美容家電				
20	CD18-00019	劉星純	手持按摩器	按摩家電	25	2980		
21	CD18-00020	呂柏勳	奈米水離子吹風機-粉金	美容家電	35	5990		

於 **常用** 索引標籤選按 **條件式格式設定 \ 新增規則** 開啟對話方塊，於 **選取規則類型** 選按 **使用公式來決定要格式化哪些儲存格**、**格式化在此公式為 True 的值** 欄位輸入：「=ISTEXT(E2:F21)」，選按 **格式** 鈕。

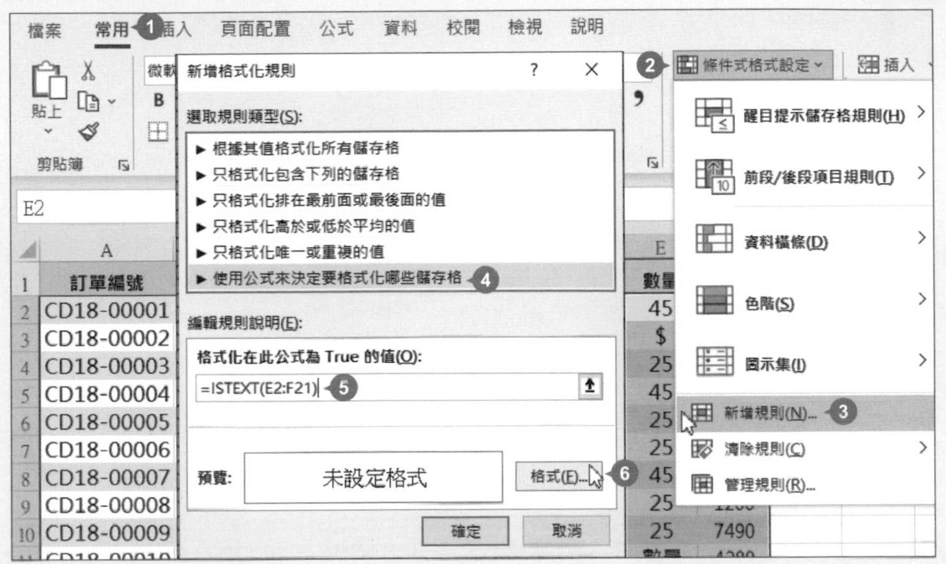

step 03

選按 **填滿** 標籤，選按合適的填滿色彩，選按 **確定** 鈕，回到對話方塊選按 **確定** 鈕即完成。

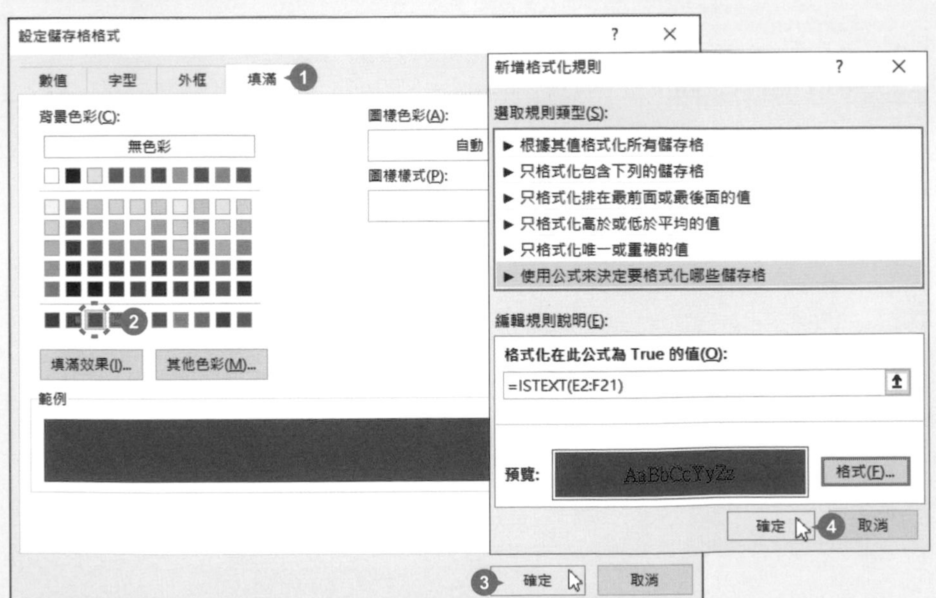

14 民國日期轉西元日期

Do it !

民國與西元日期的轉換，方便不同地區、不同使用者對日期的理解和應用，以確保溝通、商業交流或文件處理...等的正確和一致性。

✦ 範例說明

採購申請表中可看到 **日期 (民國)** 欄位顯示民國日期 YYY/MM/DD，需轉換成西元日期 YYYY/MM/DD，之後再延伸公式自動填滿內容。

	A	B	C	D	E	F	G	H
1	日期 (民國)	日期 (西元)	申請部門	姓名	品名	單價	數量	
2	112/03/06	2023/3/6	研發部	錢佳蓉	A420入資料本	55	2	
3	112/03/26	2023/3/26	業務部	張哲維	自動原子筆	8	5	
4	112/04/07	2023/4/7	行政部	陳石翰	修正帶	29	2	
5	112/04/15	2023/4/15	資訊部	黃文賢	無線滑鼠	399	1	
6	112/04/24	2023/4/24	業務部	溫雅婷	釘書機	45	3	
7	112/05/08	2023/5/8	行政部	曾秀芬	特大迴紋針	35	3	
8	112/05/11	2023/5/11	公關部	楊智城	可換卡水白板筆-黑	28	2	
9	112/05/22	2023/5/22	業務部	倪雅婷	事務剪刀	18	5	
10	112/06/09	2023/6/9	行政部	杜奕翔	九色可再貼螢光標籤	28	2	
11	112/06/26	2023/6/26	資訊部	彭雅晴	A4公文袋	15	10	
12	112/07/03	2023/7/3	研發部	陳文傑	膠水	9	2	
13	112/07/16	2023/7/16	公關部	林易妏	影印紙	250	2	
14								
15								

問題1：將民國日期轉換為西元年月日。

✦ ChatGPT 操作 (問題1)

step 01 在 ChatGPT 對話框中輸入以下文字，並送出：

> 寫一個Excel公式，A2是民國日期112/03/06，112是年，03是月，06是日，將A2日期轉換為西元日期顯示在B2，將公式延伸到其他儲存格。

step 02 得到此段 ChatGPT 回覆，是較常使用的解決方式：使用 **DATE** 函數，並搭配其他操作完成。

以下是將民國年份轉換為西元年份並生成西元日期的Excel公式：

這個公式假設A2中的年份是以三位數的形式出現，例如 "112" 代表民國112年。首先，使用LEFT函數獲取年份的前三位數字，再加上1911年，就可以得到西元年份。然後，使用MID函數和RIGHT函數來獲取月份和日份。最後，使用DATE函數來根據這三個參數生成日期值。

要將這個公式應用到其他儲存格，只需將公式拖動儲存格的右下角，或者按下Ctrl+C複製公式，然後在其他儲存格中按下Ctrl+V粘貼公式即可。

step 03 選按公式方框右上角 **Copy Code**，自動複製該段公式。

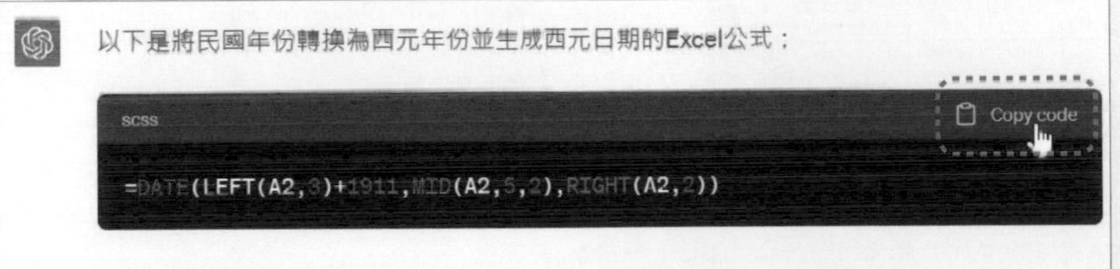

✦ 回到 **Excel** 完成 **(問題1)**

依 ChatGPT 的回覆，回到 Excel 如下操作：

step 01 選取 B2 儲存格，按 Ctrl + V 鍵，貼上剛剛複製的公式，顯示西元日期。

	A	B	C	D	E	F	G	H
1	日期 (民國)	日期 (西元)	申請部門	姓名	品名	單價	數量	
2	112/03/06	2023/3/6	研發部	錢佳蓉	A420入資料本	55	2	
3	112/03/26		業務部	張哲維	自動原子筆	8	5	
4	112/04/07		行政部	陳石翰	修正帶	29	2	

step 02 將滑鼠指標移到 **B2** 儲存格右下角的 **填滿控點** 上，呈 + 狀，按滑鼠左鍵二下，自動填滿到最後一筆資料 **B13** 儲存格。

	A	B	C	D	E	F	G	H
1	日期 (民國)	日期 (西元)	申請部門	姓名	品名	單價	數量	
2	112/03/06	2023/3/6	研發部	錢佳蓉	A420入資料本	55	2	
3	112/03/26		業務部	張哲維	自動原子筆	8	5	
4	112/04/07		行政部	陳石翰	修正帶	29	2	
5	112/04/15		資訊部	黃文賢	無線滑鼠	399	1	
6	112/04/24		業務部	溫雅婷	釘書機	45	3	
7	112/05/08		行政部	曾秀芬	特大迴紋針	35	3	
8	112/05/11		公關部	楊智城	可換卡水白板筆-黑	28	2	
9	112/05/22		業務部	倪雅婷	事務剪刀	18	5	
10	112/06/09		行政部	杜奕翔	九色可再貼螢光標籤	28	2	
11	112/06/26		資訊部	彭雅晴	A4公文袋	15	10	
12	112/07/03		研發部	陳文傑	膠水	9	2	
13	112/07/16		公關部	林易妏	影印紙	250	2	
14								

	A	B	C	D	E	F	G	H
1	日期 (民國)	日期 (西元)	申請部門	姓名	品名	單價	數量	
2	112/03/06	2023/3/6	研發部	錢佳蓉	A420入資料本	55	2	
3	112/03/26	2023/3/26	業務部	張哲維	自動原子筆	8	5	
4	112/04/07	2023/4/7	行政部	陳石翰	修正帶	29	2	
5	112/04/15	2023/4/15	資訊部	黃文賢	無線滑鼠	399	1	
6	112/04/24	2023/4/24	業務部	溫雅婷	釘書機	45	3	
7	112/05/08	2023/5/8	行政部	曾秀芬	特大迴紋針	35	3	
8	112/05/11	2023/5/11	公關部	楊智城	可換卡水白板筆-黑	28	2	
9	112/05/22	2023/5/22	業務部	倪雅婷	事務剪刀	18	5	
10	112/06/09	2023/6/9	行政部	杜奕翔	九色可再貼螢光標籤	28	2	
11	112/06/26	2023/6/26	資訊部	彭雅晴	A4公文袋	15	10	
12	112/07/03	2023/7/3	研發部	陳文傑	膠水	9	2	
13	112/07/16	2023/7/16	公關部	林易妏	影印紙	250	2	
14								

小提示

民國日期輸入時需注意：

民國日期如果要順利轉換成西元日期，在 **日期 (民國)** 欄位中，儲存格格式設定為 **通用格式**，另外留意 "月" 與 "日" 的數字需顯示二位數。

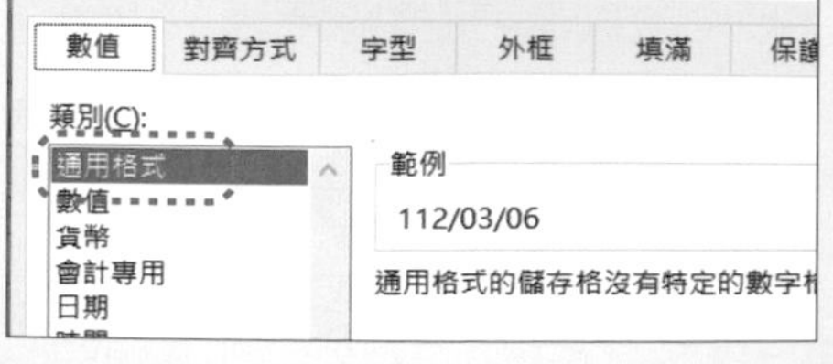

	A	B	C	D
1	日期 (民國)	日期 (西元)	申請部門	姓名
2	112/03/06		研發部	錢佳蓉
3	112/03/26		業務部	張哲維
4	112/04/07		行政部	陳石翰
5	112/04/15		資訊部	黃文賢

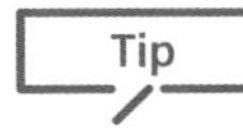

15 從長串資料中取出關鍵資料

Do it！

在 Excel 中快速從一長串資料取得關鍵資料的技能是極為重要且實用的，尤其是當你需要處理大量資料時。

✦ 範例說明

取出 **地址** 欄位中最後一個 "," 右側的國家英文名，再根據 **對照表** 判斷出國家中文名，過程中於 **國家 (英文)**、**國家 (中文)** 欄位利用延伸公式產生相對應國家名。

	A
1	地址
2	艾菲爾鐵塔：Champ de Mars, 5 Avenue Anatole France, 75007 Paris,France
3	羅馬競技場：Piazza del Colosseo, 1, 00184 Roma RM,Italy
4	聖家堂：C/ de Mallorca, 401, 08013 Barcelona,Spain
5	自由女神像：New York, NY 10004,USA
6	清水寺：1-chōme-294 Kiyomizu, Higashiyama Ward, Kyoto, 605-0862,Japan
7	尼加拉瀑布：Niagara Falls, NY 14303,USA
8	大笨鐘：W1A 0AA,United Kingdom
9	雅典衛城：Athens 105 58,Greece
10	新天鵝堡：Neuschwansteinstraße 20, 87645 Schwangau,Germany
11	雪梨歌劇院：Bennelong Point, Sydney NSW 2000,Australia
12	

	B	C	D	E	F	G	H
1	國家 (英文)	國家 (中文)		對照表			
2	France	法國		國家 (英文)	國家(中文)		
3	Italy	義大利		Australia	澳洲		
4	Spain	西班牙		USA	美國		
5	USA	美國		United Kingdom	英國		
6	Japan	日本		Greece	希臘		
7	USA	美國		Germany	德國		
8	United Kingdom	英國		Japan	日本		
9	Greece	希臘		Spain	西班牙		
10	Germany	德國		France	法國		
11	Australia	澳洲		Italy	義大利		
12							

問題1：取出 **地址** 中最右側的 "," 後方資料。

問題2：根據 E3 到 F11 的對照表，判斷 B2 到 B11 國家的英文名稱相對應的中文名稱。

✦ ChatGPT 操作 (問題1)

step 01 在 ChatGPT 對話框中輸入以下文字，並送出：

> 寫一個 Excel 公式，取出 A2 英文地址中最後一個 "," 右側國家英文名稱到 B2，再將 B2 公式延伸到 B11

step 02 得到此段 ChatGPT 回覆，是較常使用的解決方式：使用 **TRIM**、**RIGHT**、**SUBSTITUTE**...等函數，並搭配其他操作完成。

假設 A2 儲存格內容為「No. 10 Downing Street, London, United Kingdom」，想要取出「United Kingdom」這段文字，可以使用以下公式：

```less
=TRIM(RIGHT(SUBSTITUTE(A2,",",REPT(" ",LEN(A2))),LEN(A2)))
```

這個公式的意思是：

1. 先使用 SUBSTITUTE 函數，將 A2 中的每個逗號都替換成與 A2 總長度相同的空白字元，這樣逗號後面的文字就會填滿空白字元。例如上述例子中，會變成「No. 10 Downing Street London United Kingdom」。
2. 再使用 REPT 函數，重複填入 A2 總長度個空白字元。這樣做的目的是為了讓所有的逗號後面文字都位於同一個位置。例如上述例子中，會變成「 United Kingdom」。
3. 再使用 RIGHT 函數，從這個字串最右側開始，取出 A2 總長度個字元，這樣就可以取出逗號後面的文字了。例如上述例子中，會取出「United Kingdom 」。
4. 最後再使用 TRIM 函數，將這段文字前後的空白字元去除掉，這樣就只剩下「United Kingdom」了。

將上述公式套用到 B2 中後，就可以取出 A2 中最後一個逗號後面的國家英文名稱，再將 B2 公式延伸到 B11 即可。

Regenerate response

step 03 選按公式方框右上角 **Copy Code**，自動複製該段公式。

```less
=TRIM(RIGHT(SUBSTITUTE(A2,",",REPT(" ",LEN(A2))),LEN(A2)))
```

Copy code

✦ 回到 Excel 完成 (問題1)

依 ChatGPT 的回覆，回到 Excel 如下操作：

step 01 選取 B2 儲存格，按 Ctrl + V 鍵，貼上剛剛複製的公式。

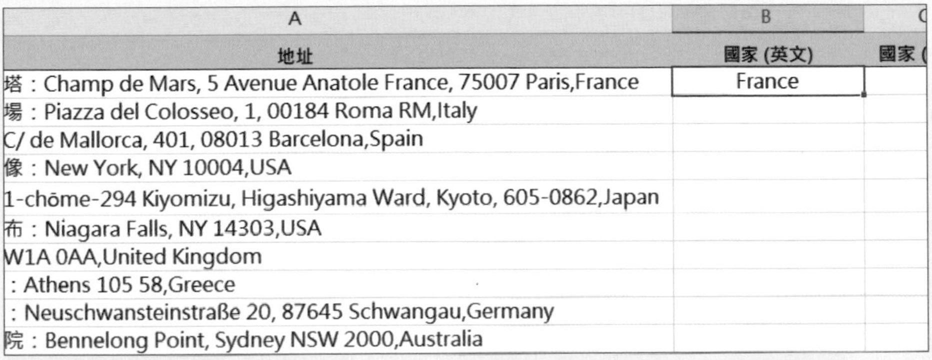

A	B	C
地址	國家 (英文)	國家 (
塔：Champ de Mars, 5 Avenue Anatole France, 75007 Paris,France	France	
場：Piazza del Colosseo, 1, 00184 Roma RM,Italy		
C/ de Mallorca, 401, 08013 Barcelona,Spain		
像：New York, NY 10004,USA		
1-chōme-294 Kiyomizu, Higashiyama Ward, Kyoto, 605-0862,Japan		
布：Niagara Falls, NY 14303,USA		
W1A 0AA,United Kingdom		
：Athens 105 58,Greece		
：Neuschwansteinstraße 20, 87645 Schwangau,Germany		
院：Bennelong Point, Sydney NSW 2000,Australia		

step 02 將滑鼠指標移到 B2 儲存格右下角的 **填滿控點** 上，呈 + 狀，按滑鼠左鍵二下，自動填滿到最後一筆資料 B11 儲存格。

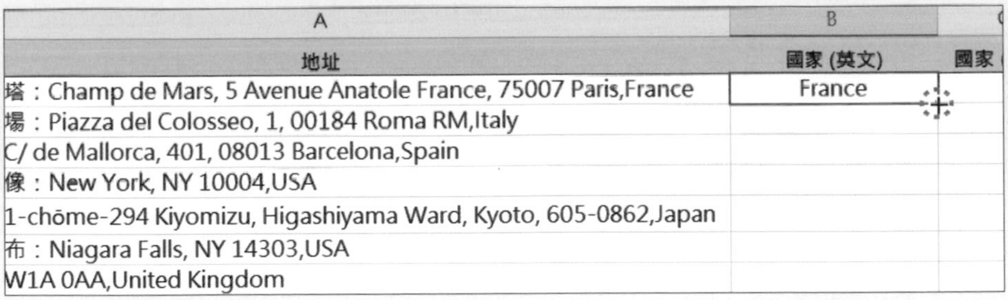

A	B	C
地址	國家 (英文)	國家 (
塔：Champ de Mars, 5 Avenue Anatole France, 75007 Paris,France	France	
場：Piazza del Colosseo, 1, 00184 Roma RM,Italy		
C/ de Mallorca, 401, 08013 Barcelona,Spain		
像：New York, NY 10004,USA		
1-chōme-294 Kiyomizu, Higashiyama Ward, Kyoto, 605-0862,Japan		
布：Niagara Falls, NY 14303,USA		
W1A 0AA,United Kingdom		

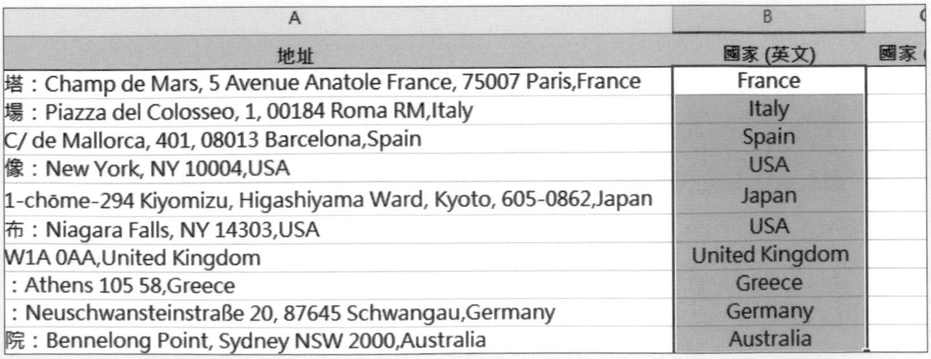

A	B	C
地址	國家 (英文)	國家 (
塔：Champ de Mars, 5 Avenue Anatole France, 75007 Paris,France	France	
場：Piazza del Colosseo, 1, 00184 Roma RM,Italy	Italy	
C/ de Mallorca, 401, 08013 Barcelona,Spain	Spain	
像：New York, NY 10004,USA	USA	
1-chōme-294 Kiyomizu, Higashiyama Ward, Kyoto, 605-0862,Japan	Japan	
布：Niagara Falls, NY 14303,USA	USA	
W1A 0AA,United Kingdom	United Kingdom	
：Athens 105 58,Greece	Greece	
：Neuschwansteinstraße 20, 87645 Schwangau,Germany	Germany	
院：Bennelong Point, Sydney NSW 2000,Australia	Australia	

✦ ChatGPT 操作 (問題2)

step 01 在 ChatGPT 對話框中輸入以下文字，並送出：

依據E3到F11對照表 (E欄是英文，F欄是中文)，對照表位置固定，判斷B2英文名是哪一個國家，顯示在C2，最後將C2公式延伸到C11。

step 02 得到此段 ChatGPT 回覆，是較常使用的解決方式：根據對照表，找出國家英文名稱相對應的中文名稱。

可以使用VLOOKUP函數進行對照表查找，以下是可能的公式：

在C2中輸入以下公式：

swift　Copy code

```
=VLOOKUP(B2,$E$3:$F$11,2,FALSE)
```

其中，B2是要查找的單元格，$E$3:$F$11是對照表範圍，2是要返回的列號（也就是中文所在的列），FALSE表示需要精確匹配。

接著將C2公式延伸到C11即可。

step 03 選按公式方框右上角 **Copy Code**，自動複製該段公式。

✦ 回到 Excel 完成 (問題2)

依 ChatGPT 的回覆，回到 Excel 如下操作：

step 01 選取 C2 儲存格，按 Ctrl + V 鍵，貼上剛剛複製的公式。

延伸公式時，公式中對照表的儲存格位址希望不要依目的地儲存格位址相對調整，若希望參照的儲存格位址在延伸時不要變更，需用 "絕對參照"，即是在欄名或列號前加上 "$" 符號 ($E$2:$F$10)，位址就不會隨著改變。

C2 =VLOOKUP(B2,$E$3:$F$11,2,FALSE)

		B	C	D	E	F	G
1		國家 (英文)	國家 (中文)		對照表		
2	)7 Paris,France	France	法國		國家 (英文)	國家(中文)	
3		Italy			Australia	澳洲	
4		Spain			USA	美國	
5		USA			United Kingdom	英國	
6	605-0862,Japan	Japan			Greece	希臘	
7		USA			Germany	德國	

step 02 將滑鼠指標移到 C2 儲存格右下角的 **填滿控點** 上，呈 + 狀，按滑鼠左鍵二下，自動填滿到最後一筆資料 C11 儲存格。

		B	C	D	E	F
1		國家 (英文)	國家 (中文)		對照表	
2	ce, 75007 Paris,France	France	法國		國家 (英文)	國家(中文)
3	l,Italy	Italy			Australia	澳洲

		B	C	D	E	F
1		國家 (英文)	國家 (中文)		對照表	
2	ce, 75007 Paris,France	France	法國		國家 (英文)	國家(中文)
3	l,Italy	Italy	義大利		Australia	澳洲
4		Spain	西班牙		USA	美國
5		USA	美國		United Kingdom	英國
6	, Kyoto, 605-0862,Japan	Japan	日本		Greece	希臘
7		USA	美國		Germany	德國
8		United Kingdom	英國		Japan	日本
9		Greece	希臘		Spain	西班牙
10	gau,Germany	Germany	德國		France	法國
11	stralia	Australia	澳洲		Italy	義大利
12						

NOTE

PART

03

快速掌握函數應用

1 數值加總計算

Do it !

生活與職場中最常用到的支出記錄表，記錄個人、公司每月或每年的費用支出情況。

✦ 範例說明

支出記錄表包含部門、日期、事由和申請者姓名，與膳雜費、交通費、住宿費的支出列項，需橫向加總每位申請者的支出，再直向加總部門小計值。

	A	B	C	D	E	F	G	H
1	支出							
2	部門	日期	事由	申請者	膳雜費	交通費	住宿費	小計
3	行銷推廣	2024/5/20	Office 研習	羅嘉豪	150	1500	2000	3,650
4		2024/6/25	Excel研習	周惠君	260	1650	2500	4,410
5		2024/8/26	FB廣告行銷研習	張姿妤	200	500	0	700
6							部門小計	8,760

問題1：計算各申請者的支出小計值

問題2：根據各申請者的支出小計，計算部門的支出小計值

✦ ChatGPT 操作 (問題1)

step 01 在 ChatGPT 對話框中輸入以下文字，並送出：

> **寫一個 Excel 公式，在 H3 取得 E3 到 G3 加總值，將公式延伸到 H5。**

step 02 得到此段 ChatGPT 回覆，是較常使用的解決方式：在 H3 儲存格中輸入公式：「=SUM(E3:G3)」，計算第一位人員的支出小計，最後將公式延伸到 H5，產生其他人員的支出小計 。

您可以使用 SUM 函數，該函數可將一系列數值相加。下面是一個示例公式：

這個公式將 E3 到 G3 之間的數值相加。要將公式延伸到 H5，請將滑鼠指標放在 H3 上，直到出現黑色十字游標，然後將其拖到 H5。Excel 將自動更新公式以反映新的單元格參考。

step 03 選按公式方框右上角 **Copy code**，自動複製該段公式。

您可以使用 SUM 函數，該函數可將一系列數值相加。下面是一個示例公式：

小提示

回覆的答案與此範例示範不同

依不同使用者或提問方式，ChatGPT 回覆的答案或函數可能會與範例稍有差異，但大部份都是可求得正確的值。可再次提問，或於 Excel 執行確認答案正確性，如發生錯誤可以再回到 ChatGPT 提問：「執行上段函數 (或操作) 時發生錯誤，該如何修正？」。

若回覆的答案不是以黑色公式方框編寫模式呈現，有沒右上角 **Copy code**，也不用擔心，直接選取並複製 ChatGPT 回覆中的公式也是一樣的。

✦ 回到 Excel 完成 (問題1)

step 01 依 ChatGPT 的回覆，回到 Excel 如下操作：選取 H3 儲存格，按 Ctrl + V 鍵，貼上剛剛複製的公式，計算第一位申請者的支出小計。

	A	B	C	D	E	F	G	H
1	支出							
2	部門	日期	事由	申請者	膳雜費	交通費	住宿費	小計
3	行銷推廣	2024/5/20	Office 研習	羅嘉豪	150	1500	2000	3,650
4		2024/6/25	Excel研習	周惠君	260	1650	2500	
5		2024/8/26	FB廣告行銷研習	張姿妤	200	500	0	
6							部門小計	
7								
8								
9								

step 02 選取 H3 儲存格，按住右下角的 **填滿控點** 往下拖曳，至 H5 儲存格放開滑鼠左鍵，可快速完成另外二位申請者的支出小計計算。

	A	B	C	D	E	F	G	H	I
1	支出								
2	部門	日期	事由	申請者	膳雜費	交通費	住宿費	小計	
3	行銷推廣	2024/5/20	Office 研習	羅嘉豪	150	1500	2000	❶ 3,650	❷
4		2024/6/25	Excel研習	周惠君	260	1650	2500		
5		2024/8/26	FB廣告行銷研習	張姿妤	200	500	0		
6							部門小計		
7									
8									
9									

	A	B	C	D	E	F	G	H	I
1	支出								
2	部門	日期	事由	申請者	膳雜費	交通費	住宿費	小計	
3	行銷推廣	2024/5/20	Office 研習	羅嘉豪	150	1500	2000	3,650	
4		2024/6/25	Excel研習	周惠君	260	1650	2500	4,410	
5		2024/8/26	FB廣告行銷研習	張姿妤	200	500	0	700	
6							部門小計		
7									
8									
9									

✦ ChatGPT 操作 (問題2)

在 ChatGPT 對話框中輸入以下文字，並送出：

寫一個 Excel 公式，在 H6 取得 H3 到 H5 加總值

step 02

得到此段 ChatGPT 回覆，是較常使用的解決方式：在 H6 儲存格中輸入公式：「=SUM(H3:H5)」，即可得到該部門的支出小計。

您可以使用 SUM 函數，該函數可將一系列數值相加。下面是一個示例公式：

這個公式將 H3 到 H5 之間的數值相加。將此公式輸入到 H6 儲存格中，即可在 H6 中顯示這三個儲存格的加總值。

選按公式方框右上角 **Copy code**，自動複製該段公式。

您可以使用 SUM 函數，該函數可將一系列數值相加。下面是一個示例公式：

這個公式將 H3 到 H5 之間的數值相加。將此公式輸入到 H6 儲存格中，即可在 H6 中顯示這三個儲存格的加總值。

✦ 回到 Excel 完成 (問題2)

依 ChatGPT 的回覆，回到 Excel 如下操作：選取 H6 儲存格，按 Ctrl + V 鍵，貼上剛剛複製的公式，即完成部門支出小計計算。

	A	B	C	D	E	F	G	H	I
1	支出								
2	部門	日期	事由	申請者	膳雜費	交通費	住宿費	小計	
3	行銷推廣	2024/5/20	Office 研習	羅嘉豪	150	1500	2000	3,650	
4		2024/6/25	Excel研習	周惠君	260	1650	2500	4,410	
5		2024/8/26	FB廣告行銷研習	張姿妤	200	500	0	700	
6							部門小計	8,760	
7									(Ct
8									

小提示

認識函數語法與用途

如果對 ChatGPT 提供的函數不甚了解，可以接著詢問 ChatGPT："請說明 Excel 的 Sum 函數用法"，進一步了解函數的語法與用途。

小提示

SUM 函數說明

SUM 函數

說明：求得指定數值、儲存格或儲存格範圍內所有數值的總和。

格式：**SUM(數值1,數值2,...)**

引數：**數值**　可為數值或儲存格範圍，1 到 255 個要加總的值。若為加總連續儲存格則可用冒號 ":" 指定起始與結束儲存格，但若要加總不相鄰儲存格內的數值，則用逗號 "," 區隔。

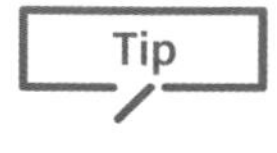

2 數值減法計算

收支記錄表是一項實用的財務管理工具，可以幫助個人、公司了解和控制收支情況，進而實現財務目標。

✦ 範例說明

根據部門支出與收入的小計值，計算淨收益值。

	A	B	C	D	E	F	G	H
1	支出							
2	部門	日期	事由	申請者	膳雜費	交通費	住宿費	小計
3	行銷推廣	2023/5/20	Office 研習	羅嘉豪	150	1500	2000	3,650
4		2023/6/25	Excel研習	張姿妤	260	1650	2500	4,410
5		2023/8/26	FB廣告行銷研習	周惠君	200	500	0	700
6							部門小計	8,760
7								
8	收入							
9	部門	姓名	事由	講師費				
10	行銷推廣	羅嘉豪	Office 研習	36,000				
11		張姿妤	Excel研習	42,000				
12		周惠君	FB廣告行銷研習	40,000				
13			部門小計	118,000				
14								
15	淨收益	109,240						

問題1：根據收入與支出總金額，計算淨收益值。

✦ ChatGPT 操作 (問題1)

step 01 在 ChatGPT 對話框中輸入以下文字，並送出：

> **寫一個 Excel 公式，H6 是總支出、D13 是總收入，計算淨收益值。**

step 02 得到此段 ChatGPT 回覆，是較常使用的解決方式：在儲存格中輸入公式：「=D13-H6」，利用總收入減去總支出，計算淨收益值。

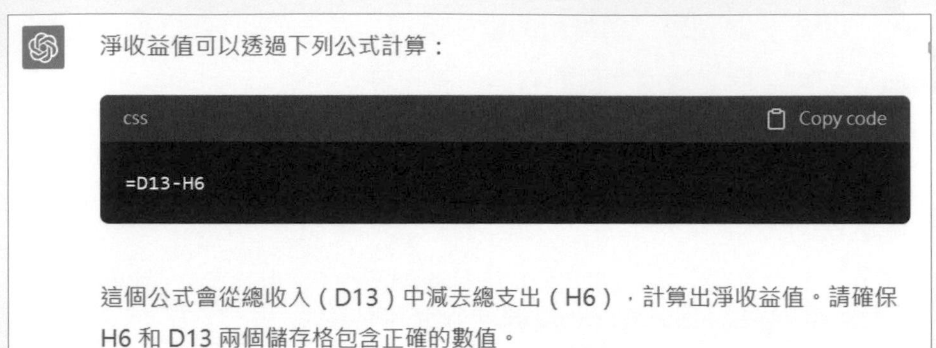

step 03 選按公式方框右上角 **Copy code**，自動複製該段公式。

✦ 回到 Excel 完成 (問題1)

依 ChatGPT 的回覆，回到 Excel 如下操作：選取 B15 儲存格，按 Ctrl + V 鍵，貼上剛剛複製的公式，即完成淨收益值計算。

	A	B	C	D	E	F	G	H
8	收入							
9	部門	姓名	事由	講師費				
10		羅嘉豪	Office 研習	36,000				
11	行銷推廣	張姿妤	Excel研習	42,000				
12		周惠君	FB廣告行銷研習	40,000				
13			部門小計	118,000				
14								
15	淨收益	109,240						
16								
17								

3 數值平均值計算

若想知道某班同學的平均成績，或是員工的平均薪資，只要根據數值總和與個數，再搭配函數，就能輕鬆計算平均值。

✦ 範例說明

測驗結果包含了十名考生的姓名與分數，需計算平均分數。

	A	B	C	D	E	F	G	H	I
1	測驗結果								
2	考生	分數							
3	許嘉揚	70							
4	王守桓	65							
5	顏勝蕙	76							
6	林義純	89							
7	蕭慶然	20							
8	丁陽禮	55							
9	楊婉菁	90							
10	彭台凌	73							
11	林惠君	56							
12	陳筱舜	82							
13	平均	67.6							
14									

問題1：計算平均分數

✦ ChatGPT 操作 (問題1)

在 ChatGPT 對話框中輸入以下文字，並送出：

寫一個 Excel 公式，計算範圍 B3 到 B12 的平均分數。

step 02 得到此段 ChatGPT 回覆，是較常使用的解決方式：在儲存格中輸入公式：「=AVERAGE(B3:B12)」，計算指定範圍中所有數值的平均值。

step 03 選按公式方框右上角 **Copy code**，自動複製該段公式。

✦ 回到 Excel 完成 (問題1)

依 ChatGPT 的回覆，回到 Excel 如下操作：選取 B13 儲存格，按 Ctrl + V 鍵，貼上剛剛複製的公式，即完成十筆測驗結果的平均值計算。

	A	B	C	D	E	F	G	H
1	測驗結果							
2	考生	分數						
3	許嘉揚	70						
12	陳筱舜	82						
13	平均	67.6						

小提示

AVERAGE 函數說明

AVERAGE 函數

說明：求得指定數值、儲存格或儲存格範圍內所有數值的平均值。

格式：**AVERAGE(數值1,數值2,...)**

引數：**數值**　不會將空白或字串資料算進去，但是數值 "0" 卻是會被計算。

4 取得最大值與相關資料

取得最大值，是基本的數據分析技巧，常用於找出像是營收、成本、收益或工時...等項目的最大值，藉此有效掌握數據範圍。

✦ 範例說明

進貨單包含日期、商品、數量、單價與金額，右側表格要先於所有進貨項目中找到最高進貨額，再回傳該筆進貨項目的進貨日。

	A	B	C	D	E	F	G	H	I	J
1	進貨單									
2	日期	商品	數量	單價 / 磅	金額		最高進貨額			
3	2023/11/12	綠茶	50	300	15000		金額	進貨日		
4	2023/12/14	龍井	30	700	21000		35600	2024/11/2		
5	2024/3/22	碧螺春	20	680	13600					
6	2024/5/15	龍井	10	530	5300					
7	2024/5/20	碧螺春	20	900	18000					
8	2024/6/28	鐵觀音	10	700	7000					
9	2024/8/2	普洱茶	5	300	1500					
10	2024/9/15	碧螺春	30	530	15900					
11	2024/10/30	玫瑰花茶	30	700	21000					
12	2024/11/2	桂花茶	40	890	35600					

問題1：回傳最高進貨額

問題2：回傳最高進貨額的進貨日

✦ ChatGPT 操作 (問題1)

step 01 在 ChatGPT 對話框中輸入以下文字，並送出：

> 寫一個 Excel 公式，在G4顯示E3到E12範圍中最高的金額

step 02 得到此段 ChatGPT 回覆，是較常使用的解決方式：在 G4 儲存格中輸入公式：「=MAX(E3:E12)」，回傳指定範圍中最高的進貨金額。

step 03 選按公式方框右上角 **Copy code**，自動複製該段公式。

✦ 回到 Excel 完成 (問題1)

依 ChatGPT 的回覆，回到 Excel 如下操作：選取 G4 儲存格，按 Ctrl + V 鍵，貼上剛剛複製的公式，即顯示最高的進貨金額。

	A	B	C	D	E	F	G	H
1	進貨單							
2	日期	商品	數量	單價 / 磅	金額		最高進貨額	
3	2023/11/12	綠茶	50	300	15000		金額	進貨日
4	2023/12/14	龍井	30	700	21000		35600	
5	2024/3/22	碧螺春	20	680	13600			(Ctrl)
6	2024/5/15	龍井	10	530	5300			
7	2024/5/20	碧螺春	20	900	18000			
8	2024/6/28	鐵觀音	10	700	7000			
9	2024/8/2	普洱茶	5	300	1500			
10	2024/9/15	碧螺春	30	530	15900			
11	2024/10/30	玫瑰花茶	30	700	21000			
12	2024/11/2	桂花茶	40	890	35600			

✦ ChatGPT 操作 (問題2)

step 01 在 ChatGPT 對話框中輸入以下文字，並送出：

寫一個 Excel 公式，依 G4 的金額回傳 A3 到 A12 相對的日期

得到此段 ChatGPT 回覆，是較常使用的解決方式：在儲存格中輸入公式：「=INDEX(A3:A12,MATCH(G4,E3:E12,0))」，根據最高的進貨金額，回傳進貨日期。

選按公式方框右上角 **Copy code**，自動複製該段公式。

您可以使用以下公式來根據G4儲存格中的金額，回傳A3到A12相對應的日期：

這個公式會在A3到A12範圍中尋找G4儲存格中的金額，並回傳該金額在E3到E12範圍中的位置。然後，它使用INDEX函數將相對應位置的日期回傳。MATCH函數用來查找G4儲存格中的金額在E3到E12範圍中的位置，並且0作為第三個參數指示要求完全匹配。

✦ 回到 Excel 完成 (問題2)

依 ChatGPT 的回覆，回到 Excel 如下操作：選取 H4 儲存格，按 Ctrl + V 鍵，貼上剛剛複製的公式，即回傳最高進貨額的進貨日。

	A	B	C	D	E	F	G	H
1	進貨單							
2	日期	商品	數量	單價 / 磅	金額		最高進貨額	
3	2023/11/12	綠茶	50	300	15000		金額	進貨日
4	2023/12/14	龍井	30	700	21000		35600	2024/11/2
5	2024/3/22	碧螺春	20	680	13600			
6	2024/5/15	龍井	10	530	5300			
7	2024/5/20	碧螺春	20	900	18000			
8	2024/6/28	鐵觀音	10	700	7000			
9	2024/8/2	普洱茶	5	300	1500			
10	2024/9/15	碧螺春	30	530	15900			
11	2024/10/30	玫瑰花茶	30	700	21000			
12	2024/11/2	桂花茶	40	890	35600			
13								
14								

小提示

MAX 函數說明

MAX 函數

說明：傳回一組數值中的最大值。

格式：**MAX(數值1,數值2,...)**

引數：**數值**　可為數值、參照儲存格、儲存格範圍。

小提示

INDEX 函數說明

INDEX 函數

說明：傳回指定列編號、欄編號交會的儲存格值。

格式：**INDEX(範圍, 列號, 欄號)**

引數：**範圍**　指定參照範圍。

列號　用編號指定要回傳第幾列的值。

欄號　用編號指定要回傳第幾欄的值。

小提示

MATCH 函數說明

MATCH 函數

說明：以數值格式傳回搜尋值位於搜尋範圍中的相對位置。

格式：**MATCH(搜尋值, 搜尋範圍, 型態)**

引數：**搜尋值**　要在搜尋範圍中比對的值。

搜尋範圍　搜尋的儲存格範圍。

型態　指定搜尋方法，1 或省略，是搜尋小於搜尋值的最大值；0 是搜尋與搜尋值完全相同的值。

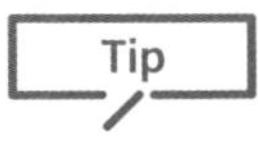

5 取得符合條件之所有資料的平均值

Do it !

不管是公司營收、銷售成本或人事管理...等，均可以針對符合單個或多個指定條件的資料，計算平均值，藉此獲取更有價值的資訊。

✦ 範例說明

健檢報告中，分別計算公司全部女性員工的平均身高，以及台北店女性員工的平均身高。

	A	B	C	D	E	F	G	H	I
1	員工健檢報告								
2	服務單位	員工	性別	身高(cm)	體重(kg)				
3	台北店	林宛凡	女	170	60				
4	高雄店	高璇宣	女	168	56				
5	總公司	賴筱婷	女	152	38				
6	台北店	孫聖雪	女	155	65				
7	總公司	黃思翰	男	174	80				
8	總公司	蔡明杰	男	183	90				
9	高雄店	劉家豪	男	172	76				
10	台北店	曾盈書	女	164	56				
11									
12	性別	平均身高							
13	女	161.8							
14									
15	服務單位	性別	平均身高						
16	台北店	女	163						

問題1：依性別計算平均身高

問題2：依服務單位與性別計算平均身高

✦ ChatGPT 操作 (問題1)

step 01 在 ChatGPT 對話框中輸入以下文字，並送出：

寫一個 Excel 公式，C3 到 C10 是性別，D3 到 D10 是身高，請依 A13 的性別條件計算該性別的員工平均身高

step 02 得到此段 ChatGPT 回覆，是較常使用的解決方式：在儲存格中輸入公式：「=AVERAGEIF(C3:C10, A13, D3:D10)」，指定資料範圍中，找出特定性別的所有員工，計算身高平均值。

step 03 選按公式方框右上角 **Copy code**，自動複製該段公式。

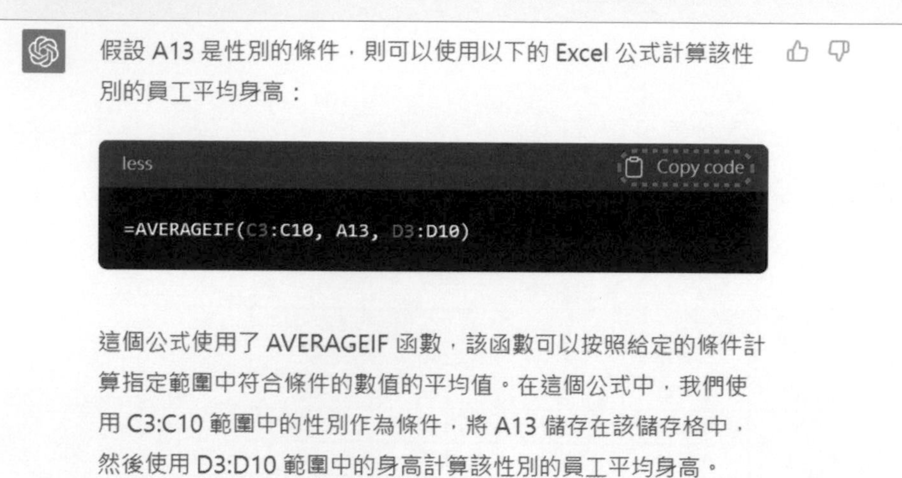

✦ 回到 Excel 完成 (問題1)

依 ChatGPT 的回覆，回到 Excel 如下操作：選取 B13 儲存格，選按上方輸入列，再按 Ctrl + V 鍵，按 Enter 鍵，貼上剛剛複製的公式，即計算出女性員工的平均身高。(因為 B13 儲存格套用了 **跨欄置中** 功能，因此需於上方輸入列貼上公式。)

B13 | =AVERAGEIF(C3:C10, A13, D3:D10) ❷

	A	B	C	D	E	F	G	H	I
10	台北店	曾盈書	女	164	56				
11									
12	性別	平均身高							
13	女	❶ 161.8							
14									
15	服務單位	性別	平均身高						
16	台北店	女							

✦ ChatGPT 操作 (問題2)

step 01 在 ChatGPT 對話框中輸入以下文字，並送出：

寫一個 Excel 公式，A3 到 A10是服務單位，C3 到 C10 是性別，D3 到 D10 是身高，請依 A16 的服務單位與 B16 的性別條件計算符合二個條件的員工平均身高。

step 02 得到此段 ChatGPT 回覆，是較常使用的解決方式：在儲存格中輸入公式：「=AVERAGEIFS(D3:D10, A3:A10, A16, C3:C10, B16)」，即可計算符合服務單位與性別兩個條件的員工平均身高。

step 03 選按公式方框右上角 **Copy code**，自動複製該段公式。

假設 A16 是服務單位的條件，B16 是性別的條件，則可以使用以下的 Excel 公式計算符合兩個條件的員工平均身高：

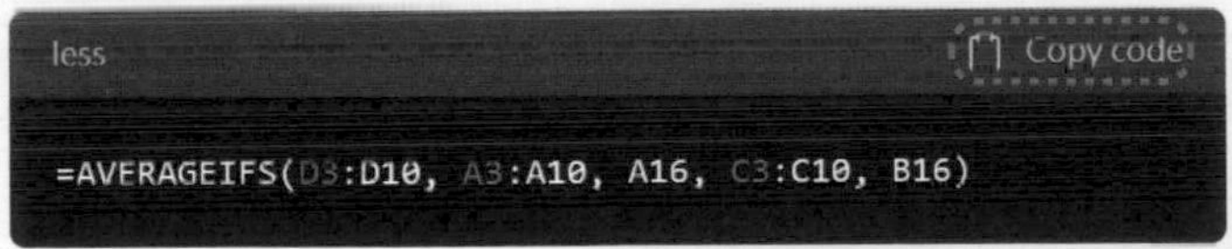

這個公式使用了 AVERAGEIFS 函數，該函數可以按照多個給定的條件計算指定範圍中符合所有條件的數值的平均值。在這個公式中，我們使用 A3:A10 範圍中的服務單位作為一個條件，將 A16 儲存在該儲存格中，使用 C3:C10 範圍中的性別作為第二個條件，將 B16 儲存在該儲存格中，最後使用 D3:D10 範圍中的身高計算符合兩個條件的員工平均身高。

✦ 回到 Excel 完成 (問題2)

依 ChatGPT 的回覆，回到 Excel 如下操作：選取 C16 儲存格，選按上方輸入列，再按 Ctrl + V 鍵，按 Enter 鍵，貼上剛剛複製的公式，即計算出台北店女性員工的平均身高。

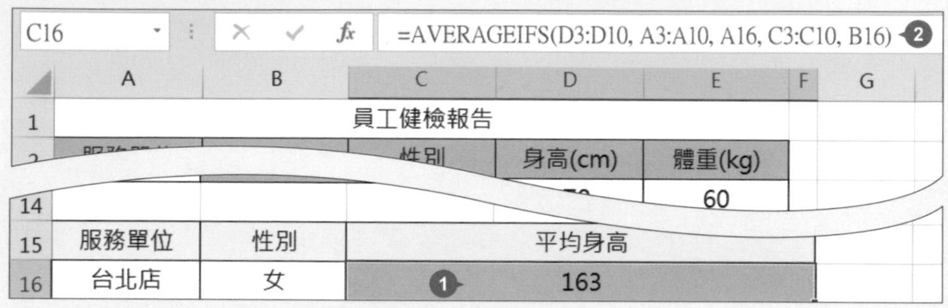

小提示

AVERAGEIF、AVERAGEIFS 函數說明

AVERAGEIF 函數

說明：計算範圍中符合條件所有資料的平均值。

格式：**AVERAGEIF(平均範圍,條件範圍,條件)**

引數：

平均範圍	要計算平均值的儲存格範圍。
條件範圍	要進行評估的儲存格範圍。
條件	要進行評估的條件，可指定數值、條件式、儲存格參照或字串，如果是字串或條件式，前後必須用引號 " 區隔。

AVERAGEIFS 函數

說明：計算範圍中符合多個條件的所有資料的平均值。

格式：**AVERAGEIFS(平均範圍,條件範圍1,條件1,[條件範圍2,條件2]...)**

引數：(同 AVERAGEIF)

6 取得排名

排名 欄位常用於按照某個指標（例如：總計值、銷售金額、利潤...等）對數據進行排序，以顯示每個項目在該指標下的表現。

實用篇 03 快速掌握函數應用

✦ 範例說明

公司雜項支出裡，有品名、一~三月的金額及總計，依 **總計** 欄位的數值產生支出排名。

	A	B	C	D	E	F	G	H
1	公司雜項支出							
2	支出排名	品名	一月	二月	三月	總計		
3	6	設備	1035	890	2560	4485		
4	5	郵寄	660	2100	2000	4760		
5	10	公關	200	120	54	374		
6	8	書籍	2090	800	530	3420		
7	4	硬體	3000	2100	900	6000		
8	2	文具	1000	2399	3810	7209		
9	1	差旅	4590	4580	900	10070		
10	3	餐飲	2800	460	3800	7060		
11	7	清潔	1300	500	2000	3800		
12	9	雜支	340	290	560	1190		

問題1：依據支出總計值，顯示排名

✦ ChatGPT 操作 (問題1)

step 01 在 ChatGPT 對話框中輸入以下文字，並送出：

> **寫一個 Excel 公式，依F3到F12的支出總計，在A3顯示排名，將公式延伸到A12。**

step 02 得到此段 ChatGPT 回覆，是較常使用的解決方式：在 A3 儲存格中輸入公式：「=RANK(F3,$F$3:$F$12,0)」，根據支出總計顯示排名結果，最後將公式延伸到 A12 儲存格。

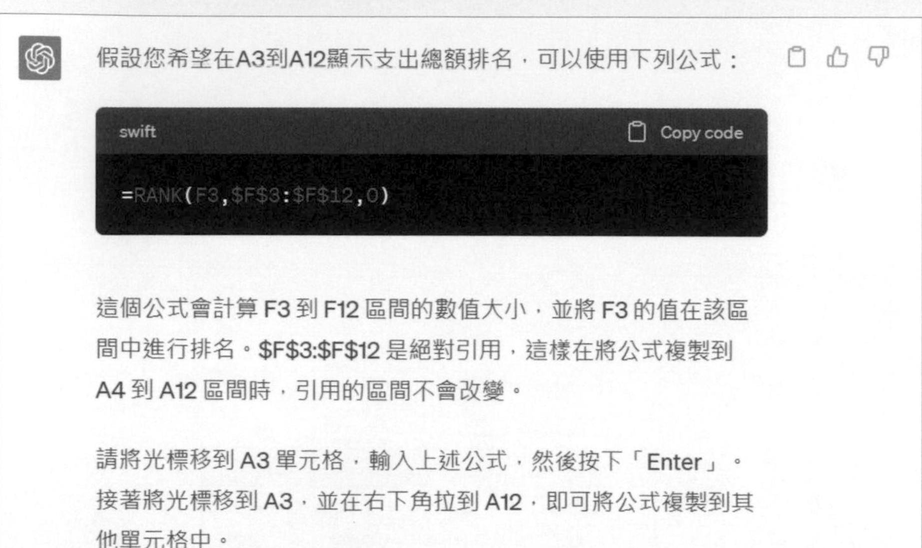

step 03 選按公式方框右上角 **Copy code**，自動複製該段公式。

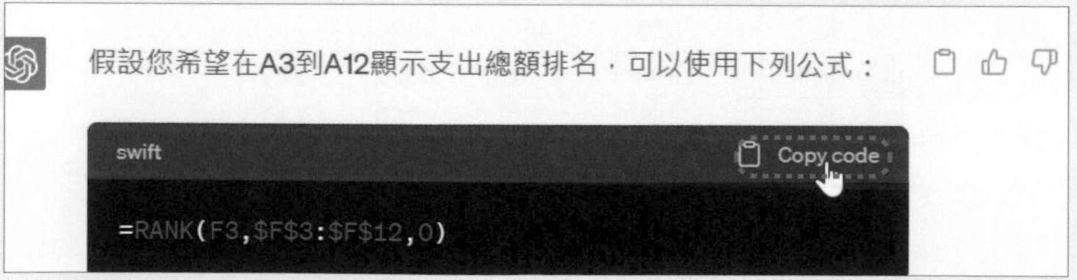

小提示

參照的儲存格位址在延伸時不要變更

複製公式時，公式中的儲存格位址會自動依目的地儲存格位址相對調整，若希望參照的儲存格位址在延伸時不要變更，只要在欄名或列號前加上 "$" 符號 (如：$B$1)，位址就不會隨著改變。

✦ 回到 Excel 完成 (問題1)

step 01 依 ChatGPT 的回覆，回到 Excel 如下操作：選取 A3 儲存格，按 Ctrl + V 鍵，貼上剛剛複製的公式，即判斷出 "設備" 這個項目支出總計排名。

	A	B	C	D	E	F
1	公司雜項支出					
2	支出排名	品名	一月	二月	三月	總計
3	6	設備	1035	890	2560	4485
4		郵寄	660	2100	2000	4760
5		公關	200	120	54	374
6		書籍	2090	800	530	3420
7		硬體	3000	2100	900	6000
8		文具	1000	2399	3810	7209
9		差旅	4590	4580	900	10070
10		餐飲	2800	460	3800	7060
11		清潔	1300	500	2000	3800
12		雜支	340	290	560	1190

step 02 選取 A3 儲存格，按住右下角的 **填滿控點** 往下拖曳，至 A12 儲存格放開滑鼠左鍵，可快速完成其他項目支出總計的排名。

	A	B	C	D	E	F
1	公司雜項支出					
2	支出排名	品名	一月	二月	三月	總計
3	❶ 6 ❷	設備	1035	890	2560	4485
4		郵寄	660	2100	2000	4760
5		公關	200	120	54	374
6		書籍	2090	800	530	3420
7		硬體	3000	2100	900	6000
8		文具	1000	2399	3810	7209
9		差旅	4590	4580	900	10070
10		餐飲	2800	460	3800	7060
11		清潔	1300	500	2000	3800
12		雜支	340	290	560	1190

	A	B	C	D	E	F	G	H	I	J
1	公司雜項支出									
2	支出排名	品名	一月	二月	三月	總計				
3	6	設備	1035	890	2560	4485				
4	5	郵寄	660	2100	2000	4760				
5	10	公關	200	120	54	374				
6	8	書籍	2090	800	530	3420				
7	4	硬體	3000	2100	900	6000				
8	2	文具	1000	2399	3810	7209				
9	1	差旅	4590	4580	900	10070				
10	3	餐飲	2800	460	3800	7060				
11	7	清潔	1300	500	2000	3800				
12	9	雜支	340	290	560	1190				
13										

小提示

讓資料依支出排名排序

如果想讓資料依照排名大小依序排列，可以先選取 A3 儲存格，於 **資料** 索引標籤選按 **從最小到最大排序**，整體資料會從第 1 名排序到第 10 名；選按 **從最大到最小排序**，整體資料會從第 10 名排序到第 1 名。

小提示

RANK 函數說明

RANK 函數

說明：傳回指定數值在範圍內的排名順序。

格式：**RANK(數值,範圍,排序方法)**

引數：**數值** 指定要排名的數值或儲存格參照。

範圍 陣列或儲存格參照範圍。

排序 指定排序的方法，省略或輸入「0」會將資料為由大到小的遞減排序；輸入「1」為由小到大的遞增排序。

依指定條件計算

Do it！

根據一些特定條件或標準，對指定範圍的數據進行篩選和計算，讓數據分析更加方便與快速。

✦ 範例說明

餅乾訂購單中，當消費金額為 5000 元以下，酌收 150 元的運送費用；消費金額滿 5000 元，則免收運送費用。另外如果消費金額超過 10000 元時，再提供九折優惠，根據運費及折扣條件，計算出這份訂單實際金額。

	A	B	C	D	E	F	G	H	I
1	餅乾訂購單								
2	商品項目	一盒	數量	小計					
3	巧克力	90	30	2700					
4	抹茶	120	20	2400					
5	芋頭	70	50	3500		合計	10200		
6	花生	60	10	600		運費	0		
7	芝麻	40	10	400		折扣價	1020		
8	紅茶	60	10	600		總計	9180		
9									
10	●消費滿 5000 元免運費，5000元以下加收運費 150元。								
11	●消費滿 10000 元以上，給予九折優惠。								

問題1：依消費合計判斷是否需付運費

問題2：依消費合計判斷折扣金額

問題3：計算此訂購單應付金額

✦ ChatGPT 操作 (問題1)

在 ChatGPT 對話框中輸入以下文字，並送出：

> **寫一個 Excel 公式，當G5大於等於5000顯示0，小於5000顯示150。**

step 02 得到此段 ChatGPT 回覆，是較常使用的解決方式：在儲存格中輸入公式：「=IF(G5>=5000,0,150)」，根據消費金額計算運費。

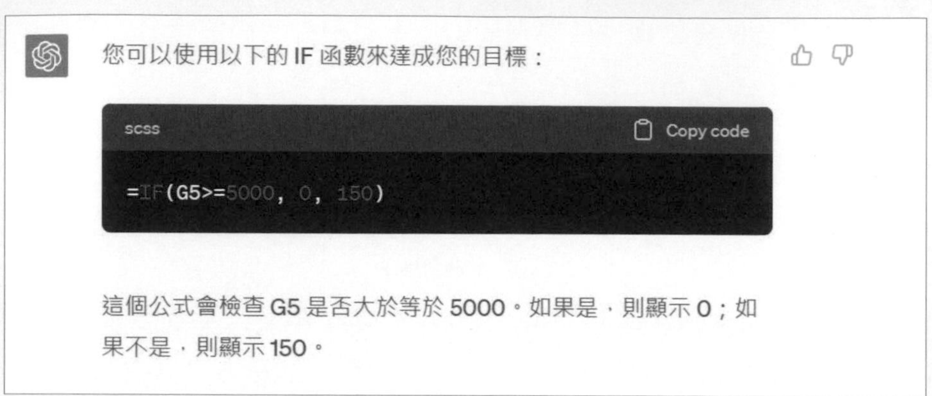

step 03 選按公式方框右上角 **Copy code**，自動複製該段公式。

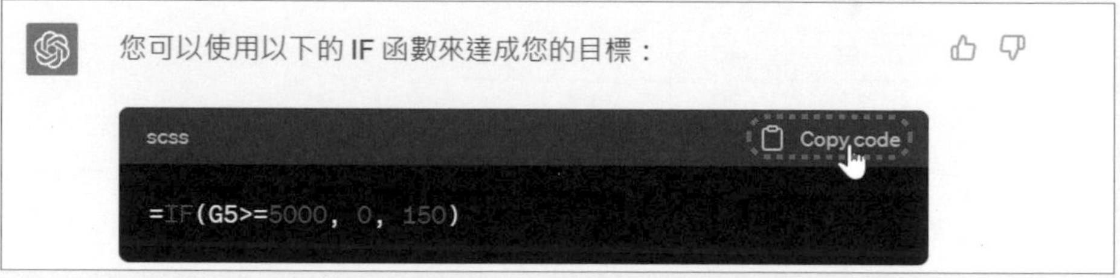

✦ 回到 Excel 完成 (問題1)

依 ChatGPT 的回覆，回到 Excel 如下操作：選取 G6 儲存格，按 Ctrl + V 鍵，貼上剛剛複製的公式，計算運費。

	A	B	C	D	E	F	G
1	餅乾訂購單						
2	商品項目	一盒	數量	小計			
3	巧克力	90	30	2700			
4	抹茶	120	20	2400			
5	芋頭	70	50	3500		合計	10200
6	花生	60	10	600		運費	0
7	芝麻	40	10	400		折扣價	
8	紅茶	60	10	600		總計	

✦ ChatGPT 操作 (問題2)

step 01 在 ChatGPT 對話框中輸入以下文字，並送出：

> **寫一個 Excel 公式，當G5大於等於10000，計算G5與G5價格9折的價差，G5小於5000，回傳0**

step 02 得到此段 ChatGPT 回覆，是較常使用的解決方式：在儲存格中輸入公式：「=IF(G5>=10000, G5-0.9*G5, IF(G5<5000, 0, ""))」，回傳訂購單的折扣價。

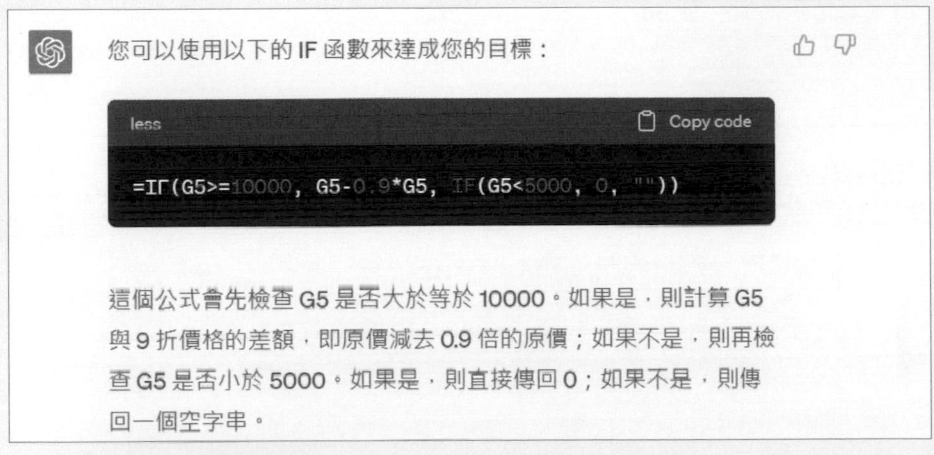

step 03 選按公式方框右上角 **Copy code**，自動複製該段公式。

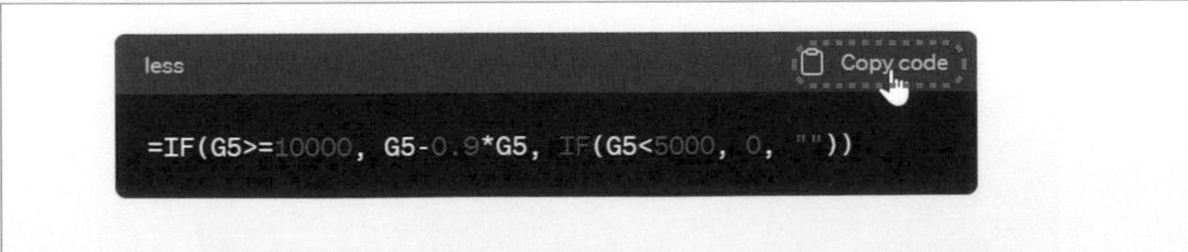

✦ 回到 Excel 完成 (問題2)

依 ChatGPT 的回覆，回到 Excel 如下操作：選取 G7 儲存格，按 Ctrl + V 鍵，貼上剛剛複製的公式，完成折扣價計算。

	A	B	C	D	E	F	G	H	I	J
1	餅乾訂購單									
2	商品項目	一盒	數量	小計						
3	巧克力	90	30	2700						
4	抹茶	120	20	2400						
5	芋頭	70	50	3500		合計	10200			
6	花生	60	10	600		運費	0			
7	芝麻	40	10	400		折扣價	1020			
8	紅茶	60	10	600		總計				

✦ ChatGPT 操作 (問題3)

step 01 在 ChatGPT 對話框中輸入以下文字，並送出：

寫一個 Excel 公式，計算G5與G6的加總減G7

step 02 得到此段 ChatGPT 回覆，是較常使用的解決方式：在儲存格中輸入公式：「=G5+G6-G7」，根據消費金額、運費與折扣價，計算出此份訂購單金額。

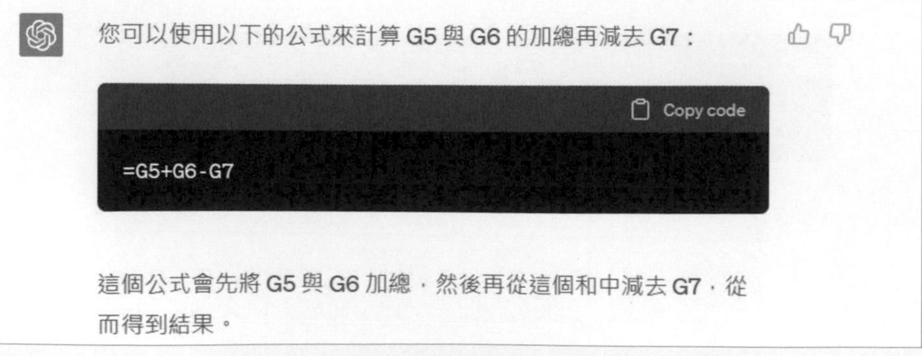

step 03 選按公式方框右上角 **Copy code**，自動複製該段公式。

✦ 回到 Excel 完成 (問題3)

依 ChatGPT 的回覆，回到 Excel 如下操作：選取 G8 儲存格，按 Ctrl + V 鍵，貼上剛剛複製的公式，即完成訂購單金額計算。

	A	B	C	D	E	F	G
1	餅乾訂購單						
2	商品項目	一盒	數量	小計			
3	巧克力	90	30	2700			
4	抹茶	120	20	2400			
5	芋頭	70	50	3500		合計	10200
6	花生	60	10	600		運費	0
7	芝麻	40	10	400		折扣價	1020
8	紅茶	60	10	600		總計	9180

小提示

IF 函數說明

IF 函數

說明：**IF** 函數是一個判斷式，可依條件判定的結果分別處理，假設儲存格的值檢驗為 TRUE (真) 時，就執行條件成立時的命令，反之 FALSE (假) 則執行條件不成立時的命令。

格式：**IF(條件,條件成立,條件不成立)**

引數：
- **條件**　使用比較運算子的邏輯式設定條件判斷式。
- **條件成立**　若符合條件時的處理方式或顯示的值。
- **條件不成立**　若不符合條件時的處理方式或顯示的值。

8 判斷是否完全符合指定條件

Do it !

依照特定條件來判斷資料是否符合預期的要求，並且以後續計算或文字訊息呈現判斷結果。

✦ 範例說明

汽車駕照考試中，設定筆試分數必須大於等於 85 分，路考分數必須大於等於 70 分，才能 "合格" 取得駕照。

	A	B	C	D	E	F	G
1	普通汽車駕照考試						
2	姓名	性別	筆試	路考	合格		
3	高璇宣	女	92.5	96	合格		
4	陳友蘭	女	75		不合格		
5	賴筱婷	女	85	84	合格		
6	李佳純	女	90	66	不合格		
7	楊以松	男	87.5	86	合格		
8	陳奕忠	男	82.5		不合格		
9	林致民	男	100	68	不合格		
10	吳雅雯	女	95	92	合格		
11	1．筆試：及格標準85分，通過才能進行路考。						
12	2．路考：及格標準70分，考試項目一次完成，不得重複修正。						

問題1：根據筆試與路考分數，判斷汽車駕照考試最後合格或不合格。

✦ ChatGPT 操作 (問題1)

在 ChatGPT 對話框中輸入以下文字，並送出：

> **寫一個 Excel 公式，C3 是筆試成績，D3 是路考成績，E3 顯示考試結果，當筆試成績>=85，而且路考成績>=70，在 E3 顯示"合格"，否則就顯示"不合格"，最後將公式延伸到 E10。**

step 02 得到此段 ChatGPT 回覆，是較常使用的解決方式：在 E3 儲存格中輸入公式：「=IF(AND(C3>=85,D3>=70),"合格","不合格")」，根據筆試與路考的合格標準，顯示考試結果，最後將公式延伸到 E10 儲存格。

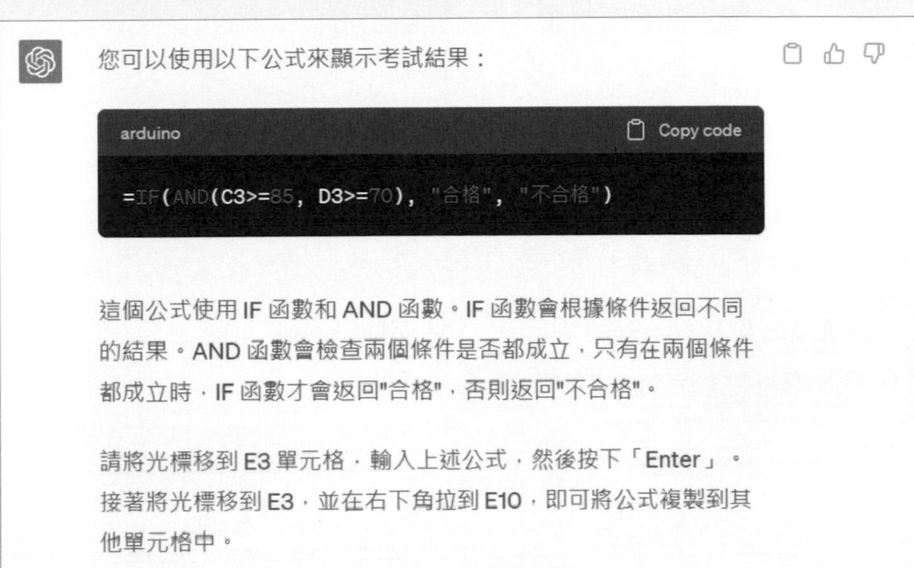

step 03 選按公式方框右上角 **Copy code**，自動複製該段公式。

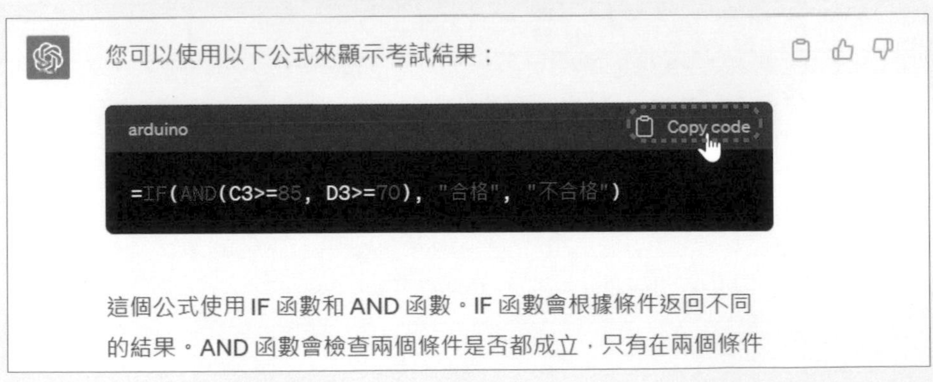

✦ 回到 Excel 完成 (問題1)

step 01 依 ChatGPT 的回覆，回到 Excel 如下操作：選取 E3 儲存格，按 Ctrl + V 鍵，貼上剛剛複製的公式，判斷出第一位的考試結果。

	A	B	C	D	E	F	G
1	普通汽車駕照考試						
2	姓名	性別	筆試	路考	合格		
3	高璇宣	女	92.5	96	合格		
4	陳友蘭	女	75				
5	賴筱婷	女	85	84			

step 02 選取 E3 儲存格，按住右下角的 **填滿控點** 往下拖曳，至 E10 儲存格放開滑鼠左鍵，判斷出其他人的考試結果。

	A	B	C	D	E	F	G
1	普通汽車駕照考試						
2	姓名	性別	筆試	路考	合格		
3	高璇宣	女	92.5	96	❶ 合格		
4	陳友蘭	女	75				
5	賴筱婷	女	85	84			
6	李佳純	女	90	66			
7	楊以松	男	87.5	86			
8	陳奕忠	男	82.5				
9	林致民	男	100	68			
10	吳雅雯	女	95	92			
11	1．筆試：及格標準85分，通過才能進行路考。						
12	2．路考：及格標準70分，考試項目一次完成，不得重複修正。						

❷

	A	B	C	D	E	F	G
1	普通汽車駕照考試						
2	姓名	性別	筆試	路考	合格		
3	高璇宣	女	92.5	96	合格		
4	陳友蘭	女	75		不合格		
5	賴筱婷	女	85	84	合格		
6	李佳純	女	90	66	不合格		
7	楊以松	男	87.5	86	合格		
8	陳奕忠	男	82.5		不合格		
9	林致民	男	100	68	不合格		
10	吳雅雯	女	95	92	合格		
11	1．筆試：及格標準85分，通過才能進行路考。						
12	2．路考：及格標準70分，考試項目一次完成，不得重複修正。						

小提示

IF 函數説明

IF 函數

説明：**IF** 函數是一個判斷式，可依條件判定的結果分別處理，假設儲存格的值檢驗為 TRUE (真) 時，就執行條件成立時的命令，反之 FALSE (假) 則執行條件不成立時的命令。

格式：**IF(條件,條件成立,條件不成立)**

引數：**條件** 使用比較運算子的邏輯式設定條件判斷式。

條件成立 若符合條件時的處理方式或顯示的值。

條件不成立 若不符合條件時的處理方式或顯示的值。

小提示

AND 函數説明

AND 函數

説明：指定的條件都要符合。

格式：**AND(條件1,條件2,...)**

引數：**條件** 設定判斷的條件。

9 取得符合條件的資料個數與加總值

Do it !

根據特定條件，取得符合條件的資料項目總金額與個數，快速掌握與查找整份報表內容。

✦ 範例說明

進貨單包含日期、商品、數量、單價與金額，以 **商品** 做為篩選條件，計算 "龍井" 這項商品進貨的總金額與次數。

	A	B	C	D	E	F	G	H	I
1	進貨單								
2	日期	商品	數量	單價 / 磅	金額		商品	金額總和	進貨次數
3	2023/11/12	綠茶	50	300	15000		龍井	42200	3
4	2023/12/14	龍井	30	700	21000				
5	2024/3/22	碧螺春	20	680	13600				
6	2024/5/15	龍井	10	530	5300				
7	2024/5/20	烏龍茶	20	900	18000				
8	2024/6/28	鐵觀音	10	700	7000				
9	2024/8/2	普洱茶	5	300	1500				
10	2024/9/15	龍井	30	530	15900				
11	2024/10/30	玫瑰花茶	30	700	21000				
12	2024/11/2	桂花茶	40	890	35600				

問題1：計算指定商品總金額

問題2：計算指定商品進貨次數

✦ ChatGPT 操作 (問題1)

step 01 在 ChatGPT 對話框中輸入以下文字，並送出：

> **寫一個 Excel 公式，B3 到 B12 是商品，E3 到 E12 是金額，請依 G3 的商品計算金額總和**

step 02 得到此段 ChatGPT 回覆，是較常使用的解決方式：在儲存格中輸入公式：「=SUMIF(B3:B12, G3, E3:E12)」，找到符合的商品，加總所有金額。

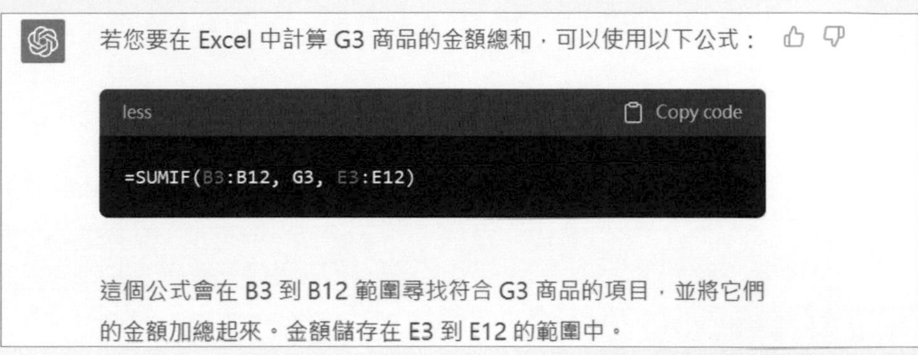

step 03 選按公式方框右上角 **Copy code**，自動複製該段公式。

✦ 回到 Excel 完成 (問題1)

依 ChatGPT 的回覆，回到 Excel 如下操作：選取 H3 儲存格，按 Ctrl + V 鍵，貼上剛剛複製的公式，完成指定商品項目金額加總。

	A	B	C	D	E	F	G	H	I
2	日期	商品	數量	單價 / 磅	金額		商品	金額總和	進貨次數
3	2023/11/12	綠茶	50	300	15000		龍井	42200	
4	2023/12/14	龍井	30	700	21000				
5	2024/3/22	碧螺春	20	680	13600				
6	2024/5/15	龍井	10	530	5300				
7	2024/5/20	烏龍茶	20	900	18000				
8	2024/6/28	鐵觀音	10	700	7000				
9	2024/8/2	普洱茶	5	300	1500				
10	2024/9/15	龍井	30	530	15900				
11	2024/10/30	玫瑰花茶	30	700	21000				
12	2024/11/2	桂花茶	40	890	35600				

✦ ChatGPT 操作 (問題2)

step 01 在 ChatGPT 對話框中輸入以下文字，並送出：

> **寫一個 Excel 公式，B3 到 B12 是商品，請依 G3 的商品計算進貨次數**

step 02 得到此段 ChatGPT 回覆，是較常使用的解決方式：在儲存格中輸入公式：「=COUNTIF(B3:B12, G3)」，找到符合的商品，統計進貨次數。

若您要在 Excel 中計算 G3 商品的進貨次數，可以使用以下公式：

這個公式會在 B3 到 B12 範圍尋找符合 G3 商品的項目，並計算它們的數量。因此，這個公式會回傳 G3 商品的進貨次數。

step 03 選按公式方框右上角 **Copy code**，自動複製該段公式。

若您要在 Excel 中計算 G3 商品的進貨次數，可以使用以下公式：

✦ 回到 Excel 完成 (問題2)

依 ChatGPT 的回覆，回到 Excel 如下操作：選取 I3 儲存格，按 Ctrl + V 鍵，貼上剛剛複製的公式，完成指定商品項目進貨次數統計。

	A	B	C	D	E	F	G	H	I
2	日期	商品	數量	單價 / 磅	金額		商品	金額總和	進貨次數
3	2023/11/12	綠茶	50	300	15000		龍井	42200	3
4	2023/12/14	龍井	30	700	21000				
5	2024/3/22	碧螺春	20	680	13600				
6	2024/5/15	龍井	10	530	5300				

小提示

SUMIF 函數說明

SUMIF 函數

說明：加總符合單一條件的儲存格數值。

格式：SUMIF(**搜尋範圍,搜尋條件,加總範圍)**

引數：**搜尋範圍** 以搜尋條件進行評估的儲存格範圍。

搜尋條件 可以為數值、運算式、儲存格位址或字串。

加總範圍 指定加總的儲存格範圍，搜尋範圍中的儲存格與搜尋條件相符時，加總相對應的儲存格數值。

小提示

COUNTIF 函數說明

COUNTIF 函數

說明：求符合搜尋條件的資料個數。

格式：**COUNTIF(範圍,搜尋條件))**

引數：**範圍** 想要搜尋的參考範圍。

搜尋條件 可以指定數字、條件式、儲存格參照或字串。

10 取得符合多重條件與指定日期加總值

Do it !

根據多個條件 (例如：日期、商品項目..等) 對一組資料進行篩選並加總，幫助你更輕鬆地總結，並對業務決策做出更好的判斷。

✦ 範例說明

在進貨單中，先以 **日期** 與 **商品** 做為篩選條件，計算 2024 年 1~6 月，屬於 "碧螺春" 這項商品的數量總和，再以 **商品** 做為篩選條件，計算 "龍井" 和 "普洱茶" 這二項商品的進貨總金額。

	A	B	C	D	E	F	G	H	I	J
1	進貨單									
2	日期	商品	數量	單價 / 磅	金額		月份	商品	數量總和	
3	2023/11/12	綠茶	50	300	15000		2024年1月~6月	碧螺春	40	
4	2023/12/14	龍井	30	700	21000					
5	2024/3/22	碧螺春	20	680	13600		此二項商品的進貨總額			
6	2024/5/15	龍井	10	530	5300		龍井	27800		
7	2024/5/20	碧螺春	20	900	18000		普洱茶			
8	2024/6/28	鐵觀音	10	700	7000					
9	2024/8/2	普洱茶	5	300	1500					
10	2024/9/15	碧螺春	30	530	15900					
11	2024/10/30	玫瑰花茶	30	700	21000					
12	2024/11/2	桂花茶	40	890	35600					

問題2：計算多個指定商品的進貨總金額

問題1：計算指定進貨期間該商品數量總和

✦ ChatGPT 操作 (問題1)

在 ChatGPT 對話框中輸入以下文字，並送出：

> **寫一個 Excel 公式，A3 到 A12 是進貨日期，B3 到 B12 是商品，C3 到 C12 是進貨數量，請依 H3 的商品，計算 2024 年 1 月到 6 月，該商品的進貨數量總和**

得到此段 ChatGPT 回覆，是較常使用的解決方式：在儲存格中輸入公式：「=SUMIFS(C3:C12, B3:B12, H3, A3:A12, ">="&DATE(2024,1,1), A3:A12, "<="&DATE(2024,6,30))」，根據指定的日期範圍與商品，計算進貨的數量總和。

假設 H3 是欲計算的商品名稱，可以使用以下的 Excel 公式來計算 2024 年 1 月到 6 月該商品的進貨數量總和：

```less
=SUMIFS(C3:C12, B3:B12, H3, A3:A12, ">="&DATE(2024,1,
```

這個公式使用 SUMIFS 函數，它可以在符合多個條件的情況下計算一個範圍中的值的總和。在這個公式中，我們要求的條件有三個：

1. B3:B12 必須等於 H3：這保證只有符合指定商品名稱的行會被計算。
2. A3:A12 必須大於或等於 2024 年 1 月 1 日：這保證只有進貨日期在 2024 年 1 月到 6 月之間的行會被計算。
3. A3:A12 必須小於或等於 2024 年 6 月 30 日：這保證只有進貨日期在 2024 年 1 月到 6 月之間的行會被計算。

如果所有條件都符合，那麼 C3:C12 中對應行的進貨數量就會被計算在內，最後的結果就是該商品在 2024 年 1 月到 6 月的進貨數量總和。

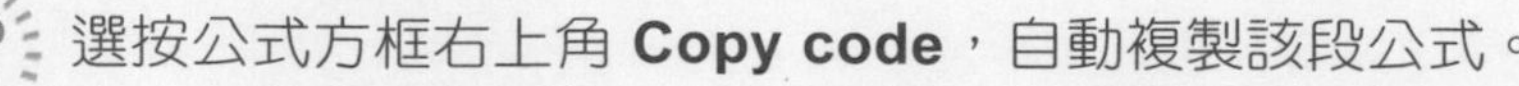

step 03 選按公式方框右上角 **Copy code**，自動複製該段公式。

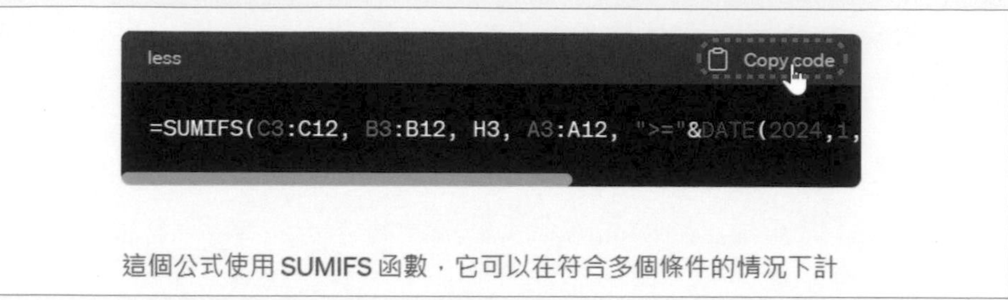

✦ 回到 Excel 完成 (問題1)

依 ChatGPT 的回覆，回到 Excel 如下操作：選取儲存格，按 Ctrl + V 鍵，貼上剛剛複製的公式，計算 2024 年 1~6 月，"碧螺春" 這項商品的數量總和。

	A	B	C	D	E	F	G	H	I	J
1	進貨單									
2	日期	商品	數量	單價 / 磅	金額		月份	商品	數量總和	
3	2023/11/12	綠茶	50	300	15000		2024年1月~6月	碧螺春	40	
4	2023/12/14	龍井	30	700	21000					
5	2024/3/22	碧螺春	20	680	13600		此二項商品的進貨總額			
6	2024/5/15	龍井	10	530	5300		龍井			
7	2024/5/20	碧螺春	20	900	18000		普洱茶			
8	2024/6/28	鐵觀音	10	700	7000					
9	2024/8/2	普洱茶	5	300	1500					
10	2024/9/15	碧螺春	30	530	15900					
11	2024/10/30	玫瑰花茶	30	700	21000					
12	2024/11/2	桂花茶	40	890	35600					

✦ ChatGPT 操作 (問題2)

step 01 在 ChatGPT 對話框中輸入以下文字，並送出：

> **寫一個 Excel 公式，B3 到 B12 是商品，E3 到 E12 是金額，請依 G6 與 G7 的商品計算二個商品的總進貨金額**

step 02 得到此段 ChatGPT 回覆，是較常使用的解決方式：在儲存格中輸入公式：「=SUMIFS(E3:E12, B3:B12, G6) + SUMIFS(E3:E12, B3:B12, G7)」，計算二個商品的進貨總金額。

假設 G6 和 G7 分別是要計算的商品，B3 到 B12 包含商品名稱，E3 到 E12 包含進貨金額，則可以使用下列公式計算 G6 和 G7 這兩種商品的總進貨金額：

```less
=SUMIFS(E3:E12, B3:B12, G6) + SUMIFS(E3:E12, B3:B12, G7)
```

這個公式使用了 SUMIFS 函數，它可以按條件對一個範圍中的數值進行加總。在本例中，範圍是 E3 到 E12，也就是進貨金額。條件包括商品名稱等於 G6 或 G7。首先，公式使用第一個 SUMIFS 函數來計算 G6 商品的進貨金額總和。然後，使用第二個 SUMIFS 函數來計算 G7 商品的進貨金額總和。最後，將這兩個金額加起來，得到二個商品的總進貨金額。

請注意，這個公式假設每個商品名稱只出現一次。如果有多個金額與同一商品名稱相對應，則金額可能會被重複計算。在這種情況下，可能需要使用 SUMPRODUCT 函數來解決此問題。

step 03 選按公式方框右上角 **Copy code**，自動複製該段公式。

```less
=SUMIFS(E3:E12, B3:B12, G6) + SUMIFS(E3:E12, B3:B12, G7)
```

這個公式使用了 SUMIFS 函數，它可以按條件對一個範圍中的數值進行加總。在本例中，範圍是 E3 到 E12，也就是進貨金額。條件包括商品名稱等於 G6 或 G7。首先，公式使用第一個 SUMIFS 函數來計算 G6 商品的進貨金額總和。然後，使用第二個 SUMIFS 函數來計算 G7 商品的進貨金額總和。最後，將這兩個金額加起來，得到二個商品的總進貨金額。

✦ 回到 **Excel** 完成 **(問題2)**

依 ChatGPT 的回覆，回到 Excel 如下操作：選取 H6 儲存格，選按上方輸入列，再按 Ctrl + V 鍵，按 Enter 鍵，貼上剛剛複製的公式，計算 "龍井" 與 "普洱茶" 二項商品的進貨總金額。

N20 fx ❷ =SUMIF(B3:B12, G6, E3:E12) + SUMIF(B3:B12, G7, E3:E12)

	A	B	C	D	E	F	G	H	I	J
1	進貨單									
2	日期	商品	數量	單價 / 磅	金額		月份	商品	數量總和	
3	2023/11/12	綠茶	50	300	15000		2024年1月~6月	碧螺春	40	
4	2023/12/14	龍井	30	700	21000					
5	2024/3/22	碧螺春	20	680	13600		此二項商品的進貨總額			
6	2024/5/15	龍井	10	530	5300		龍井	27800 ❶		
7	2024/5/20	碧螺春	20	900	18000		普洱茶			
8	2024/6/28	鐵觀音	10	700	7000					
9	2024/8/2	普洱茶	5	300	1500					
10	2024/9/15	碧螺春	30	530	15900					
11	2024/10/30	玫瑰花茶	30	700	21000					
12	2024/11/2	桂花茶	40	890	35600					
13										

小提示

SUMIFS 函數說明

SUMIFS 函數

說明：加總符合多個條件的儲存格數值。

格式：**SUMIFS(搜尋範圍,搜尋條件,加總範圍)**

引數：

搜尋範圍	以搜尋條件進行評估的儲存格範圍。
搜尋條件	可以為數值、運算式、儲存格位址或字串。
加總範圍	指定加總的儲存格範圍，搜尋範圍中的儲存格與搜尋條件相符時，加總相對應的儲存格數值。

小提示

DATE 函數說明

DATE 函數

說明：將指定的年、月、日數值轉換成代表日期的序列值，以便在 Excel 中進行日期相關的計算。

格式：**DATE(年,月,日)**

引數：

年	代表年的數值，可以是 1 到 4 個數值，不過建議使用四位數，避免產生不合需要的結果。例如：DATE(2018,3,2) 會傳回 2018 年 3 月 2 日的序例值。
月	代表一年中的一到十二月份的正、負數值。如果大於 12，會將多出來的月數加到下個年份，例如：DATE(2018,14,2) 會傳回代表 2019 年 2 月 2 日的序列值；相反如果小於 1，則是在減去相關月數後，以上個年份顯示，例如：DATE(2018,-3,2) 會傳回代表 2017 年 9 月 2 日的序列值。
日	代表一個月中的一到三十一日的正、負數值。如果大於指定月份的天數，會將多出來的天數加到下個月份，例如：DATE(2018,1,35) 會傳回代表 2018 年 2 月 4 日的序列值；相反的如果小於 1，則會推算回去前一個月份，並將該天數加 1，例如：DATE(2018,1,-15) 會傳回代表 2017 年 12 月 16 日的序列值。

11 取得直向對照表中符合條件的資料

對照表建立需考慮結構、排序和內容...等，以確保在大型資料中能快速查找和提取。

✦ 範例說明

選課單中各課程專案價將依右側 **課程費用表** 訂定，首先於 **課程費用表** 中找到學員選擇的課程項目，再取得相對的專案價，過程中利用延伸公式產生每位學員相對應的專案價金額。

	A	B	C	D	E	F	G
1	台中店				課程費用表		
2	學員	課程	專案價		課程	專案價	
3	黃佳意	3ds Max遊戲動畫設計	21,999		Adobe跨界創意視覺設計	15,499	
4	張明宏	ACA國際認證班	19,990		PHP購物網站設計	13,999	
5	黃家輝	TQC電腦專業認證	14,888		ACA國際認證班	19,990	
6	陳佳慧	PHP購物網站設計	13,999		3ds Max遊戲動畫設計	21,999	
7	黃心菁	AutoCAD室內設計	12,888		TQC電腦專業認證	14,888	
8	韓靜宜	3dsMax室內建築設計	12,345		MOS微軟專業認證	12,888	
9	陳偉翔	MOS微軟專業認證	12,888		AutoCAD室內設計	12,888	
10	蔡凱倫	AutoCAD室內設計	12,888		3dsMax室內建築設計	12,345	
11	潘志偉	3dsMax室內建築設計	12,345				

問題1：顯示判斷後取得的課程專案價

✦ ChatGPT 操作 (問題1)

step 01 在 ChatGPT 對話框中輸入以下文字，並送出：

寫一個 Excel 公式，E3 到 F10 是一份課程費用對照表，對照表位置固定，E3 到 E10 是課程名稱，F3到F10是專案價，在 C3 顯示學員上的 B3 課程專案價，最後將公式延伸到 C20。

step 02 得到此段 ChatGPT 回覆，是較常使用的解決方式：在 C3 儲存格中輸入公式：「=VLOOKUP(B3,$E$3:$F$10,2,FALSE)」，查找對應的專案價格。

如果您的課程費用對照表位於E3到F10，課程名稱位於E3到E10，而B3包含選擇的課程名稱，則可以使用下列公式在C3中顯示相應的課程專案價：

這個公式使用Excel的VLOOKUP函數，該函數可以在範圍中查找特定值，並返回相應的值。在這個公式中，B3是選擇的課程名稱，而$E$3:$F$10是您的課程費用對照表。2表示您要返回的值所在的列（即F列），而FALSE表示要使用精確匹配，這樣只有當課程名稱完全匹配時才會返回對應的專案價格。

在C3輸入此公式後，您可以將它從C3拖動到C20，以快速複製公式。

延伸公式時，公式中的儲存格位址會自動依目的地儲存格位址相對調整，若希望參照的儲存格位址在延伸時不要變更，那就要用 "絕對參照"，只要在欄名或列號前加上 "$" 符號 (如：$B$1)，位址就不會隨著改變。

step 03 選按公式方框右上角 **Copy code**，自動複製該段公式。

而B3包含選擇的課程名稱，則可以使用下列公式在C3中顯示相應的課程專案價：

swift　Copy code

```
=VLOOKUP(B3,$E$3:$F$10,2,FALSE)
```

✦ 回到 Excel 完成 (問題1)

step 01 依 ChatGPT 的回覆，回到 Excel 如下操作：選取 C3 儲存格，按 Ctrl + V 鍵，貼上剛剛複製的公式，判斷第一位學員的課程費用。

	A	B	C	D	E	F	G
1		台中店			課程費用表		
2	學員	課程	專案價		課程	專案價	
3	黃佳意	3ds Max遊戲動畫設計	21,999		Adobe跨界創意視覺設計	15,499	
4	張明宏	ACA國際認證班		(Ctrl)	購物網站設計	13,999	
5	黃家輝	TQC電腦專業認證			ACA國際認證班	19,990	
6	陳佳慧	PHP購物網站設計			3ds Max遊戲動畫設計	21,999	
7	黃心菁	AutoCAD室內設計			TQC電腦專業認證	14,888	
8	韓靜宜	3dsMax室內建築設計			MOS微軟專業認證	12,888	
9	陳偉翔	MOS微軟專業認證			AutoCAD室內設計	12,888	

step 02 選取 C3 儲存格，按住右下角的 **填滿控點** 往下拖曳，至 C20 儲存格放開滑鼠左鍵，取得其他學員的課程費用。

	A	B	C	D	E	F	G
1		台中店			課程費用表		
2	學員	課程	專案價		課程	專案價	
3	黃佳意	3ds Max遊戲動畫設計 ❶	21,999	❷	Adobe跨界創意視覺設計	15,499	
4	張明宏	ACA國際認證班			PHP購物網站設計	13,999	
5	黃家輝	TQC電腦專業認證			ACA國際認證班	19,990	
6	陳佳慧	PHP購物網站設計			3ds Max遊戲動畫設計	21,999	
7	黃心菁	AutoCAD室內設計			TQC電腦專業認證	14,888	
8	韓靜宜	3dsMax室內建築設計			MOS微軟專業認證	12,888	
9	陳偉翔	MOS微軟專業認證			AutoCAD室內設計	12,888	
10	蔡凱倫	AutoCAD室內設計			3dsMax室內建築設計	12,345	
11	潘志偉	3dsMax室內建築設計					
12	王凱翔	MOS微軟專業認證					
13	許雅云	TQC電腦專業認證					
14	吳志成	PHP購物網站設計					
15	蔡彥伶	AutoCAD室內設計					
16	鄧玟尹	3dsMax室內建築設計					
17	柯韋志	MOS微軟專業認證					
18	李俊毅	AutoCAD室內設計					
19	黃佳君	3dsMax室內建築設計					
20	陳昱宏	MOS微軟專業認證					
21							

	A	B	C	D	E	F	G
1	台中店				課程費用表		
2	學員	課程	專案價		課程	專案價	
3	黃佳意	3ds Max遊戲動畫設計	21,999		Adobe跨界創意視覺設計	15,499	
4	張明宏	ACA國際認證班	19,990		PHP購物網站設計	13,999	
5	黃家輝	TQC電腦專業認證	14,888		ACA國際認證班	19,990	
6	陳佳慧	PHP購物網站設計	13,999		3ds Max遊戲動畫設計	21,999	
7	黃心菁	AutoCAD室內設計	12,888		TQC電腦專業認證	14,888	
8	韓靜宜	3dsMax室內建築設計	12,345		MOS微軟專業認證	12,888	
9	陳偉翔	MOS微軟專業認證	12,888		AutoCAD室內設計	12,888	
10	蔡凱倫	AutoCAD室內設計	12,888		3dsMax室內建築設計	12,345	
11	潘志偉	3dsMax室內建築設計	12,345				
12	王凱翔	MOS微軟專業認證	12,888				
13	許雅云	TQC電腦專業認證	14,888				
14	吳志成	PHP購物網站設計	13,999				
15	蔡彥伶	AutoCAD室內設計	12,888				
16	鄒玟尹	3dsMax室內建築設計	12,345				
17	柯韋志	MOS微軟專業認證	12,888				
18	李俊毅	AutoCAD室內設計	12,888				

小提示

公式中沒有 "$" 符號時

如果 ChatGPT 產生的公式沒有使用絕對參照，可以選取 C3 儲存格，將公式中 "E3:F10" 改成 "$E$3:$F$10"。(可輸入 "$" 符號，或選取 "E3:F10" 再按一下 F4 鍵轉換成 "$E$3:$F$10")

	A	B	C	D	E	F	G
1	台中店				課程費用表		
2	學員	課程	專案價		課程	專案價	
3	黃佳意	3ds Max遊戲動畫設計 ❶	=VLOOKUP(B3,E3:F10,❷ALSE)			15,499	
4	張明宏	ACA國際認證班	VLOOKUP(lookup_value, **table_array**, col_index_num, [range_lookup])				
5	黃家輝	TQC電腦專業認證			ACA國際認證班	19,990	

	A	B	C	D	E	F	G
1	台中店				課程費用表		
2	學員	課程	專案價		課程	專案價	
3	黃佳意	3ds Max遊戲動畫設計	=VLOOKUP(B3,$E$3:$F$10,❸ALSE)			15,499	
4	張明宏	ACA國際認證班	VLOOKUP(lookup_value, **table_array**, col_index_num, [range_lookup])				
5	黃家輝	TQC電腦專業認證			ACA國際認證班	19,990	

小提示

四種儲存格參照方式的切換

每按一次 F4 鍵就會切換一種參照方式。

按 F4 鍵次數	參照方式	範例
一次	絕對參照	$B$1
二次	只有列為絕對參照	B$1
三次	只有欄為絕對參照	$B1
四次	相對參照	B1

小提示

VLOOKUP 函數說明

VLOOKUP 函數

說明：從直向對照表中取得符合條件的資料。

格式：**VLOOKUP(檢視值,對照範圍,欄數,檢視型式)**

引數：

檢視值	指定檢視的儲存格位址或數值。
對照範圍	指定對照表範圍 (不包含標題欄)。
欄數	數值，指定傳回對照表範圍由左算起第幾欄的資料。
檢視型式	檢視的方法有 TRUE (1) 或 FALSE (0)。值為 TRUE 或省略，會以大約符合的方式找尋，如果找不到完全符合的值則傳回僅次於檢視值的最大值。當值為 FALSE，會尋找完全符合的數值，如果找不到則傳回錯誤值 #N/A。

12 取得員工年資與月份

年資常用在薪資、績效...等分析，藉此幫助企業更好地理解員工的表現和需求，提高企業績效與競爭力。

✦ 範例說明

根據到職日，計算員工在公司服務的年資，然後以年數、月數顯示。

	A	B	C	D	E	F	G
1	服務年資						
2	員工	性別	到職日	年資			
3				年	月		
4	林曉恩	女	2008/5/1	14	11		
5	李佳雯	女	2004/1/3	19	3		
6	王怡雯	女	2002/12/2	20	4		
7	林雅枝	女	2007/7/16	15	8		
8	楊俊宏	男	2007/2/5	16	2		
9	錢政宏	男	2009/4/1	14	0		
10	林裕軒	男	2012/12/20	10	3		
11	李曉雯	女	2010/1/20	13	2		

問題1：計算年資
問題2：計算年資中不滿一年的月數

✦ ChatGPT 操作 (問題1)

在 ChatGPT 對話框中輸入以下文字，並送出：

寫一個 Excel 公式，C4 是到職日，計算該員工的年資 (年數)

step 02 得到此段 ChatGPT 回覆，是較常使用的解決方式：在儲存格中輸入公式：「=DATEDIF(C4,TODAY(),"y")」，回傳第一位員工年資 (以整數年為單位)。

step 03 選按公式方框右上角 **Copy code**，自動複製該段公式。

假設 C4 是該員工的到職日，我們可以使用以下的 DATEDIF 函數來計算該員工的年資：

這個函數的說明如下：

- `C4`：開始日期，也就是該員工的到職日。
- `TODAY()`：結束日期，也就是當前日期。
- `"y"`：返回值的單位，也就是年份。

這個公式會返回該員工到現在的年資，結果會是一個整數值。如果需要返回小數值的年資，可以使用其他單位，例如 `"d"` 表示天數，`"m"` 表示月份。

✦ 回到 Excel 完成 (問題1)

依 ChatGPT 的回覆，回到 Excel 如下操作：選取 D4 儲存格，按 Ctrl + V 鍵，貼上剛剛複製的公式，計算第一位員工年資 (整數年)。

	A	B	C	D	E	F	G	H	I
1	服務年資								
2	員工	性別	到職日	年資					
3				年	月				
4	林曉恩	女	2008/5/1	14					
5	李佳雯	女	2004/1/3		(Ctrl)				
6	王怡雯	女	2002/12/2						

✦ ChatGPT 操作 (問題2)

step 01 在 ChatGPT 對話框中輸入以下文字，並送出：

> **延續上一個題目，用同一個函數，以最精簡的方式寫一個 Excel 公式，C4 是到職日，只計算超出整數年資的月份餘數，最後將D4到E4公式延伸到其他儲存格**

step 02 得到此段 ChatGPT 回覆，是較常使用的解決方式：在儲存格中輸入公式：「=DATEDIF(C4,TODAY(),"ym")」，回傳第一位員工年資超出整數年後的月份部分 (以整數月為單位)，最後將公式延伸到其他儲存格。

step 03 選按公式方框右上角 **Copy code**，自動複製該段公式。

以下是使用 `DATEDIF` 函數，以最精簡的方式計算超出整數年資的月份餘數的 Excel 公式：

```less
=DATEDIF(C4,TODAY(),"ym")
```

這個公式中，`C4` 是到職日所在的儲存格，`TODAY()` 函數會回傳當前日期，`DATEDIF()` 函數會計算兩個日期之間的時間差。其中，`DATEDIF` 函數的引數意思如下：

- 第一個引數：開始日期，也就是員工的到職日，本例中為 `C4`。
- 第二個引數：結束日期，也就是當前日期，本例中使用 `TODAY()` 函數來取得。

- 第三個引數：時間單位，本例中使用 `ym` 表示以年和月為單位計算超出整數年資的月份餘數。

需要注意的是，`DATEDIF` 函數在 Microsoft Excel 中並非一個正式的函數，但它可以被用來計算兩個日期之間的時間差。另外，當使用 `DATEDIF` 函數時，它只會計算時間差而不會考慮日期的先後順序。這意味著，如果開始日期晚於結束日期，它也會計算時間差，但這可能會導致負數結果。

✦ 回到 **Excel** 完成 **(問題2)**

step 01 依 ChatGPT 的回覆，回到 Excel 如下操作：選取 E4 儲存格，按 Ctrl + V 鍵，貼上剛剛複製的公式，計算第一位員工年資超出整數年之外的月份。

	A	B	C	D	E	F	G	H	I
1			服務年資						
2	員工	性別	到職日	年資					
3				年	月				
4	林曉恩	女	2008/5/1	14	11				
5	李佳雯	女	2004/1/3			(Ctrl)			
6	王怡雯	女	2002/12/2						
7	林雅枝	女	2007/7/16						
8	楊俊宏	男	2007/2/5						
9	錢政宏	男	2009/4/1						
10	林裕軒	男	2012/12/20						
11	李曉雯	女	2010/1/20						

step 02 選取 D4:E4 儲存格，按住右下角的 **填滿控點** 往下拖曳，至 E11 儲存格放開滑鼠左鍵，可快速完成其他員工年資計算。

	A	B	C	D	E	F	G	H	I
1	服務年資								
2	員工	性別	到職日	年資					
3				年	月				
4	林曉恩	女	2008/5/1	14	11				
5	李佳雯	女	2004/1/3						
6	王怡雯	女	2002/12/2						
7	林雅枝	女	2007/7/16						
8	楊俊宏	男	2007/2/5						
9	錢政宏	男	2009/4/1						
10	林裕軒	男	2012/12/20						
11	李曉雯	女	2010/1/20						

(Ctrl)

	A	B	C	D	E	F	G	H	I
1	服務年資								
2	員工	性別	到職日	年資					
3				年	月				
4	林曉恩	女	2008/5/1	14	11				
5	李佳雯	女	2004/1/3	19	3				
6	王怡雯	女	2002/12/2	20	4				
7	林雅枝	女	2007/7/16	15	8				
8	楊俊宏	男	2007/2/5	16	2				
9	錢政宏	男	2009/4/1	14	0				
10	林裕軒	男	2012/12/20	10	3				
11	李曉雯	女	2010/1/20	13	2				

小提示

DATEDIF 函數說明

DATEDIF 函數

說明：求二個日期之間的天數、月數或年數。

格式：**DATEDIF(起始日期,結束日期,單位)**

引數：

起始日期	代表期間的最初 (或開始) 日期。
結束日期	代表期間的最後 (或結束) 日期。
單位	顯示的資料類型，可指定 Y (完整年數)、M (完整月數)、D (完整天數)、YM (未滿一年的月數)、YD (未滿一年的日數)、MD (未滿一月的日數)。

13 計算年齡與判斷資格

出生日期是非常私人的訊息，需在合法前提下收集；透過年齡計算，可了解人口結構、計算退休日期和其他相關數據。

✦ 範例說明

老年津貼以出生日期為分析基準，先計算員工年齡，再以年齡判斷是否可請領老年津貼。

	A	B	C	D	E	F	G	H	I
1	老年津貼								
2	員工	性別	出生日期	年齡	老年津貼				
3	林曉恩	女	1976/5/1	46	x				
4	李佳雯	女	1956/1/3	67	符合資格				
5	王怡雯	女	1999/12/2	23	x				
6	林雅枝	女	1964/7/16	58	x				
7	楊俊宏	男	1972/2/5	51	x				
8	錢政宏	男	1955/4/1	68	符合資格				
9	林裕軒	男	1958/12/20	64	x				
10	李曉雯	女	1998/1/20	25	x				

問題1：計算員工年齡

問題2：以年齡判斷是否可請領老年津貼

✦ ChatGPT 操作 (問題1)

在 ChatGPT 對話框中輸入以下文字，並送出：

寫一個 Excel 公式，C3 是員工生日，請在 D3 計算此員工年齡

step 02 得到此段 ChatGPT 回覆，是較常使用的解決方式：在 D3 儲存格中輸入公式：「=DATEDIF(C3,TODAY(),"y")」，回傳第一位員工的年齡(以整數年為單位)。

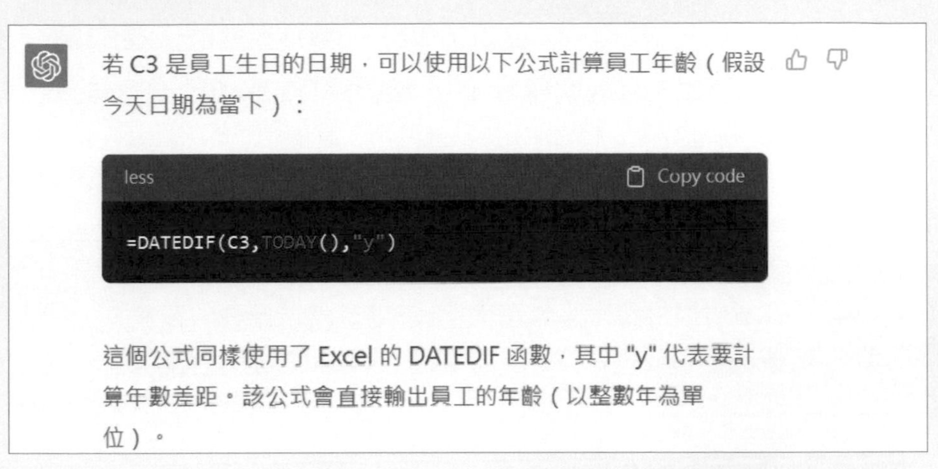

step 03 選按公式方框右上角 **Copy code**，自動複製該段公式。

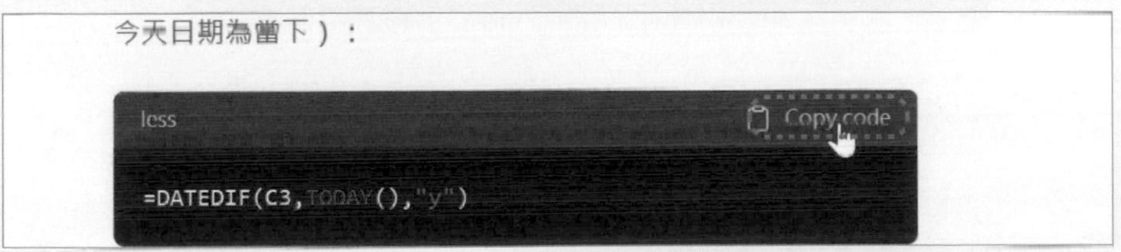

✦ 回到 Excel 完成 (問題1)

依 ChatGPT 回覆，回到 Excel 如下操作：選取 D3 儲存格，按 Ctrl + V 鍵，貼上剛剛複製的公式，計算第一位員工年齡 (整數年)。

	A	B	C	D	E	F	G	H	I
1	老年津貼								
2	員工	性別	出生日期	年齡	老年津貼				
3	林曉恩	女	1976/5/1	46					
4	李佳雯	女	1956/1/3		(Ctrl)				
5	王怡雯	女	1999/12/2						

✦ ChatGPT 操作 (問題2)

step 01 在 ChatGPT 對話框中輸入以下文字，並送出：

> **寫一個 Excel 公式，D3是員工年齡，當D3大於65，在E3顯示"符合資格"，否則就顯示"x"，最後將D3到E3公式延伸到其他儲存格。**

step 02 得到此段 ChatGPT 回覆，是較常使用的解決方式：在 E3 儲存格中輸入公式：「=IF(D3>65,"符合資格","x")」，根據員工年齡是否大於 65 歲，判斷可否領取老年津貼，最後將公式延伸到其他儲存格。

以下是一個在 Excel 中檢查員工是否符合資格的公式：

```arduino
=IF(D3>65,"符合資格","x")
```

這個公式中，`IF` 函數用於檢查員工的年齡是否大於 65 歲。如果是，則在 E3 中顯示 "符合資格"，否則顯示 "x"。公式中的 `D3` 是員工年齡所在的儲存格。

- `IF` 函數: 在 Excel 中用於執行條件測試和分支控制。當條件為真時返回一個值，當條件為假時返回另一個值。
- `D3>65`: 條件測試，檢查是否符合條件。
- "符合資格" 和 "x": 返回值，當條件為真時返回 "符合資格"，當條件為假時返回 "x"。

接下來，您可以將 D3:E3 的公式複製到其他儲存格中，Excel 會自動調整公式中的儲存格參照。您可以使用以下方法將公式複製到其他儲存格：

1. 選擇 D3:E3 儲存格範圍。
2. 按下 Ctrl+C 複製。
3. 選擇要複製到的儲存格範圍。

4. 按下 Ctrl+V 貼上。

這樣，Excel 會自動調整公式中的儲存格參照，並將公式複製到選定的儲存格範圍中。

step 03 選按公式方框右上角 **Copy code**，自動複製該段公式。

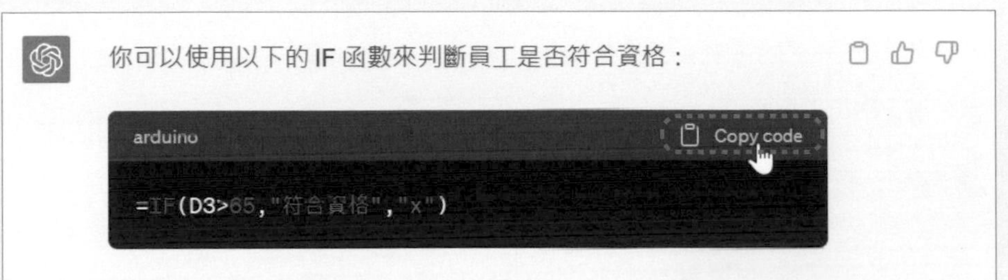

✦ 回到 Excel 完成 (問題2)

step 01 依 ChatGPT 的回覆，回到 Excel 如下操作：選取 E3 儲存格，按 Ctrl + V 鍵，貼上剛剛複製的公式，判斷第一位員工是否符合領取老年津貼的 65 歲資格。

	A	B	C	D	E	F	G	H	I
1	老年津貼								
2	員工	性別	出生日期	年齡	老年津貼				
3	林曉恩	女	1976/5/1	46	x				
4	李佳雯	女	1956/1/3						
5	王怡雯	女	1999/12/2						
6	林雅枝	女	1964/7/16						
7	楊俊宏	男	1972/2/5						
8	錢政宏	男	1955/4/1						
9	林裕軒	男	1958/12/20						
10	李曉雯	女	1998/1/20						

step 02 選取 **D3:E3** 儲存格，按住右下角的 **填滿控點** 往下拖曳，至 **E10** 儲存格放開滑鼠左鍵，快速完成其他員工年齡與老年津貼的判斷。

	A	B	C	D	E
1	老年津貼				
2	員工	性別	出生日期	年齡	老年津貼
3	林曉恩	女	1976/5	46	x
4	李佳雯	女	1956/1/3		
5	王怡雯	女	1999/12/2		
6	林雅枝	女	1964/7/16		
7	楊俊宏	男	1972/2/5		
8	錢政宏	男	1955/4/1		
9	林裕軒	男	1958/12/20		
10	李曉雯	女	1998/1/20		

1 2 (Ctrl)

	A	B	C	D	E
1	老年津貼				
2	員工	性別	出生日期	年齡	老年津貼
3	林曉恩	女	1976/5/1	46	x
4	李佳雯	女	1956/1/3	67	符合資格
5	王怡雯	女	1999/12/2	23	x
6	林雅枝	女	1964/7/16	58	x
7	楊俊宏	男	1972/2/5	51	x
8	錢政宏	男	1955/4/1	68	符合資格
9	林裕軒	男	1958/12/20	64	x
10	李曉雯	女	1998/1/20	25	x

小提示

TODAY 函數說明

TODAY 函數

說明：顯示今天的日期 (即目前電腦中的系統日期)。

格式：TODAY()

小提示

IF 函數說明

IF 函數

說明：**IF** 函數是一個判斷式，可依條件判定的結果分別處理，假設儲存格的值檢驗為 TRUE (真) 時，就執行條件成立時的命令，反之 FALSE (假) 則執行條件不成立時的命令。

格式：**IF(條件,條件成立,條件不成立)**

引數：

條件	使用比較運算子的邏輯式設定條件判斷式。
條件成立	若符合條件時的處理方式或顯示的值。
條件不成立	若不符合條件時的處理方式或顯示的值。

小提示

DATEDIF 函數說明

DATEDIF 函數

說明：求二個日期之間的天數、月數或年數。

格式：**DATEDIF(起始日期,結束日期,單位)**

引數：

起始日期	代表期間的最初 (或開始) 日期。
結束日期	代表期間的最後 (或結束) 日期。
單位	顯示的資料類型，可指定 Y (完整年數)、M (完整月數)、D (完整天數)、YM (未滿一年的月數)、YD (未滿一年的日數)、MD (未滿一月的日數)。

14 求實際工作天數

Do it！

工作天數常用於計算完成日期、生產週期、客戶回應時間...等資料，藉此評估和預測工作流程或項目的進度和完成時間。

✦ 範例說明

施工時間表裡有 **工程內容** 對應的 **開工日** 及 **完工日**，扣除右側 **國定假日** 對照表內指定日期及週末 (六、日) 計算實際工作天數。

	A	B	C	D	E	F	G	H
1	施工時間表							
2	工程內容	開工日	完工日	工作天數		國定假日		
3	拆除	2023/5/1	2023/5/15	10		2023/1/1	元旦	
4	隔間	2023/6/1	2023/6/15	11		2023/2/28	和平紀念日	
5	水電	2023/8/10	2023/8/23	10		2023/4/4	兒童節	
6	傢俱	2023/9/10	2023/9/20	8		2023/4/5	掃墓節	
7	花園	2023/10/20	2023/10/25	4		2023/5/1	勞動節	
8	★付款日：完工日的下個月月底付款					2023/6/3	端午節	
9	★工作天數：扣除星期六、日與國定假日					2023/9/10	中秋節	
10						2023/10/10	雙十節	

問題1：扣除六、日與國定假日，計算工程的實際工作天數。

✦ ChatGPT 操作 (問題1)

step 01 在 ChatGPT 對話框中輸入以下文字，並送出：

寫一個 Excel 公式，B3是開工日，C3是完工日，F3到F10是國定假日對照表，請在D3計算扣除星期六、星期日、國定假日的工作天數，最後將公式延伸到其他儲存格，公式延伸時對照表位置需固定。

step 02 得到此段 ChatGPT 回覆，是較常使用的解決方式：在 D3 儲存格中輸入公式：「=NETWORKDAYS(B3,C3,$F$3:$F$10)」，排除六、日與指定國定假日，計算二個日期之間的工作日數，最後將公式延伸到其他儲存格。

若您的國定假日對照表位於F3到F10，您可以使用下列公式在D3中計算扣除星期六、星期日、國定假日的工作天數：

此公式使用Excel的NETWORKDAYS函數，該函數可以計算兩個日期之間的工作天數，並且可以排除特定日期（例如星期六、星期日和國定假日）。在這個公式中，B3和C3分別是開工日和完工日，而$F$3:$F$10是您的國定假日對照表。$符號用來鎖定對照表的位置，以防止在公式複製到其他單元格時，對照表的位置發生移動。

選按公式方框右上角 **Copy code**，自動複製該段公式。

✦ 回到 Excel 完成 (問題1)

step 01 依 ChatGPT 的回覆，回到 Excel 如下操作：選取 D3 儲存格，按 Ctrl + V 鍵，貼上剛剛複製的公式，計算第一項工程的工作天數。

D3 =NETWORKDAYS(B3,C3,F3:F10)

	A	B	C	D	E	F	G	H
1	施工時間表							
2	工程內容	開工日	完工日	工作天數		國定假日		
3	拆除	2023/5/1	2023/5/15	10		2023/1/1	元旦	
4	隔間	2023/6/1	2023/6/15		(Ctrl)	3/2/28	和平紀念日	
5	水電	2023/8/10	2023/8/23			2023/4/4	兒童節	
6	傢俱	2023/9/10	2023/9/20			2023/4/5	掃墓節	
7	花園	2023/10/20	2023/10/25			2023/5/1	勞動節	
8	★付款日：完工日的下個月月底付款					2023/6/3	端午節	
9	★工作天數：扣除星期六、日與國定假日					2023/9/10	中秋節	
10						2023/10/10	雙十節	

小提示

公式中沒有 "$" 符號時

如果 ChatGPT 產生的公式沒有使用絕對參照，可以選取 D3 儲存格，將公式中 "F3:F10" 改成 "$F$3:$F$10"。(可輸入 "$" 符號，或選取 "F3:F10" 再按一下 F4 鍵轉換成 "$F$3:$F$10")

	A	B	C	D	E	F	G	H
1	施工時間表							
2	工程內容	開工日	完工日	工作天數		國定假日		
3	拆除	2023/5/1	2023/5/ ❶	=NETWORKDAYS(B3,C3,$F$3:$F$10) ❷				
4	隔間	2023/6/1	2023/6/15	NETWORKDAYS(start_date, end_date, [holidays])			念日	
5	水電	2023/8/10	2023/8/23			2023/4/4	兒童節	
6	傢俱	2023/9/10	2023/9/20			2023/4/5	掃墓節	
7	花園	2023/10/20	2023/10/25			2023/5/1	勞動節	

延伸公式時，公式中的儲存格位址會自動依目的地儲存格位址相對調整，若希望參照的儲存格位址在延伸時不要變更，那就要用 "絕對參照"，只要在欄名或列號前加上 "$" 符號 (如：$B$1)，位址就不會隨著改變。

選取 D3 儲存格，按住右下角的 **填滿控點** 往下拖曳，至 D7 儲存格放開滑鼠左鍵，可快速完成計算工作天數。

	A	B	C	D	E	F	G	H
1	施工時間表							
2	工程內容	開工日	完工日	工作天數		國定假日		
3	拆除	2023/5/1	2023/5/15	❶ 10	❷	2023/1/1	元旦	
4	隔間	2023/6/1	2023/6/15			2023/2/28	和平紀念日	
5	水電	2023/8/10	2023/8/23			2023/4/4	兒童節	
6	傢俱	2023/9/10	2023/9/20			2023/4/5	掃墓節	
7	花園	2023/10/20	2023/10/25			2023/5/1	勞動節	
8	★付款日：完工日的下個月月底付款					2023/6/3	端午節	
9	★工作天數：扣除星期六、日與國定假日					2023/9/10	中秋節	
10						2023/10/10	雙十節	

	A	B	C	D	E	F	G	H
1	施工時間表							
2	工程內容	開工日	完工日	工作天數		國定假日		
3	拆除	2023/5/1	2023/5/15	10		2023/1/1	元旦	
4	隔間	2023/6/1	2023/6/15	11		2023/2/28	和平紀念日	
5	水電	2023/8/10	2023/8/23	10		2023/4/4	兒童節	
6	傢俱	2023/9/10	2023/9/20	8		2023/4/5	掃墓節	
7	花園	2023/10/20	2023/10/25	4		2023/5/1	勞動節	
8	★付款日：完工日的下個月月底付款					2023/6/3	端午節	
9	★工作天數：扣除星期六、日與國定假日					2023/9/10	中秋節	

小提示

NETWORKDAYS 函數說明

NETWORKDAYS 函數

說明：傳回二個日期之間完整的工作天數，且不包含週末 (六、日) 與指為國定假日的所有日子。

格式：**NETWORKDAYS(起始日期,結束日期,國定假日)**

引數：**起始日期** 代表期間的最初 (或開始) 日期。

結束日期 代表期間的最後 (或結束) 日期。

國定假日 包含一或多個國定假日或指定假日，會是日期的儲存格範圍，或是代表這些日期的序列值的陣列常數。

NOTE

PART

04

用 VBA 開啟自動化工作處理

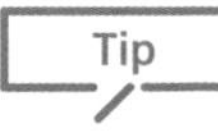

1 在 Excel 中開始使用 VBA

Do it !

利用 Visual Basic 編輯器做為工具撰寫 VBA 程式碼，這是一個簡單但功能強大的程式設計語言，能自動執行並完成更多工作。

✦ 什麼是 VBA？

VBA (Visual Basic for Applications) 是一種程式語言，由 Microsoft 開發，它提供了許多功能強大的特性，例如：可以撰寫程式碼自動化執行重複性任務、製作巨集以增強 Excel 功能、建立自訂的表單與控制項以提升使用者工作效率...等。

✦ 開啟 "開發人員" 索引標籤

為了方便 VBA 開發，需要先開啟 **開發人員** 索引標籤：

step 01 於 Excel **檔案** 索引標籤選按 **選項** 開啟對話方塊，選按 **自訂功能區** 項目並核選 **開發人員**，再選按 **確定** 鈕。

回到編輯畫面，功能區可以看到多了一個 **開發人員** 索引標籤，選按該索引標籤可看到其中包含了 VBA 程式與巨集開發相關的功能；選按 **Visual Basic** 開啟編輯器視窗。

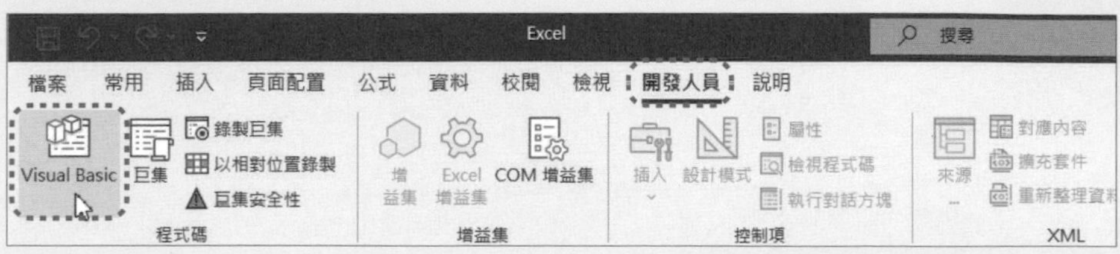

✦ 認識 Visual Basic 編輯器介面

使用 Visual Basic 編輯器前，先了解介面中重要的窗格：

2 拆分活頁簿內工作表成為各別檔案 Do it !

將一份包含多個工作表的活頁簿檔案拆分，依工作表名稱產生各自獨立的活頁簿檔案，以方便將檔案交付不同人員處理。

✦ 範例說明

此份 Excel 檔案包含 1~4 月的銷售明細資料，並以工作表區隔整理。盤點時，只要將活頁簿中的工作表，拆分為各自獨立的活頁簿檔案，再由部門成員分攤作業，可提升整體效率。

24	2023/1/4	ID03546	AC1700995	F038	經典
25	2023/1/4	ID03547	AC1703242	F038	經典
26	2023/1/4	ID03548	AC1703671	F003	印圖
27	2023/1/4	ID03549	AC1700074	F008	法蘭
28	2023/1/4	ID03550	AC1703469	F038	經典
29	2023/1/4	ID03551	AC1700091	F038	經典
30	2023/1/4	ID03552	AC1703365	F028	大學T

202301

24	2023/2/2	ID03690	AC1701686	F012	托特包
25	2023/2/2	ID03694	AC1700292	F009	大化妝
26	2023/2/2	ID03695	AC1700524	F012	托特包
27	2023/2/15	ID03697	AC1700467	F008	法蘭絨
28	2023/2/15	ID03698	AC1700467	F008	法蘭絨
29	2023/2/15	ID03699	AC1703446	F009	大化妝
30	2023/2/15	ID03700	AC1702888	F006	運動潮

202302

24	2023/3/15	ID03874	AC1702877	F005	運
25	2023/3/15	ID03875	AC1700993	F005	運
26	2023/3/15	ID03876	AC1701007	F011	經
27	2023/3/15	ID03877	AC1700083	F011	經
28	2023/3/15	ID03878	AC1702569	F011	經
29	2023/3/15	ID03879	AC1702865	F011	經
30	2023/3/15	ID03880	AC1703885	F031	胡

202303

24	2023/4/5	D04032	AC1703579	F007	運動
25	2023/4/5	D04033	AC1701210	F007	運動
26	2023/4/5	D04034	AC1700603	F007	運動
27	2023/4/5	D04035	AC1701362	F007	運動
28	2023/4/5	D04036	AC1702126	F022	短夾
29	2023/4/5	D04037	AC1700746	F022	短夾
30	2023/4/5	D04038	AC1700576	F022	短夾

202304

問題 1、2：將每個月的銷售額拆分成各自獨立的活頁簿檔案

✦ ChapGPT 操作 (問題1)

在 ChapGPT 對話框中輸入以下文字，並送出：

> **使用 VBA 程式碼，將 Excel 活頁簿中各工作表拆分為單一活頁簿檔案，且檔名以工作表原本的名稱命名。**

step 02 得到此段 ChatGPT 回覆，是較常使用的解決方式：

以下是將 Excel 活頁簿中各工作表拆分為單一活頁簿檔案，且檔名以工作表原本的名稱命名的 VBA 程式碼：

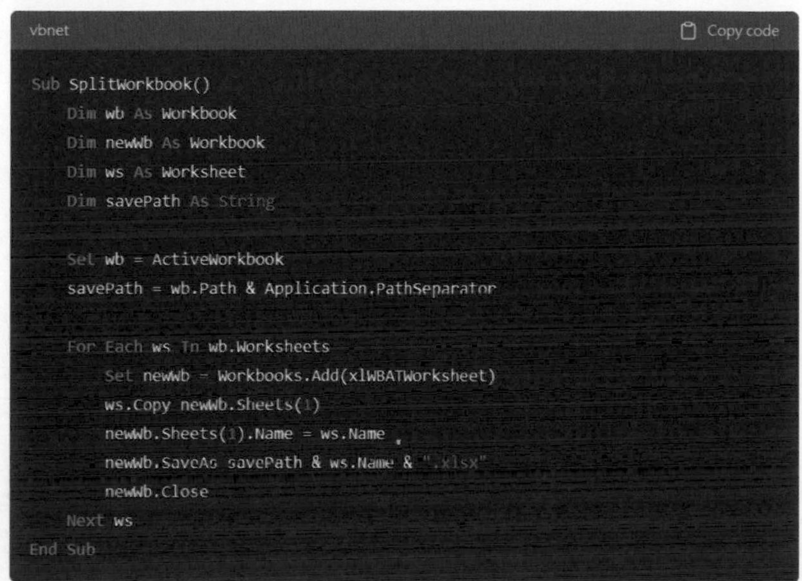

```
vbnet                                                    Copy code

Sub SplitWorkbook()
    Dim wb As Workbook
    Dim newWb As Workbook
    Dim ws As Worksheet
    Dim savePath As String

    Set wb = ActiveWorkbook
    savePath = wb.Path & Application.PathSeparator

    For Each ws In wb.Worksheets
        Set newWb = Workbooks.Add(xlWBATWorksheet)
        ws.Copy newWb.Sheets(1)
        newWb.Sheets(1).Name = ws.Name
        newWb.SaveAs savePath & ws.Name & ".xlsx"
        newWb.Close
    Next ws
End Sub
```

請先儲存目前的 Excel 活頁簿，然後開啟 Visual Basic Editor，並將上述程式碼複製並貼上到新的模組中。

接著，在 VBA 編輯器中，按下 F5 鍵或按下 Run 按鈕，以執行此程式碼。這將會在原始活頁簿所在的資料夾中，建立一個新的活頁簿檔案，每個工作表會以原始檔案中工作表的名稱為檔名。注意，如果已經存在同名的檔案，則會將其覆蓋掉。

請務必在執行此程式碼之前，先將目前的活頁簿儲存起來，以防止不必要的資料遺失。

小提示

ChatGPT 生成的 VBA 與範例示範的程式碼不同？

依不同使用者或提問方式，ChatGPT 回覆的程式碼可能會與範例稍有差異，但生成的程式碼沒問題，一樣可以執行操作。

✦ ChapGPT 操作 (問題2)

step 01 在 ChapGPT 對話框中輸入以下文字，並送出：

請為以上這段 VBA 程式碼加上註解。

step 02 得到 ChatGPT 的回覆，可以看到程式碼後方加了中文字註解，可以藉由註解學習 VBA 程式碼，選按程式碼方框右上角 **Copy code**，自動複製該段程式碼。

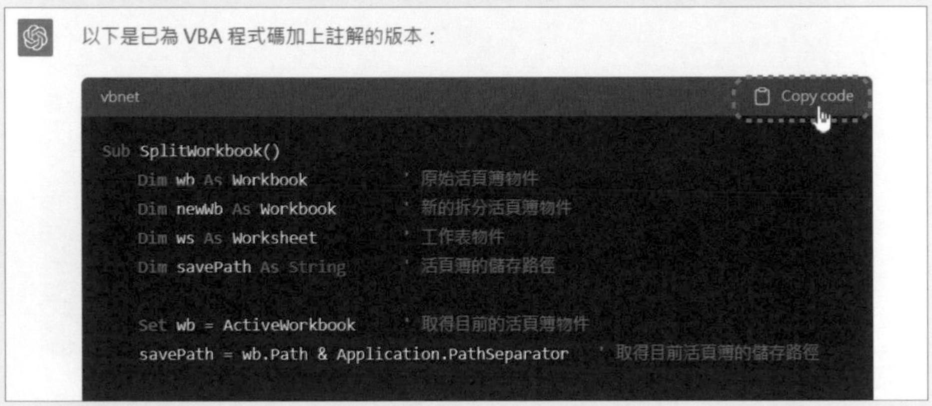

✦ 回到 Excel 完成 (問題1、2)

依 ChatGPT 的回覆，回到 Excel 如下操作：

step 01 開啟範例原始檔 <402.xlsx>，於 **開發人員** 索引標籤選按 **Visual Basic** 或按 Alt + F11 鍵開啟 Microsoft Visual Basic for Applications 視窗。

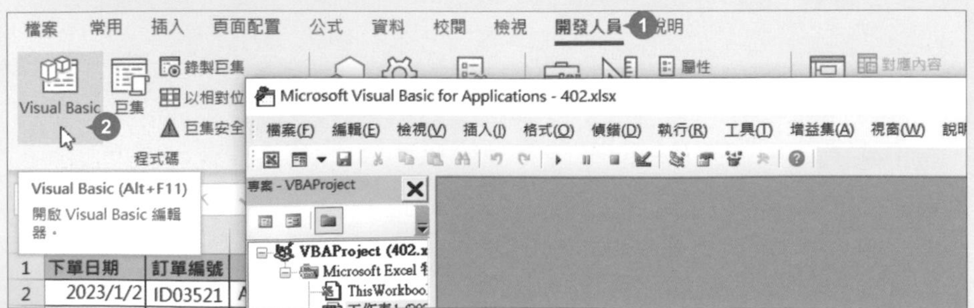

於 **工具列** 選按 清單鈕 \ **模組**，建立一個新的模組。

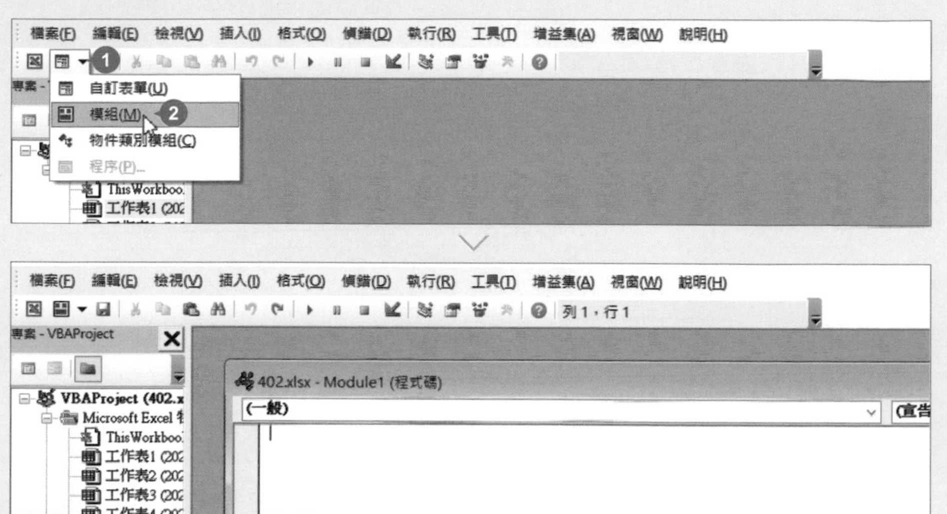

step 03

在模組中按一下滑鼠左鍵產生輸入線，按 Ctrl + V 鍵，貼上剛剛複製的程式碼。

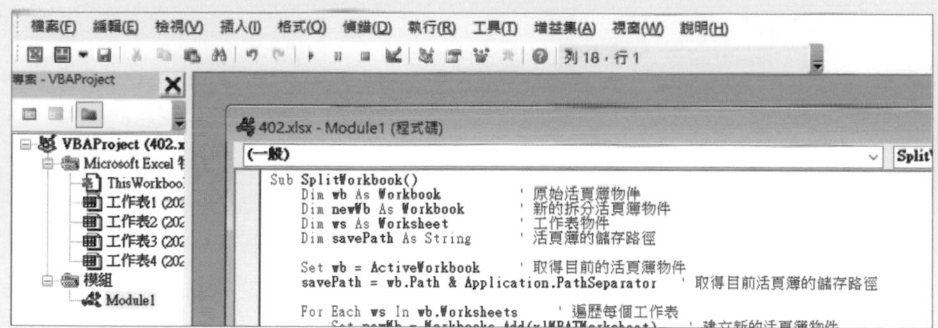

說明：

■ 在 " ' " 符號之後的所有文字、數字，均為註解文字 (呈綠色)，可以幫助你了解該行程式碼的意義，在程式執行時會略過。

■ 此程式碼先會取得活頁簿的物件與儲存路徑，再以建立新活頁簿的方法，將原活頁簿中的工作表一個一個複製至新活頁簿中，再以工作表名稱儲存成獨立的活頁簿檔案。

step 04 於 **工具列** 選按 ▶ 執行，開始拆分工作表。

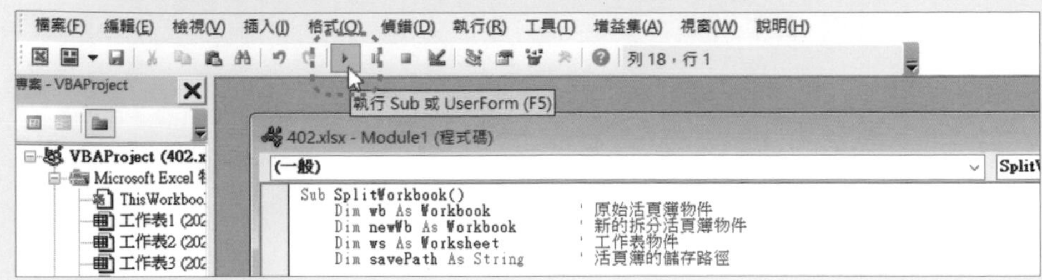

step 05 執行完成後，再開啟檔案總管檢視，可以看到工作表已經一個個拆分出來成為一個獨立的活頁簿檔案。

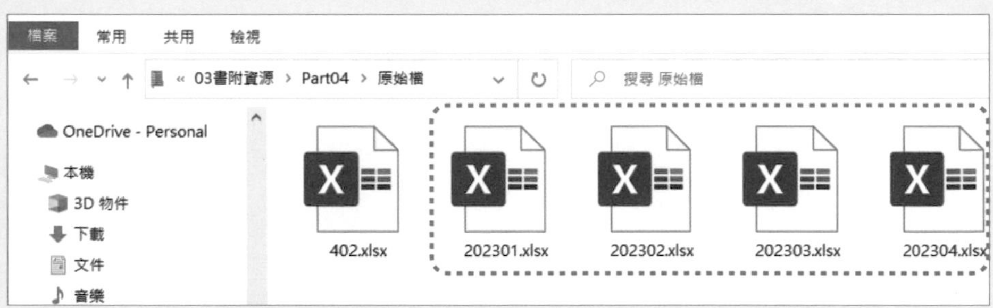

小提示

VBA 程式碼發生錯誤？

設備環境或是生成的程式碼不同，可能發生程式碼錯誤的狀況，這時只要於彈出的對話方塊選按 **偵錯** 鈕，找出發生問題的程式碼並複製，於 ChatGPT 提問：「執行時 (複製該程式碼) 發生錯誤，該如何修正？」，如果一直無法執行成功，可開啟本書附檔案 <02 拆分活頁簿.txt>，複製該程式碼練習。

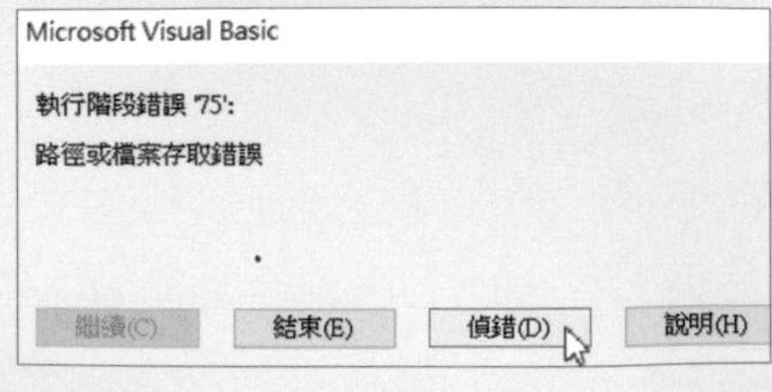


```
' 獲取目前活頁簿
Set wb = ActiveWorkbook

' 創建儲存檔案的資料夾
SavePath = wb.Path & "\"
MkDir SavePath

' 遍歷每個工作表
For Each ws In wb.Worksheets
    ' 新增一個新活頁簿
    Dim newWb As Workbook
    Set newWb = Workbooks.Add
    ' 複製工作表到新活頁簿
```

✦ 將含有 VBA 程式碼的 Excel 儲存

Excel 活頁簿中有 VBA 程式碼時，無法儲存為一般的 *.xlsx 檔案格式，以下將示範該如何存成含有 VBA 程式碼的 Excel 活頁簿。

step 01 回到 Excel 視窗，於 **檔案** 索引標籤選按 **另存新檔 \ 瀏覽**，對話方塊中指定存檔路徑，設定 **存檔類型**：**Excel 啟用巨集的活頁簿 (*.xlsm)**，輸入檔案名稱，選按 **儲存** 鈕，完成此含 VBA 程式碼的儲存。

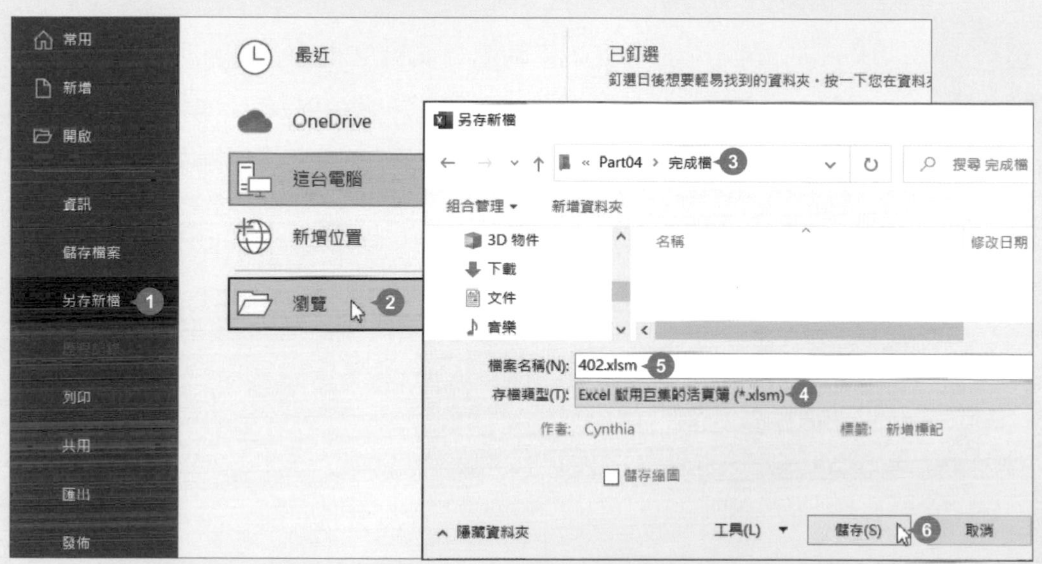

step 02 之後開啟 *.xlsm 檔案類型時，會出現一行訊息告知已停用巨集，選按 **啟用內容** 鈕，即可開啟含有 VBA 程式碼的檔案。

檔案 常用 插入 頁面配置 公式 資料 校閱 檢視 開發人員 說明

安全性警告 已經停用巨集。 啟用內容

N9 請為以上這段 VBA 程式碼加上註解

	A	B	C	D	E	F	G	H	I
1	下單日期	訂單編號	顧客編號	產品編號	產品名稱	產品類別	單價	數量	小計
2	2023/1/2	ID03521	AC1701114	F009	大化妝包-深藍	配件	2100	1	2100
3	2023/1/2	ID03522	AC1700336	F012	托特包-白	配件	1740	1	1740

3 合併資料夾中所有活頁簿

Do it !

使用 VBA 輕鬆指定資料夾中所有活頁簿內的工作表，依序複製並合併至目前活頁簿中，快速整合多個檔案。

✦ 範例說明

資料夾中存放著依 "月份" 整理的銷售明細資料數據檔案，當部門每月完成盤點工作後，會將檔案交付給主要負責人，這時可以利用 VBA 執行活頁簿合併的工作，將分散的各月份盤點檔案依原工作表，整合在同一份檔案中。

22	2023/1/4	ID03541	AC1701794	F028	大學T男童-藍	童裝	1750	5	8750
23	2023/1/4	ID03544	AC1702894	F028	大學T男童-藍	童裝	1750	5	8750
24	2023/1/4	ID03546	AC1700995	F038	經典美式純POLO-黑	女裝	980	3	2940
25	2023/1/4	ID03547	AC1703242	F038	經典美式純POLO-黑	女裝	980	3	2940
26	2023/1/4	ID03548	AC1703671	F003	印圖大學T男裝-藍	男裝	750	1	750
27	2023/1/4	ID03549	AC1700074	F008	法蘭絨格紋襯衫-黑	女裝	1800	2	3600
28	2023/1/4	ID03550	AC1703469	F038	經典美式純POLO-黑	女裝	980	3	2940
29	2023/1/4	ID03551	AC1700091	F038	經典美式純POLO-黑	女裝	980	3	2940
30	2023/1/4	ID03552	AC1703365	F028	大學T男童-藍	童裝	1750	5	8750

202301 | 202302 | 202303 | 202304

就緒

問題 1：將每個月的銷售明細活頁簿檔案，合併為單一活頁簿檔案。

✦ 合併前的檢查

要合併資料夾中所有活頁簿的工作表前，需檢查每個活頁簿要合併的工作表名稱是否有重複，可以使用編號或是類似範例使用日期來命名，這樣在合併時才不會產生錯誤訊息。

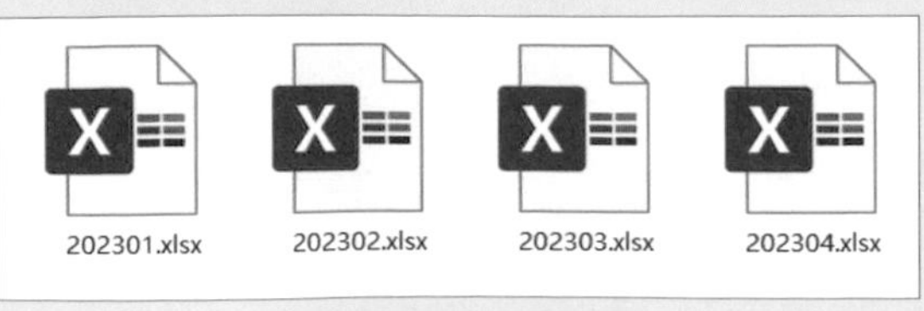

✦ ChapGPT 操作 (問題1)

step 01 在 ChapGPT 對話框中輸入以下文字，並送出：

> **使用 VBA 程式碼，將指定的資料夾中的所有活頁簿內的工作表，依序複製並新增至目前活頁簿工作表中，並以來源工作表名稱命名。**

step 02 得到此段 ChatGPT 回覆，是較常使用的解決方式：

```
Sub MergeWorksheets()
    Dim Path As String, Filename As String
    Dim wb As Workbook, ws As Worksheet
    Dim i As Integer, j As Integer

    Application.ScreenUpdating = False '關閉更新螢幕，加速程式執行速度

    Path = "C:\Users\Username\Desktop\Folder\" '設定目標資料夾路徑
    Filename = Dir(Path & "*.xlsx") '設定要合併的Excel檔案的檔案格式

    Do While Filename <> ""
        If Filename <> ThisWorkbook.Name Then '不包括主檔案
            Set wb = Workbooks.Open(Path & Filename) '打開Excel檔案
            For j = 1 To wb.Worksheets.Count '複製工作表
                Set ws = wb.Worksheets(j)
                ws.Copy after:=ThisWorkbook.Sheets(ThisWorkbook.Sheets.Count
                ThisWorkbook.Sheets(ThisWorkbook.Sheets.Count).Name = ws.Nam
            Next j
            wb.Close False '關閉Excel檔案，不保存
        End If
        Filename = Dir()
    Loop

    Application.ScreenUpdating = True '開啟更新螢幕

    MsgBox "已完成合併工作表的操作。", vbInformation '顯示操作完成訊息
```

ChatGPT 在每次生成程式碼時，不一定都會有註解，如果生成的程式碼沒有註解時，可參考 P4-6 操作方法。

step 03 選按程式碼方框右上角 **Copy code**，自動複製該段程式碼。

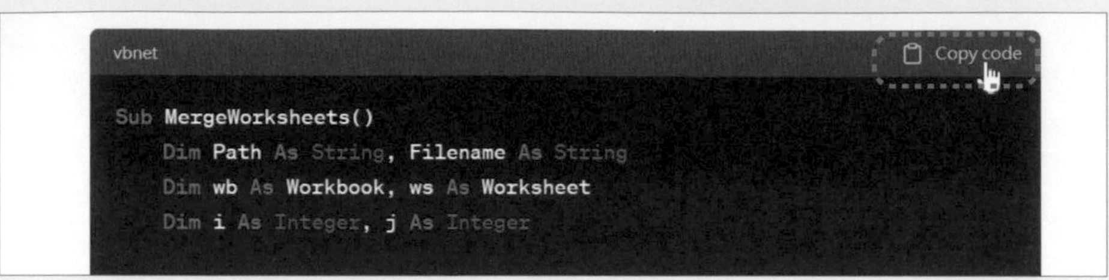

✦ 回到 **Excel** 完成 (問題1)

依 ChatGPT 的回覆，回到 Excel 如下操作：

step 01 開啟範例原始檔 <403.xlsx>，於 **開發人員** 索引標籤選按 **Visual Basic** 或按 Alt + F11 鍵開啟 Microsoft Visual Basic for Applications 視窗。

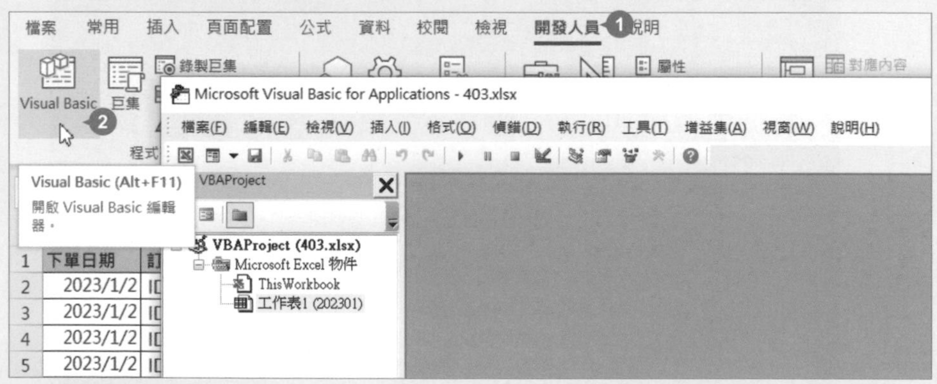

step 02 於 **工具列** 選按 清單鈕 \ **模組**，建立一個新的模組。

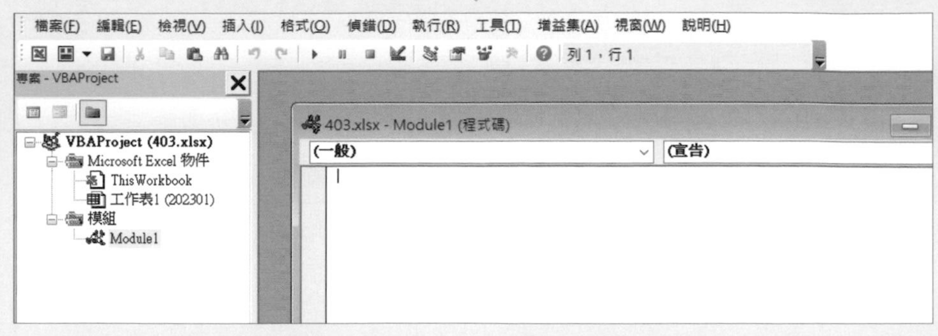

step 03 在模組中按一下滑鼠左鍵產生輸入線，按 Ctrl + V 鍵，貼上剛剛複製的程式碼。

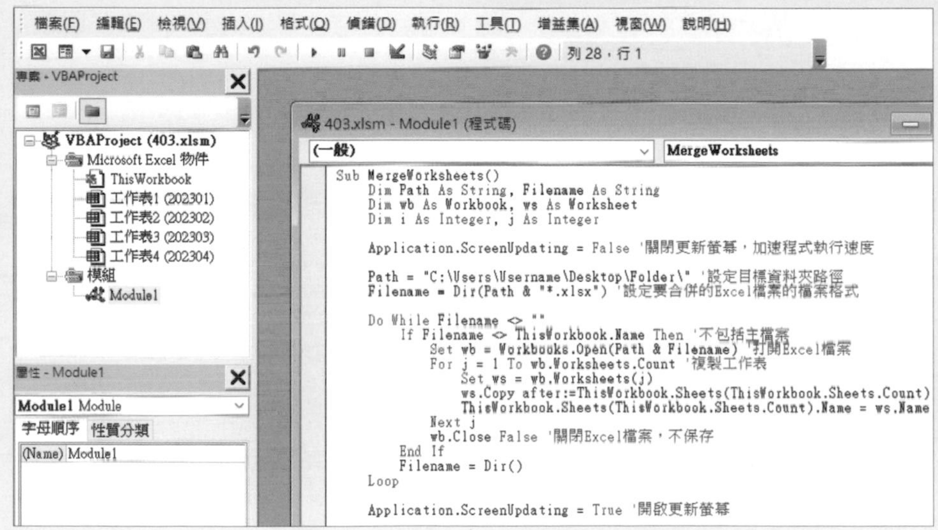

說明：

- 在 " ' " 符號之後的所有文字、數字，均為註解文字 (呈綠色)，可以幫助你了解該行程式碼的意義，在程式執行時會略過。
- 此程式碼利用已開啟的活頁簿來合併指定資料中所有副檔名為 .xlsx 的檔案，在 **Path** 中須更換資料夾的路徑，接著會一個一個開啟活頁簿並複製工作表至目標活頁簿中，完成合併活頁簿的操作。

step 04 於檔案總管視窗，開啟存放其他月份明細資料的資料夾，於 **網址列** 按一下滑鼠右鍵，選按 **複製位址**。

step 05 回到 Microsoft Visual Basic for Applications 視窗，在 **Module1** 程式碼中選取 Path 後方 "(引號內的文字)" 的內容，再按 Ctrl + V 鍵，貼上剛剛複製的路徑位址。(路徑須以 "\" 結尾)

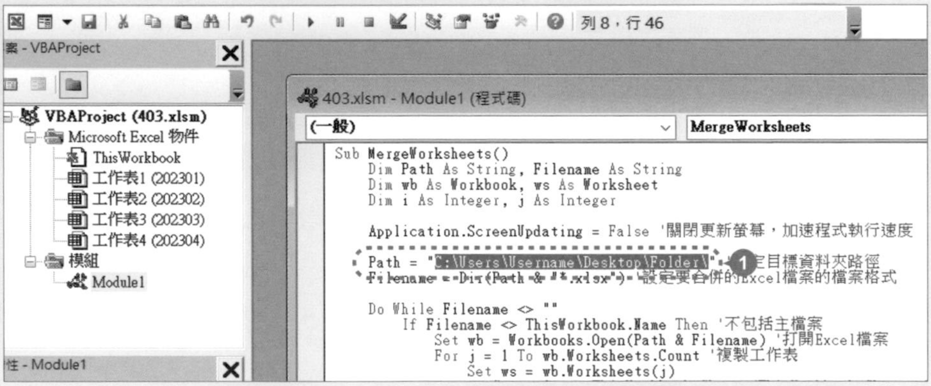

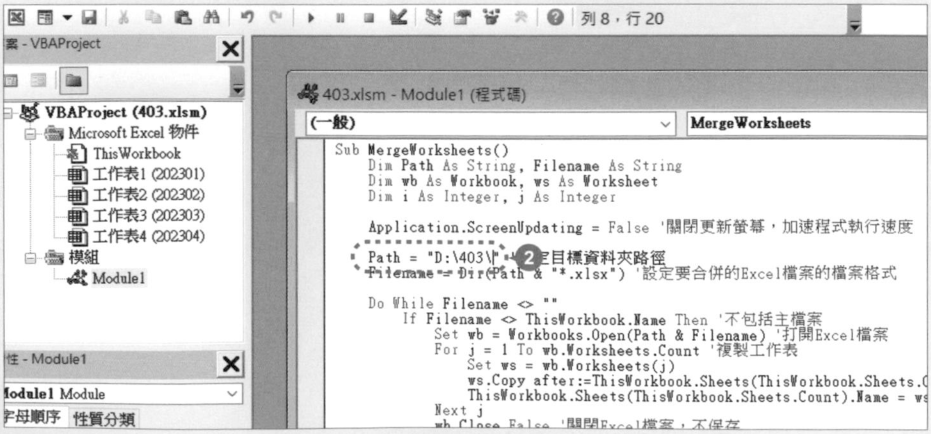

```
Sub MergeWorksheets()
    Dim Path As String, Filename As String
    Dim wb As Workbook, ws As Worksheet
    Dim i As Integer, j As Integer

    Application.ScreenUpdating = False '關閉更新螢幕，加速程式執行速度

    Path = "C:\Users\Username\Desktop\Folder\" '設定目標資料夾路徑
    Filename = Dir(Path & "*.xlsx") '設定要合併的Excel檔案的檔案格式

    Do While Filename <> ""
        If Filename <> ThisWorkbook.Name Then '不包括主檔案
            Set wb = Workbooks.Open(Path & Filename) '打開Excel檔案
            For j = 1 To wb.Worksheets.Count '複製工作表
                Set ws = wb.Worksheets(j)
```

```
Sub MergeWorksheets()
    Dim Path As String, Filename As String
    Dim wb As Workbook, ws As Worksheet
    Dim i As Integer, j As Integer

    Application.ScreenUpdating = False '關閉更新螢幕，加速程式執行速度

    Path = "D:\403\" '設定目標資料夾路徑
    Filename = Dir(Path & "*.xlsx") '設定要合併的Excel檔案的檔案格式

    Do While Filename <> ""
        If Filename <> ThisWorkbook.Name Then '不包括主檔案
            Set wb = Workbooks.Open(Path & Filename) '打開Excel檔案
            For j = 1 To wb.Worksheets.Count '複製工作表
                Set ws = wb.Worksheets(j)
                ws.Copy after:=ThisWorkbook.Sheets(ThisWorkbook.Sheets.C
                ThisWorkbook.Sheets(ThisWorkbook.Sheets.Count).Name = ws
            Next j
```

step 06 於 **工具列** 選按 ▶ 執行，開始合併工作表。

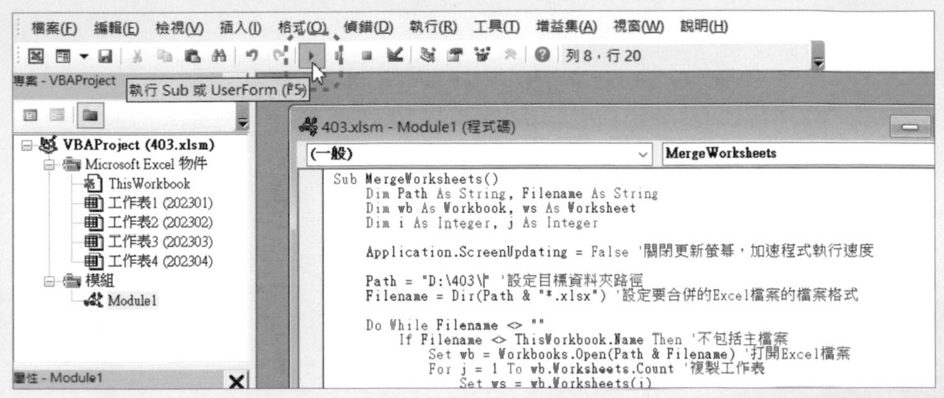

step 07 執行完成後，可以看到工作表已經合併完成，檢查無誤後，即可將合併後的檔案另存新檔。(儲存為 *.xlsx Excel 活頁簿檔案時，會出現無法儲存 VBA 專案的訊息，選按 **是** 則繼續存為無 VBA 程式碼的 Excel 活頁簿檔案；若想要儲存為包含 VBA 程式碼的 Excel 活頁簿檔案，可看下頁說明。)

28	2023/4/5	ID04036	AC1702126	F022	短夾-紅	皮件	2900	3	8700
29	2023/4/5	ID04037	AC1700746	F022	短夾-紅	皮件	2900	3	8700
30	2023/4/5	ID04038	AC1700576	F022	短夾-紅	皮件	2900	3	8700

202301 | 202302 | 202303 | 202304

小提示

合併的工作表有重複或缺少？

依據 ChatGPT 回覆的程式碼不同，有可能會使用建立新活頁簿的方式來合併，所以指定的資料夾需要包含所有檔案；反之，如果是本範例的方法，指定的資料夾不能包含目前開啟的檔案，否則合併後會多一個重複的工作表。

26	2023/1/4	ID03548	AC1703671	F003	印圖大學T男裝-藍	男裝	750	1	750	14
27	2023/1/4	ID03549	AC1700074	F008	法蘭絨格紋襯衫-黑	女裝	1800	2	3600	59
28	2023/1/4	ID03550	AC1703469	F038	經典美式純POLO-黑	女裝	980	3	2940	48
29	2023/1/4	ID03551	AC1700091	F038	經典美式純POLO-黑	女裝	980	3	2940	48
30	2023/1/4	ID03552	AC1703365	F028	大學T男童-藍	童裝	1750	5	8750	154

202301 | 202301 (2) | 202302 | 202303 | 202304

✦ 將含有 VBA 程式碼的 Excel 儲存

Excel 活頁簿中有 VBA 程式碼時，無法儲存為一般的 *.xlsx 檔案格式，以下將示範該如何存成含有 VBA 程式碼的 Excel 活頁簿。

step 01 於 **檔案** 索引標籤選按 **另存新檔 \ 瀏覽**，對話方塊中指定存檔路徑，設定 **存檔類型**：**Excel 啟用巨集的活頁簿 (*.xlsm)**，輸入檔案名稱，選按 **儲存** 鈕，完成此含 VBA 程式碼的儲存。

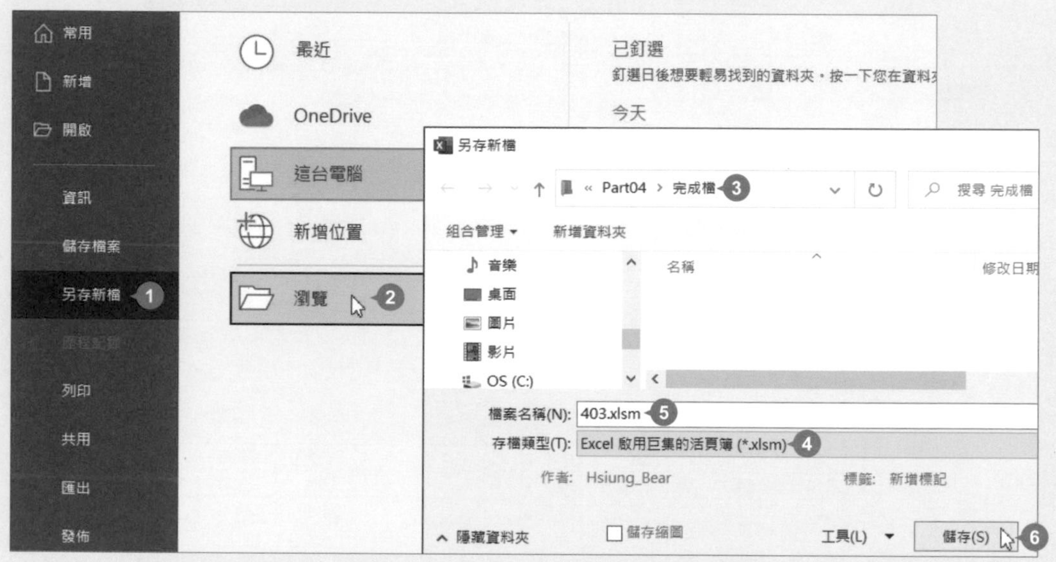

step 02 之後開啟 *.xlsm 檔案類型時，會出現一行訊息告知已停用巨集，選按 **啟用內容** 鈕，即可開啟含有 VBA 程式碼的檔案。

安全性警告 已經停用巨集。 啟用內容

A1 下單日期

	A	B	C	D	E	F	G	H	I
1	下單日期	訂單編號	顧客編號	產品編號	產品名稱	產品類別	單價	數量	小計
2	2023/4/5	ID03998	AC1700912	F001	運動潮流連帽外套女裝-白	女裝	1450	1	1450
3	2023/4/5	ID03999	AC1700184	F033	高機能伸縮衣架-黑	家俱	600	1	600

依序合併同一活頁簿中的多個工作表 Do it !

將各月份資料數據整併在同一份 Excel 工作表中，可以讓數據分析人員更容易地對數據進行整合和比較，以便得出更有價值的結論。

✦ 範例說明

這份銷售明細表檔案目前的整理方式是依月份，將資料整理在每個工作表中，藉由 VBA 快速將這四個月份的明細資料依序合併於新工作表中，即可依月份進行數據分析。

	A	B	C	D	E	F	G	H	I	J
1	下單日期	訂單編號	顧客編號	產品編號	產品名稱	產品類別	單價	數量	小計	利
2	2023/1/2	ID03521	AC1701114	F009	大化妝包-深藍	配件	2100	1	2100	52
3	2023/1/2	ID03522	AC1700336	F012	托特包-白	配件	1740	1	1740	43
146	2023/2/2	ID03671	AC1703337	F006	運動潮流直筒棉褲男童-黑	童裝	750	5	3750	66
147	2023/2/2	ID03672	AC1700069	F003	印圖大學T男裝-藍	男裝	750	1	750	14
319	2023/3/5	ID03846	AC1703373	F011	經典高領多彩T恤男裝-白	男裝	1200	1	1200	23
320	2023/3/6	ID03847	AC1701976	F011	經典高領多彩T恤男裝-白	男裝	1200	1	1200	23
694	2023/4/5	ID04263	AC1702387	F015	法蘭絨格紋襯衫-紅	女裝	1740	2	3480	57
695	2023/4/5	ID04264	AC1702867	F015	法蘭絨格紋襯衫-紅	女裝	1740	2	3480	57
696	2023/4/5	ID04265	AC1700335	F015	法蘭絨格紋襯衫-紅	女裝	1740	2	3480	57
697										

202301 | 202302 | 202303 | 202304 | 合併

問題 1：將每個月的銷售明資料合併為單一工作表

✦ 合併前的檢查

要合併活頁簿的工作表前，需檢查每個要合併的工作表：資料表結構相同 (欄位標題與資料屬性)，才能正確的合併資料內容。

	A	B	C	D	E	F	G	H	I
1	下單日期	訂單編號	顧客編號	產品編號	產品名稱	產品類別	單價	數量	小計
2	2023/1/2	ID03521	AC1701114	F009	大化妝包-深藍	配件	2100	1	2100
3	2023/1/2	ID03522	AC1700336	F012	托特包-白	配件	1740	1	1740
4	2023/1/2	ID03523	AC1703343	F009	大化妝包-深藍	配件	2100	1	2100

✦ ChapGPT 操作 (問題1)

step 01 在 ChapGPT 對話框中輸入以下文字，並送出：

> **使用 VBA 程式碼，於 Excel 活頁簿新增 "合併" 工作表，將 "202301" 工作表由第一行至最後一行資料複製至 "合併" 工作表並維持原格式，除了 "合併" 與 "202301" 工作表，其他工作表由第二行開始至最後一行資料複製至 "合併" 工作表並維持原格式。**

step 02 得到此段 ChatGPT 回覆，是較常使用的解決方式：

以下是一個範例 VBA 程式碼，可以將你所描述的操作實現。請在 Excel 中打開 Visual Basic 編輯器，並將此代碼複製並貼到一個新的模塊中。然後運行 Sub 合併工作表。

VBA　　Copy code

```vba
Sub 合併工作表()

    '定義變數
    Dim wb As Workbook
    Dim wsMerge As Worksheet
    Dim ws As Worksheet
    Dim lastRow As Long
    Dim destRow As Long

    '設定合併工作表
    Set wb = ThisWorkbook
    Set wsMerge = wb.Sheets.Add(after:=wb.Sheets(wb.Sheets.Count))
    wsMerge.Name = "合併"

    '將 202301 工作表複製至合併工作表
    Set ws = wb.Sheets("202301")
    lastRow = ws.Cells(ws.Rows.Count, 1).End(xlUp).Row
    ws.Rows("1:" & lastRow).Copy Destination:=wsMerge.Range("A1")
    destRow = lastRow

    '循環複製其他工作表至合併工作表
    For Each ws In wb.Sheets
        If ws.Name <> "合併" And ws.Name <> "202301" Then
            lastRow = ws.Cells(ws.Rows.Count, 1).End(xlUp).Row
            ws.Rows("2:" & lastRow).Copy Destination:=wsMerge.Range("A" & de
```

```
            destRow = destRow + lastRow - 1
        End If
    Next ws

    '設定合併工作表格式
    wsMerge.Cells.VerticalAlignment = xlCenter
    wsMerge.Cells.HorizontalAlignment = xlCenter
    wsMerge.Columns.AutoFit

End Sub
```

請注意，此程式碼假設你的活頁簿中只有一個名為 "202301" 的工作表，並且你想要從所有其他工作表複製第二行至最後一行的資料。如果這些假設不符合你的實際情況，請在代碼中進行相應的修改。

ChatGPT 在每次生成程式碼時，不一定都會有註解，如果生成的程式碼沒有註解時，可參考 P4-6 操作方法。

step 03 選按程式碼方框右上角 **Copy code**，自動複製該段程式碼。

✦ 回到 Excel 完成 (問題1)

根據 ChatGPT 的回覆，回到 Excel 如下操作：

step 01 開啟範例原始檔 <404.xlsx>，於 **開發人員** 索引標籤選按 **Visual Basic** 或按 Alt + F11 鍵開啟 Microsoft Visual Basic for Applications 視窗。

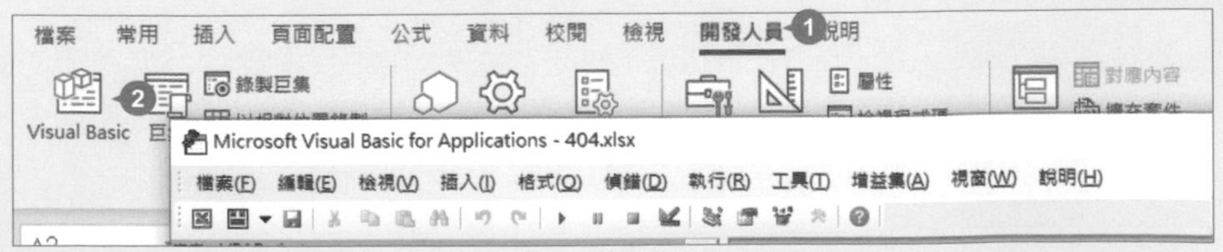

step 02 於 **工具列** 選按 清單鈕 \ **模組**，建立一個新的模組。

step 03 在模組中按一下滑鼠左鍵產生輸入線，按 Ctrl + V 鍵，貼上剛剛複製的程式碼。

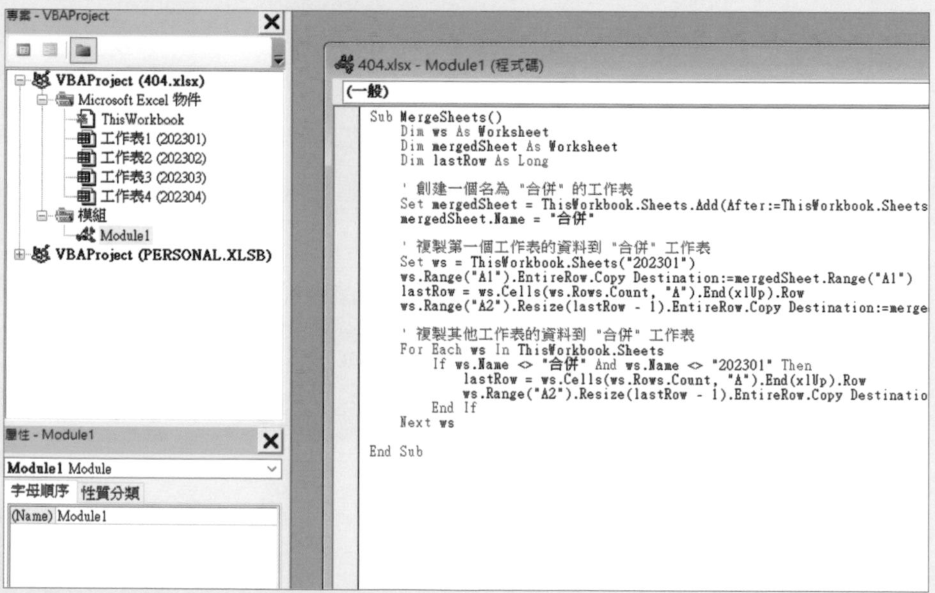

說明：

■ 在 " ' " 符號之後的所有文字、數字，均為註解文字 (呈綠色)，可以幫助你了解該行程式碼的意義，在程式執行時會略過。

■ 此程式碼會先建立一個名為 "合併" 的新工作表，將活頁簿中名為 "202301" 的工作表所有資料複製到 "合併" 工作表，其他工作表的資料從第二行開始複製。

step 04 於 **工具列** 選按 ▶ 執行，開始合併工作表。

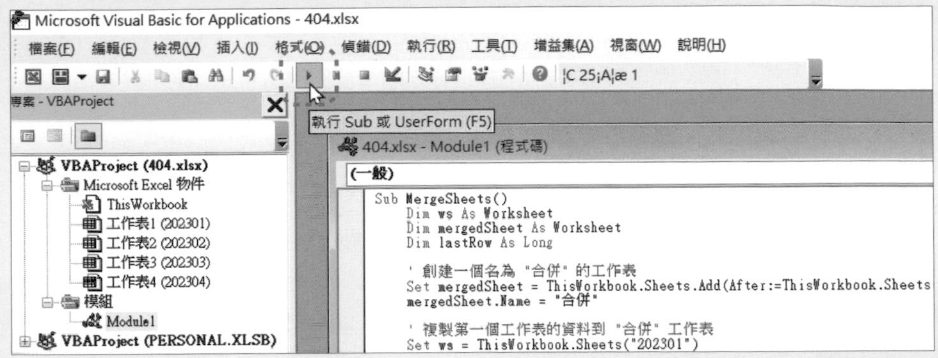

step 05 執行完成後，可以看到已產生一 "合併" 工作表，並將目前檔案中的工作表明細資料依序合併完成 (若欄位寬度不足，可手動調整一下)。

檢查無誤後，即可將合併後的檔案另存新檔。 (儲存為 *.xlsx Excel 活頁簿檔案時，會出現無法儲存 VBA 專案的訊息，選按 **是** 則繼續存為無 VBA 程式碼的 Excel 活頁簿檔案；若想要儲存為包含 VBA 程式碼的 Excel 活頁簿檔案，可看下頁說明。)

	A	B	C	D	E	F	G	H	I	J
1	下單日期	訂單編號	顧客編號	產品編號	產品名稱	產品類別	單價	數量	小計	利
2	2023/1/2	ID03521	AC1701114	F009	大化妝包-深藍	配件	2100	1	2100	52
3	2023/1/2	ID03522	AC1700336	F012	托特包-白	配件	1740	1	1740	43
4	2023/1/2	ID03523	AC1703343	F009	大化妝包-深藍	配件	2100	1	2100	52
5	2023/1/2	ID03524	AC1703935	F009	大化妝包-深藍	配件	2100	1	2100	52
6	2023/1/2	ID03525	AC1703728	F012	托特包-白	配件	1740	1	1740	43
144	2023/2/2	ID03666	AC1703808	F008	法蘭絨格紋襯衫-黑	女裝	1800	1	1800	29
145	2023/2/2	ID03670	AC1700854	F009	大化妝包-深藍	配件	2100	2	4200	104
146	2023/2/2	ID03671	AC1703337	F006	運動潮流直筒棉褲男童-黑	童裝	750	5	3750	66
147	2023/2/2	ID03672	AC1700069	F003	印圖大學T男裝-藍	男裝	750	1	750	14
317	2023/3/3	ID03844	AC1703748	F011	經典高領多彩T恤男裝-白	男裝	1200	1	1200	23
318	2023/3/4	ID03845	AC1703714	F011	經典高領多彩T恤男裝-白	男裝	1200	1	1200	23
319	2023/3/5	ID03846	AC1703373	F011	經典高領多彩T恤男裝-白	男裝	1200	1	1200	23
320	2023/3/6	ID03847	AC1701976	F011	經典高領多彩T恤男裝-白	男裝	1200	1	1200	23
694	2023/4/5	ID04263	AC1702387	F015	法蘭絨格紋襯衫-紅	女裝	1740	2	3480	57
695	2023/4/5	ID04264	AC1702867	F015	法蘭絨格紋襯衫-紅	女裝	1740	2	3480	57
696	2023/4/5	ID04265	AC1700335	F015	法蘭絨格紋襯衫-紅	女裝	1740	2	3480	57
697										

202301 | 202302 | 202303 | 202304 | 合併

✦ 將含有 VBA 程式碼的 Excel 儲存

Excel 活頁簿中有 VBA 程式碼時，無法儲存為一般的 *.xlsx 檔案格式，以下將示範該如何存成含有 VBA 程式碼的 Excel 活頁簿。

step 01 於 **檔案** 索引標籤選按 **另存新檔 \ 瀏覽**，對話方塊中指定存檔路徑，設定 **存檔類型**：**Excel 啟用巨集的活頁簿 (*.xlsm)**，輸入檔案名稱，選按 **儲存** 鈕，完成此含 VBA 程式碼的儲存。

step 02 之後開啟 *.xlsm 檔案類型時，會出現一行訊息告知已停用巨集，選按 **啟用內容** 鈕，即可開啟含有 VBA 程式碼的檔案。

檔案 常用 插入 頁面配置 公式 資料 校閱 檢視 開發人員 說明

安全性警告 已經停用巨集。 啟用內容

A695 2023/4/5

	A	B	C	D	E	F	G	H	I	J
1	下單日期	訂單編號	顧客編號	產品編號	產品名稱	產品類別	單價	數量	小計	利
2	2023/1/2	ID03521	AC1701114	F009	大化妝包-深藍	配件	2100	1	2100	52
3	2023/1/2	ID03522	AC1700336	F012	托特包-白	配件	1740	1	1740	43

5 將工作表偶數列套上指定色彩

Do it !

面對報表中大量資料，可以將需要強調的資料填入色彩，或以色彩區隔資料屬性讓內容清楚呈現。

✦ 範例說明

這份銷售明細表中，共有 202301~202304 四個商品銷售明細工作表，藉由 VBA 快速為這四個工作表 A ~ L 欄的偶數列，套用上指定色彩。

	A	B	C	D	E	F	G	H	I
1	下單日期	訂單編號	顧客編號	產品編號	產品名稱	產品類別	單價	數量	小計
2	2023/1/2	ID03521	AC1701114	F009	大化妝包-深藍	配件	2100	1	2100
3	2023/1/2	ID03522	AC1700336	F012	托特包-白	配件	1740	1	1740
4	2023/1/2	ID03523	AC1703343	F009	大化妝包-深藍	配件	2100	1	2100
5	2023/1/2	ID03524	AC1703935	F009	大化妝包-深藍	配件	2100	1	2100
6	2023/1/2	ID03525	AC1703728	F012	托特包-白	配件	1740	1	1740
7	2023/1/2	ID03526	AC1702613	F009	大化妝包-深藍	配件	2100	1	2100
8	2023/1/2	ID03527	AC1702721	F009	大化妝包-深藍	配件	2100	1	2100
9	2023/1/2	ID03528	AC1701074	F012	托特包-白	配件	1740	1	1740
10	2023/1/2	ID03529	AC1703636	F009	大化妝包-深藍	配件	2100	1	2100
11	2023/1/2	ID03530	AC1701083	F009	大化妝包-深藍	配件	2100	1	2100
12	2023/1/2	ID03531	AC1701113	F012	托特包-白	配件	1740	1	1740
13	2023/1/2	ID03532	AC1702135	F009	大化妝包-深藍	配件	2100	1	2100
14	2023/1/2	ID03533	AC1702476	F009	大化妝包-深藍	配件	2100	1	2100
15	2023/1/2	ID03534	AC1700349	F012	托特包-白	配件	1740	1	1740
16	2023/1/2	ID03535	AC1700814	F009	大化妝包-深藍	配件	2100	1	2100
17	[illegible]	[illegible]	[illegible]	[illegible]	[illegible]	[illegible]	[illegible]	[illegible]	[illegible]

問題 1：將偶數列的儲存格填滿指定的色彩

✦ ChapGPT 操作 (問題1)

step 01 在 ChapGPT 對話框中輸入以下文字，並送出：

> **使用 VBA 程式碼，將 Excel 檔案所有工作表，A 欄到 L 欄的偶數列有資料的儲存格，套上淺黃色填滿的色彩。**

step 02 得到此段 ChatGPT 回覆，是較常使用的解決方式：

以下是將 Excel 檔案所有工作表，A 欄到 L 欄的偶數列有資料的儲存格套上淺黃色填滿的 VBA 程式碼：

vbnet　　Copy code

```vbnet
Sub HighlightEvenRows()

    Dim ws As Worksheet
    Dim lastRow As Long
    Dim i As Long

    '逐一處理每一個工作表
    For Each ws In ThisWorkbook.Worksheets

        '取得最後一列的行數
        lastRow = ws.Cells(ws.Rows.Count, "A").End(xlUp).Row

        '逐一處理每一個偶數列
        For i = 2 To lastRow Step 2

            '將 A 到 L 欄位的儲存格套上淺黃色填滿的色彩
            ws.Range("A" & i & ":L" & i).Interior.Color = RGB(255, 255, 153)

        Next i

    Next ws

End Sub
```

ChatGPT 在每次生成程式碼時，不一定都會有註解，如果生成的程式碼沒有註解時，可參考 P4-6 操作方法。

step 03 選按程式碼方框右上角 **Copy code**，自動複製。

vbnet　　Copy code

```vbnet
Sub HighlightEvenRows()

    Dim ws As Worksheet
    Dim lastRow As Long
    Dim i As Long
```

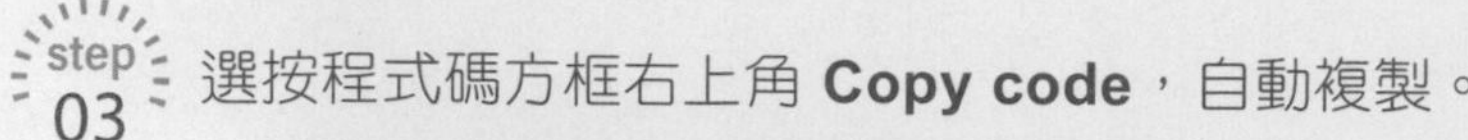

✦ 回到 Excel 完成 (問題1)

依 ChatGPT 的回覆，回到 Excel 如下操作：

step 01 開啟範例原始檔 <405.xlsx>，於 **開發人員** 索引標籤選按 **Visual Basic** 或按 Alt + F11 鍵開啟 Microsoft Visual Basic for Applications 視窗。

step 02 於 **工具列** 選按 清單鈕 \ **模組**，建立一個新的模組。

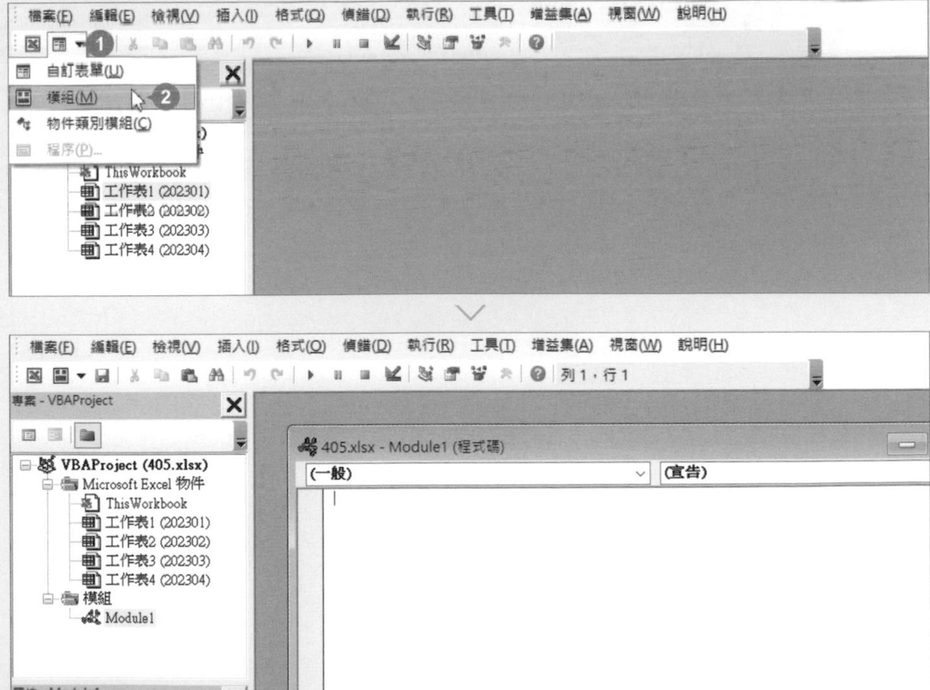

step 03 在模組中按一下滑鼠左鍵產生輸入線，按 Ctrl + V 鍵，貼上剛剛複製的程式碼。

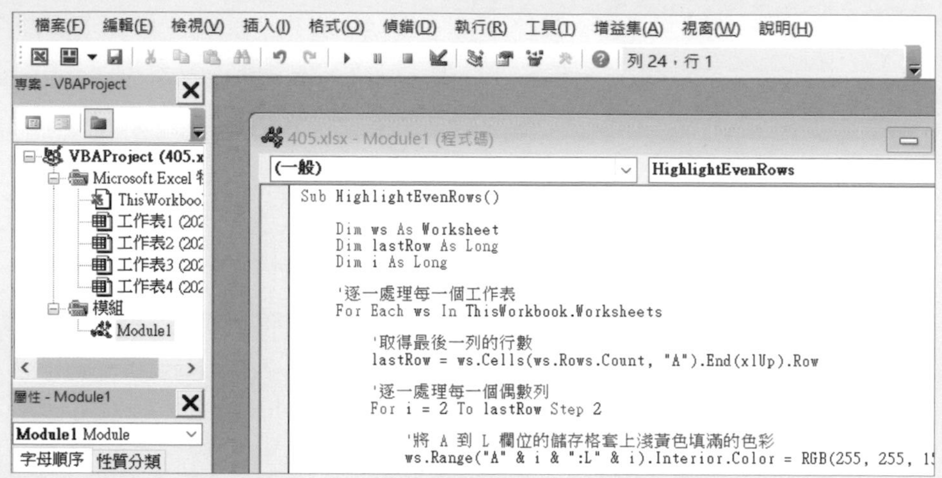

說明：

- 在 " ' " 符號之後的所有文字、數字，均為註解文字 (呈綠色)，可以幫助你了解該行程式碼的意義，在程式執行時會略過。
- 此程式碼利用迴圈先找出所有工作表，再找出每個工作表的偶數列，於指定的欄位中將偶數列套上淺黃色。(此程式碼中 RGB(255,255,153) 即為指定色彩，若要變更色彩只要修改 RGB 數值。)

step 04 於 **工具列** 選按 ▶ 執行，開始執行將偶數列填入色彩的操作。

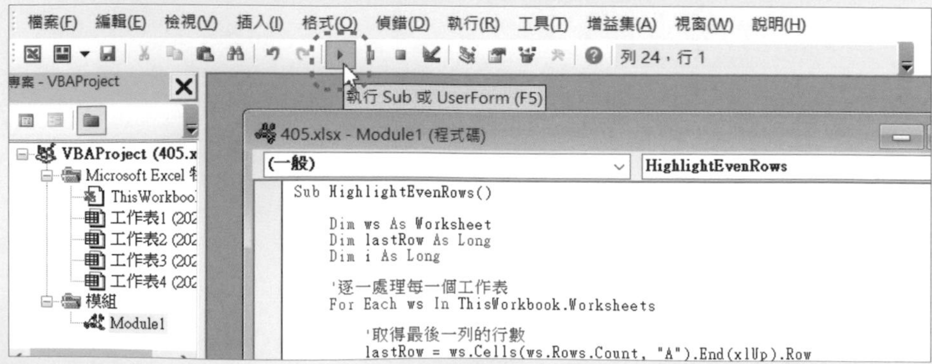

執行完成後，可以看到所有工作表已經完成偶數列填滿色彩的操作，檢查無誤後，即可將檔案另存新檔。(儲存為 *.xlsx Excel 活頁簿檔案時，會出現無法儲存 VBA 專案的訊息，選按 **是** 則繼續存為無 VBA 程式碼的 Excel 活頁簿檔案；若想要儲存為包含 VBA 程式碼的 Excel 活頁簿檔案，可看下方說明。)

	A	B	C	D	E	F	G	H	I
1	下單日期	訂單編號	顧客編號	產品編號	產品名稱	產品類別	單價	數量	小計
2	2023/1/2	ID03521	AC1701114	F009	大化妝包-深藍	配件	2100	1	2100
3	2023/1/2	ID03522	AC1700336	F012	托特包-白	配件	1740	1	1740
4	2023/1/2	ID03523	AC1703343	F009	大化妝包-深藍	配件	2100	1	2100
5	2023/1/2	ID03524	AC1703935	F009	大化妝包-深藍	配件	2100	1	2100

✦ 將含有 VBA 程式碼的 Excel 儲存

於 **檔案** 索引標籤選按 **另存新檔 \ 瀏覽**，對話方塊中指定存檔路徑，設定 **存檔類型**：**Excel 啟用巨集的活頁簿 (*.xlsm)**，輸入檔案名稱，選按 **儲存** 鈕，完成此含 VBA 程式碼的儲存。

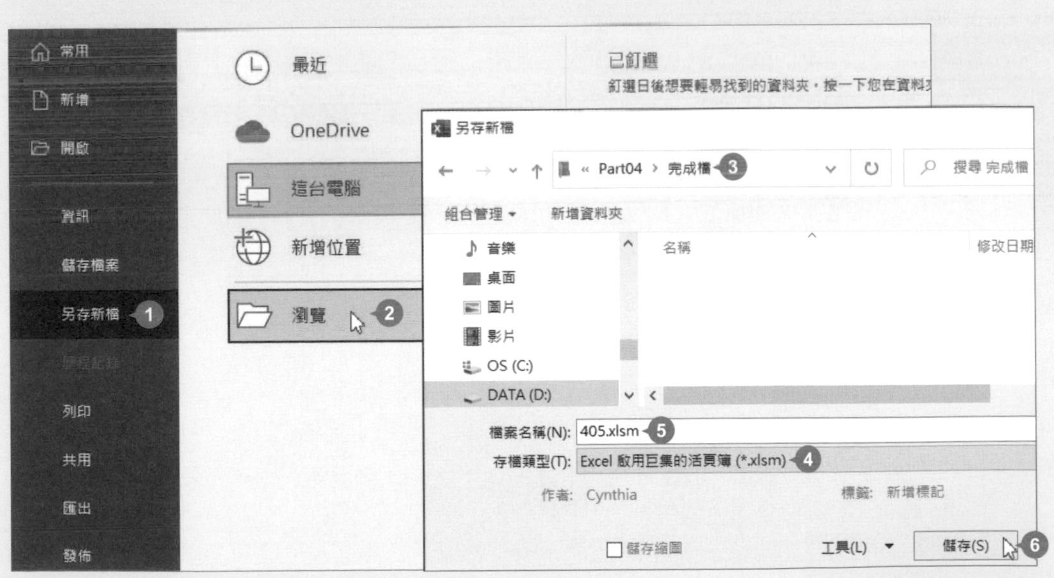

之後開啟 *.xlsm 檔案類型時，會出現一行訊息告知已停用巨集，選按 **啟用內容** 鈕，即可開啟含有 VBA 程式碼的檔案。

6 設計轉換為 CSV、PDF 檔案的按鈕 Do it !

Excel 檔案轉換成 CSV 或 PDF 格式，方便分享及瀏覽資料，使檔案更容易被不同軟體與平台讀取。

✦ 範例說明

於銷售明細報告右側設計二個互動式按鈕，分別可將目前的報表轉存為 CSV 與 PDF 檔案格式。

CSV 是純文字檔案格式，其優點是可攜性高，且可被大部分軟體程式解析，適合用於資料庫、統計、表格...等資料儲存、輸出和導入。PDF 檔案格式則具有跨平台、不可編輯性、能完整保留文件格式與樣式的優點，適合用於文件、合約、報告...等資料類型。

E	F	G	H	I	J	K	L	M	N
品名稱	產品類別	單價	數量	小計	利潤	成本	明年度預期目標值		
藍	配件	2100	1	2100	521	109	2226		
	配件	1740	1	1740	432	90	1844	匯出 CSV	
藍	配件	2100	1	2100	521	109	2226		
藍	配件	2100	1	2100	521	109	2226		
	配件	1740	1	1740	432	90	1844	匯出 PDF	
藍	配件	2100	1	2100	521	109	2226		
藍	配件	2100	1	2100	521	109	2226		

問題1：利用 VBA 將 Excel 檔案轉換為 CSV
問題2：利用 VBA 將 Excel 檔案轉換為 PDF

✦ ChapGPT 操作 (問題1)

step 01 在 ChapGPT 對話框中輸入以下文字，並送出：

在 Excel 工作表中建立按鈕，按下按鈕，可使用 VBA 程式碼將資料以 CSV 檔案格式儲存在電腦裡。

step 02 得到此段 ChatGPT 回覆，是較常使用的解決方式：

以下是將資料匯出為 CSV 檔案的 VBA 程式碼，並建立一個按鈕來觸發這個程式碼：

1. 在 Excel 工作表上建立一個按鈕，並為它命名為「匯出 CSV」。
2. 右鍵點擊按鈕，選擇「指派巨集」，並在彈出的視窗中選擇「新增」。
3. 輸入以下 VBA 程式碼，並按下「確定」按鈕：

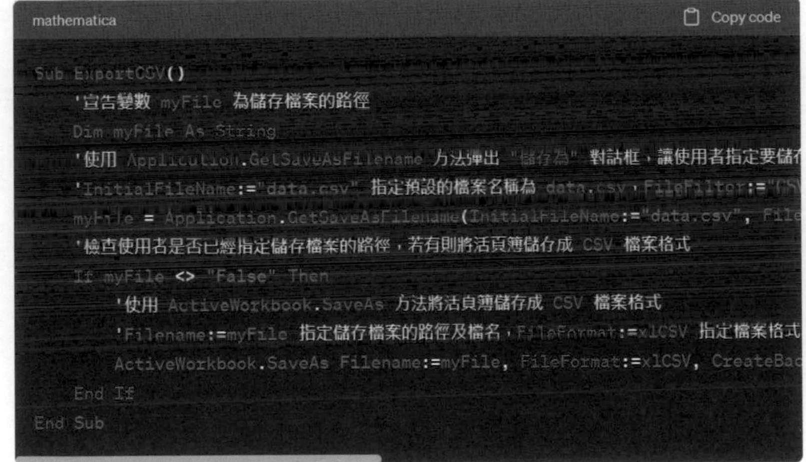

這個程式碼會彈出「儲存為」對話框，讓使用者指定要儲存的檔案名稱及路徑，並將活頁簿儲存成 CSV 檔案格式。

完成以上步驟後，按下按鈕即可觸發這個程式碼，將資料以 CSV 檔案格式儲存在電腦裡。

除了得到 VBA 程式碼外，ChatGPT 也提供了按鈕製作與指定巨集操作。另外，如果生成的程式碼沒有註解時，可參考 P4-6 操作方法。

step 03 選按程式碼方框右上角 **Copy code**，自動複製該段程式碼。

```
Sub ExportCSV()
    '宣告變數 myFile 為儲存檔案的路徑
    Dim myFile As String
    '使用 Application.GetSaveAsFilename 方法彈出 "儲存為" 對話框，讓使用者指定要儲存的檔
```

✦ 回到 Excel 完成 (問題1)

依 ChatGPT 的回覆，回到 Excel 如下操作：

step 01 於工作表中先建立一個按鈕，開啟範例原始檔 <406.xlsx>，於 **插入** 索引標籤選按 **圖案 \ 矩形：圓角**。

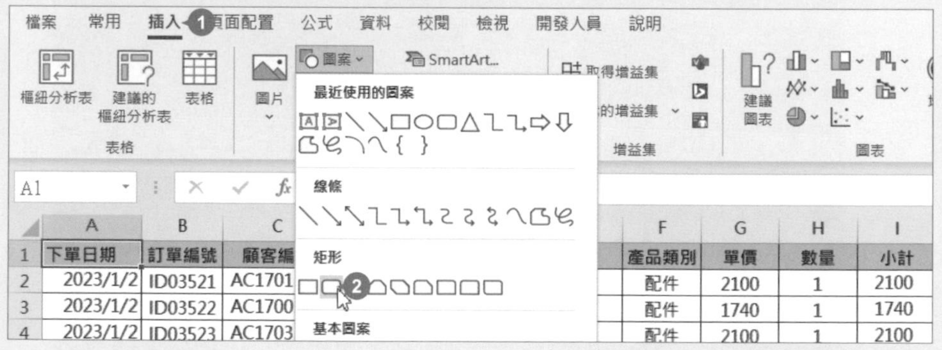

step 02 將滑鼠指標由 Ⓐ 拖曳至 Ⓑ 繪製一個圓角矩形，在圖案上按連按二下滑鼠左鍵產生輸入線，輸入「匯出 CSV」。

step 03 在選取圖案的狀態下，於 **常用** 索引標籤設定合適的 **字型**、**字型大小**、**對齊方式**。

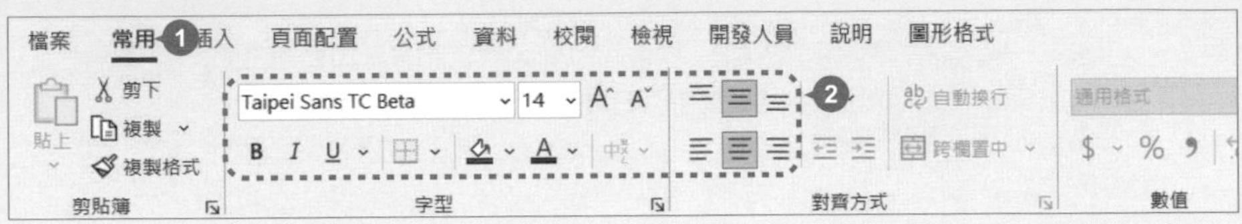

step 04 將滑鼠指標移至圖案縮放控點上呈 ⤡ 狀，參考下圖，拖曳調整圖案。

F	G	H	I	J	K	L	M	N	O
產品類別	單價	數量	小計	利潤	成本	明年度預期目標值			
配件	2100	1	2100	521	109	2226			
配件	1740	1	1740	432	90	1844			
配件	2100	1	2100	521	109	2226			

匯出 CSV

step 05 在圖案選取的狀態下，於 **圖形格式** 索引標籤選按 **選取範圍** 窗格開啟側邊欄，名稱上連按二下滑鼠左鍵為圖案重新命名，完成按 Enter 鍵，再選按 ☒ 關閉側邊欄。

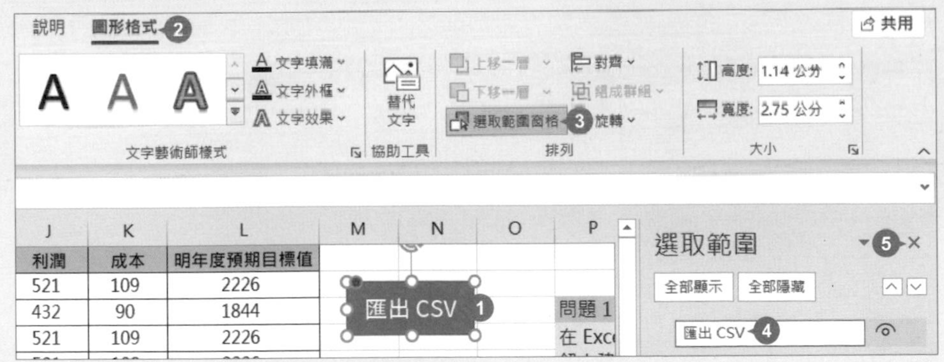

step 06 於圖案上按一下滑鼠右鍵，選按 **指定巨集** 開啟對話方塊。

2100	1	2100	521	109	2226
1740	1	1740	432	90	1844
2100	1	2100	521	109	2226
2100	1	2100	521	109	2226
1740	1	1740	432	90	1844
2100	1	2100	521	109	2226

匯出 CSV 1

重新組字(V)

連結(I)

智慧查閱(L)

指定巨集(N)... 2

step 07 對話方塊中，修改 **巨集名稱**：「匯出CSV_Click」，選按 **新增** 鈕，開啟 Microsoft Visual Basic for Applications 視窗。

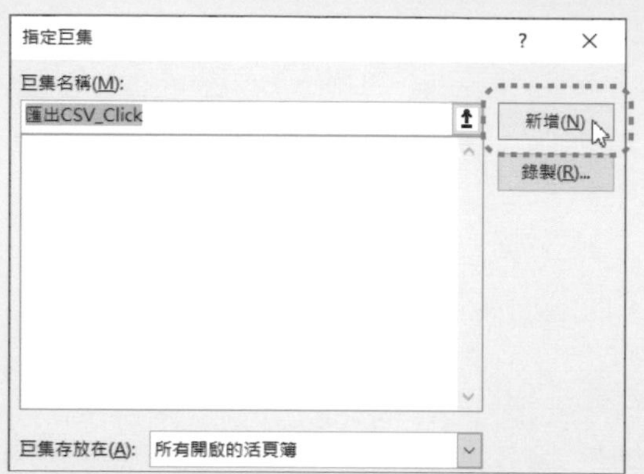

step 08 在模組中按一下滑鼠左鍵產生輸入線，按 Ctrl + V 鍵，貼上剛剛複製的程式碼，完成後再刪除 Sub ExprotCSV ( ) 及 End Sub 這二段重複的程式碼。

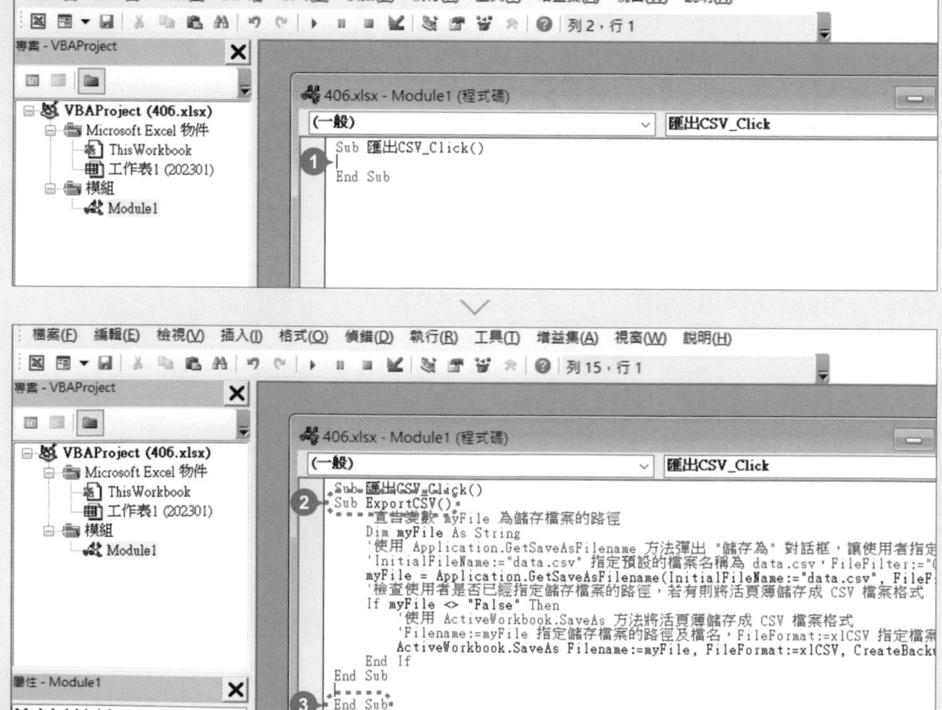

說明：

- 在 " ' " 符號之後的所有文字、數字，均為註解文字 (呈綠色)，可以幫助你了解該行程式碼的意義，在程式執行時會略過。
- 此程式碼允許用戶選擇儲存 CSV 檔案的位置和檔名，並將工作表儲存為 CSV 檔案。

step 09 回到 Excel 視窗，於任意空白處按一下滑鼠左鍵取消圖案選取，再將滑鼠指標移至圖案上方呈 ☝ 狀，再按一下滑鼠左鍵開啟 **Save As** 的對話方塊，會看到已預設好 **存檔類型** 為 CSV 檔案格式；設定儲存路徑及檔案名稱後，選按 **儲存** 鈕即可將 Excel 轉換為 CSV 檔案。

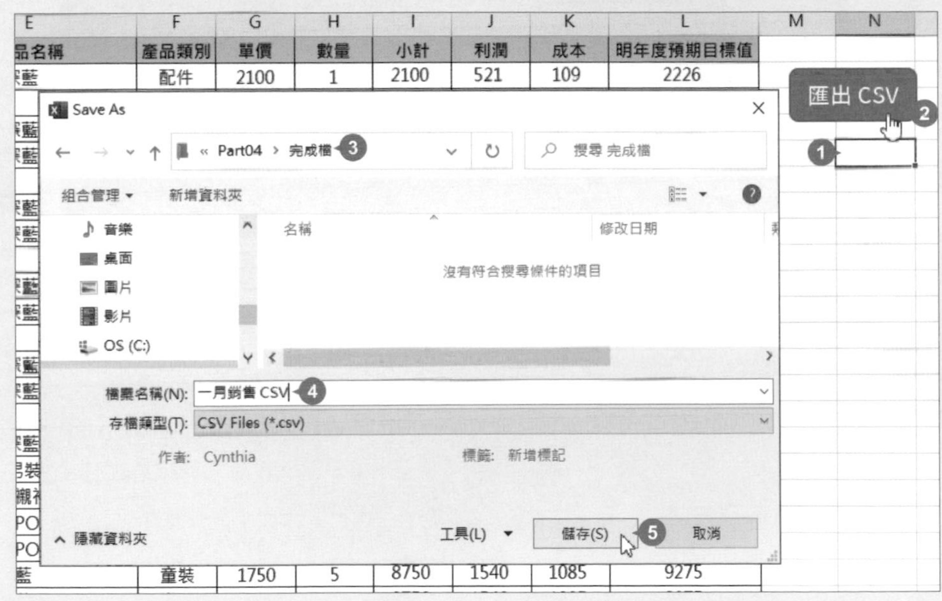

✦ ChapGPT 操作 (問題2)

step 01 在 ChapGPT 對話框中輸入以下文字，並送出：

> 將上述的 VBA 程式碼改成將資料以 PDF 檔案格式儲存在電腦裡。

step 02 得到此段 ChatGPT 回覆，是較常使用的解決方式：

以下是將資料匯出為 PDF 檔案的 VBA 程式碼：

1. 在 Excel 工作表上建立一個按鈕，並為它命名為「匯出 PDF」。
2. 右鍵點擊按鈕，選擇「指派巨集」，並在彈出的視窗中選擇「新增」。
3. 輸入以下 VBA 程式碼，並按下「確定」按鈕：

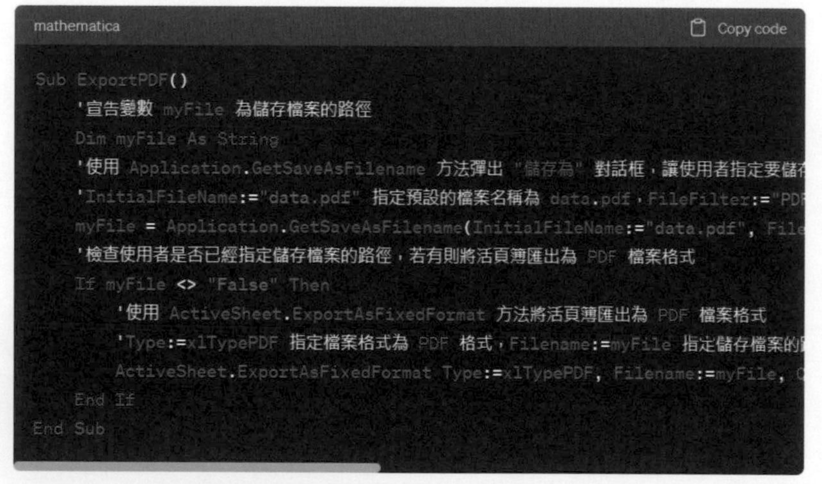

這個程式碼會彈出「儲存為」對話框，讓使用者指定要儲存的檔案名稱及路徑，並將活頁簿匯出為 PDF 檔案格式。

完成以上步驟後，按下按鈕即可觸發這個程式碼，將資料以 PDF 檔案格式儲存在電腦裡。

step 03 選按程式碼方框右上角 **Copy code**，自動複製該段程式碼。

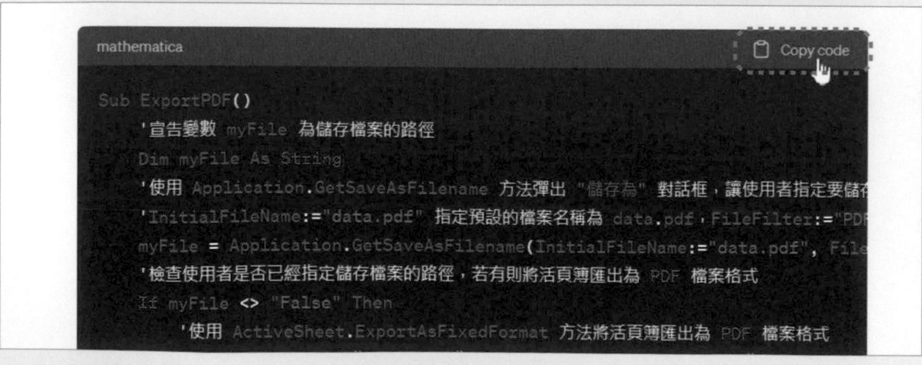

✦ 回到 Excel 完成 (問題2)

依 ChatGPT 的回覆，回到 Excel 如下操作：

step 01 按 Ctrl 鍵不放，將滑鼠指標移至圖案上呈 ↖ 狀，往下拖曳複製出相同的圖案。

	配件	2100	1	2100	521	109	2226	匯出 CSV 1
	配件	1740	1	1740	432	90	1844	
	配件	2100	1	2100	521	109	2226	
	配件	2100	1	2100	521	109	2226	

	配件	2100	1	2100	521	109	2226	匯出 CSV
	配件	1740	1	1740	432	90	1844	
	配件	2100	1	2100	521	109	2226	
	配件	2100	1	2100	521	109	2226	匯出 CSV 2
	配件	1740	1	1740	432	90	1844	
	配件	2100	1	2100	521	109	2226	

step 02 再於目前被選取的圖案上按一下滑鼠左鍵，即可產生輸入線，修改為「匯出PDF」。

	配件	2100	1	2100	521	109	2226	匯出 CSV
	配件	1740	1	1740	432	90	1844	
	配件	2100	1	2100	521	109	2226	
	配件	2100	1	2100	521	109	2226	匯出 PDF
	配件	1740	1	1740	432	90	1844	
	配件	2100	1	2100	521	109	2226	

step 03 在圖案選取的狀態下，於 **選取範圍** 窗格，名稱上連按二下滑鼠左鍵為圖案重新命名，完成按 Enter 鍵，再選按 ✕ 關閉側邊欄。

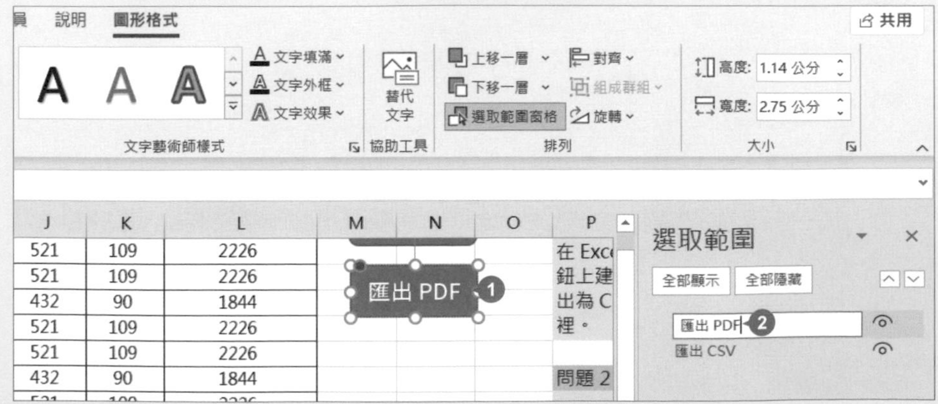

step 04 於圖案上按一下滑鼠右鍵，選按 **指定巨集** 開啟對話方塊。

件	2100	1	2100	521	109	2226
件	1740	1	1740	432	90	1844
件	2100	1	2100	521	109	2226
件	2100	1	2100	521	109	2226
件	1740	1	1740	432	90	1844
件	2100	1	2100	521	109	2226
件	2100	1	2100	521	109	2226
件	1740	1	1740	432	90	1844
件	2100	1	2100	521	109	2226
件	2100	1	2100	521	109	2226

匯出 PD 1
A 字型(F)...
段落(P)...
項目符號(B)
重新組字(V)
另存成圖片(S)...
智慧查閱(L)
指定巨集(N)... 2

step 05 對話方塊中，修改 **巨集名稱**：「匯出PDF_Click」，再選按 **新增** 鈕，開啟 Microsoft Visual Basic for Applications 視窗。

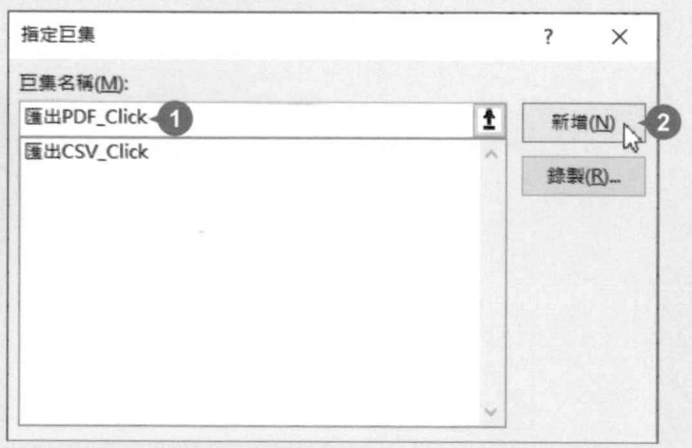

step 06 在模組中按一下滑鼠左鍵產生輸入線，按 Ctrl + V 鍵，貼上剛剛複製的程式碼，完成後再刪除 Sub ExprotCSV ( ) 及 End Sub 這二段重複的程式碼。

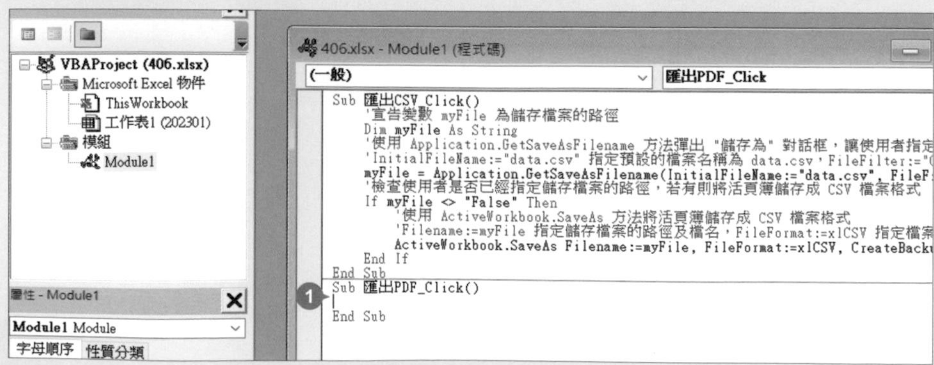

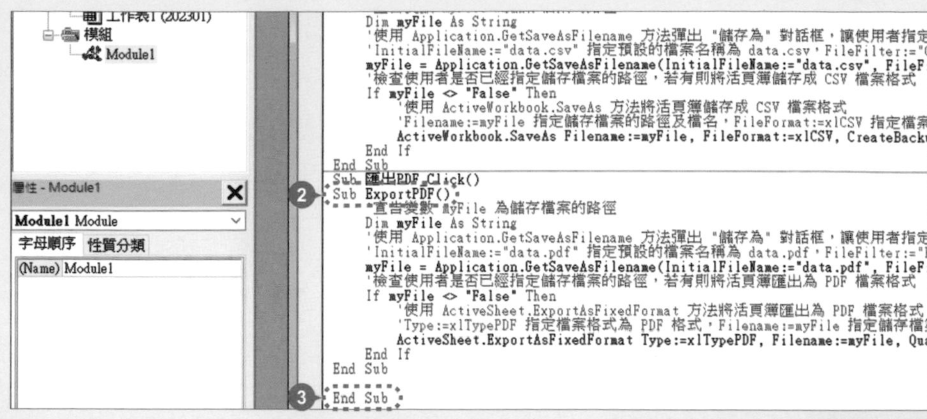

說明：

- 在 " ' " 符號之後的所有文字、數字，均為註解文字 (呈綠色)，可以幫助你了解該行程式碼的意義，在程式執行時會略過。
- 此程式碼允許用戶選擇儲存 PDF 檔案的位置和檔名，並將工作表儲存為 PDF 檔案。

step 07 回到 Excel 視窗，於任意空白處按一下滑鼠左鍵取消圖案選取，再將滑鼠指標移至圖案上方呈 👆 狀，再按一下滑鼠左鍵開啟 **Save As** 的對話方塊，會看到已預設好 **存檔類型** 為 PDF 檔案格式；設定好儲存路徑及檔案名稱後，選按 **儲存** 鈕將 Excel 轉換為 PDF 檔案。

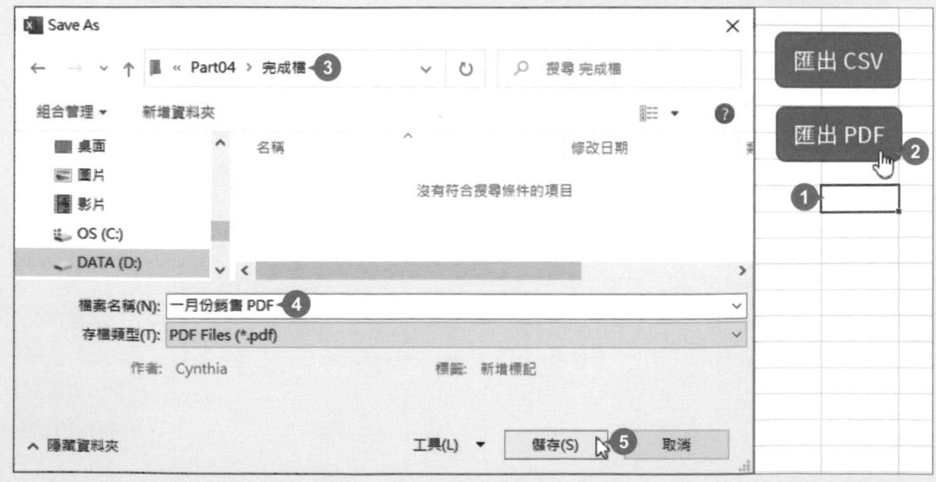

✦ 將含有 VBA 程式碼的 Excel 儲存

step 01 於 **檔案** 索引標籤選按 **另存新檔 \ 瀏覽**，對話方塊中指定存檔路徑，設定 **存檔類型**：**Excel 啟用巨集的活頁簿 (*.xlsm)**，輸入檔案名稱，選按 **儲存** 鈕，完成此含 VBA 程式碼的儲存。

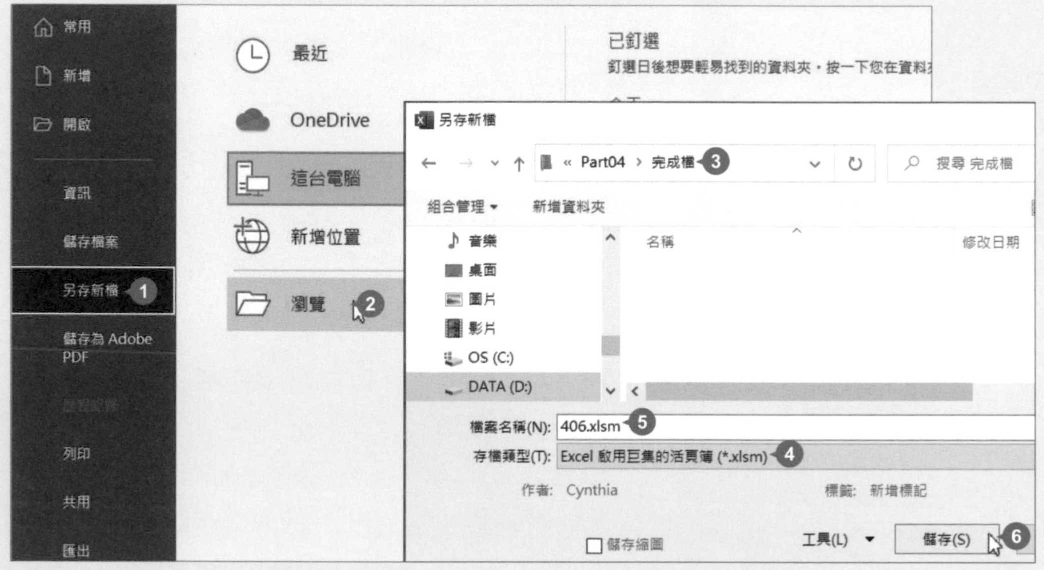

step 02 之後開啟 *.xlsm 檔案類型時，會出現一行訊息告知已停用巨集，選按 **啟用內容** 鈕，即可開啟含有 VBA 程式碼的檔案。

檢視　開發人員　說明

自動換行　跨欄置中　對齊方式　通用格式　數值　條件式格式設定　格式化為表格　儲存格樣式　樣式　插入　刪除　格式　儲存格

安全性警告 已經停用巨集。 啟用內容

E	F	G	H	I	J	K	L	M	N
產品名稱	產品類別	單價	數量	小計	利潤	成本	明年度預期目標值		
-深藍	配件	2100	1	2100	521	109	2226	匯出 CSV	
)	配件	1740	1	1740	432	90	1844		
-深藍	配件	2100	1	2100	521	109	2226		
-深藍	配件	2100	1	2100	521	109	2226	匯出 PDF	
)	配件	1740	1	1740	432	90	1844		
-深藍	配件	2100	1	2100	521	109	2226		
-深藍	配件	2100	1	2100	521	109	2226		

除錯技巧與錯誤處理

程式除錯是很重要的一環，只要一個地方出錯，整段程式便會卡住無法執行，此時可以利用 ChatGPT 一步步完成除錯。

✦ 針對已有 VBA 程式碼的檔案偵錯修訂

當接收到的檔案有程式碼發生錯誤無法執行時，可參考以下做法：

step 01 開啟範例原始檔 <407.xlsm>，於 **開發人員** 索引標籤選按 **Visual Basic** 或按 Alt + F11 鍵開啟 Microsoft Visual Basic for Applications 視窗。

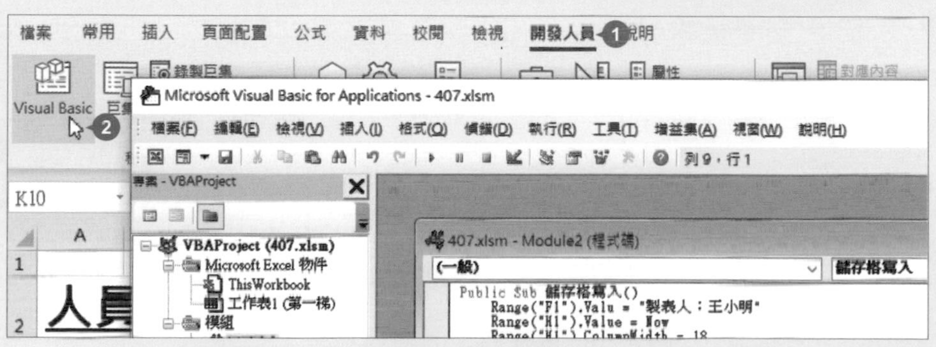

step 02 於 **工具列** 選按 ▶ 執行，彈出一對話方塊顯示 "物件不支援此屬性或方法"，這時選按 **偵錯** 鈕。

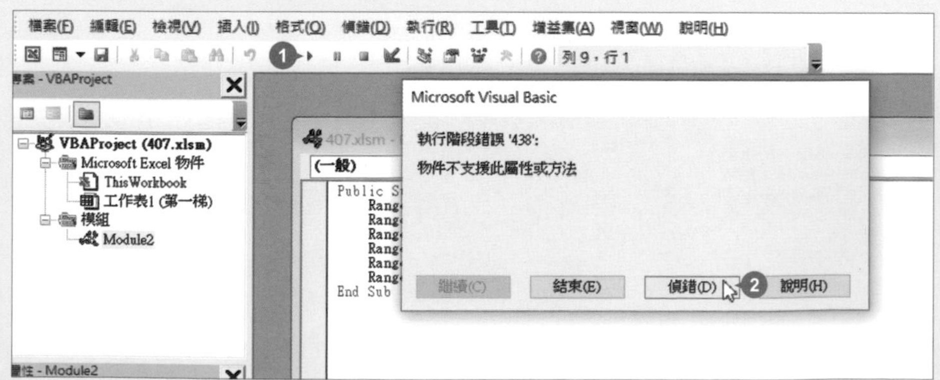

step 03 在程式碼中可看到錯誤的程式碼會以黃色色塊標示。

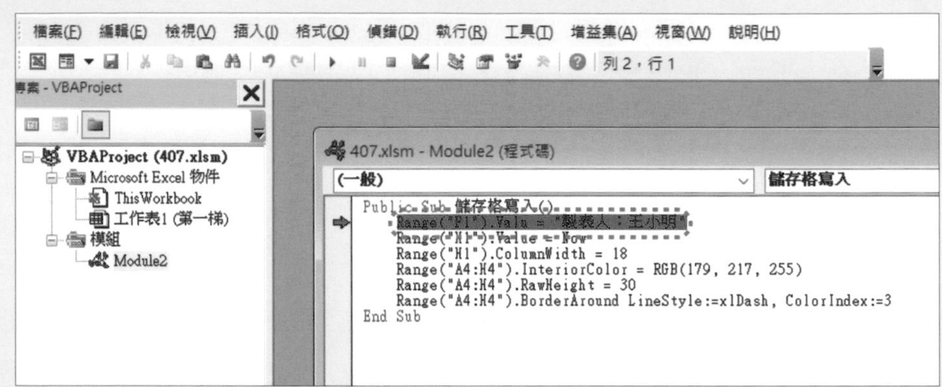

step 04 於 **工具列** 選按 ■ 先停止程式碼的執行，接著選取所有程式碼，按 Ctrl + C 鍵複製。

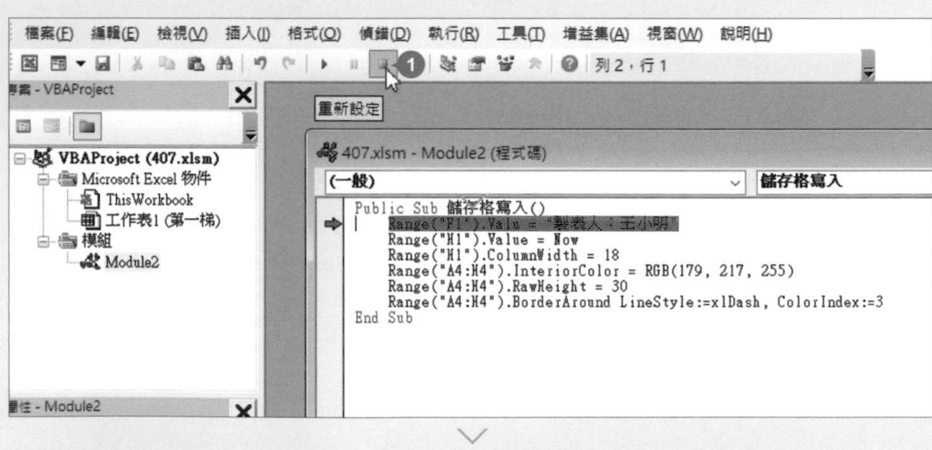

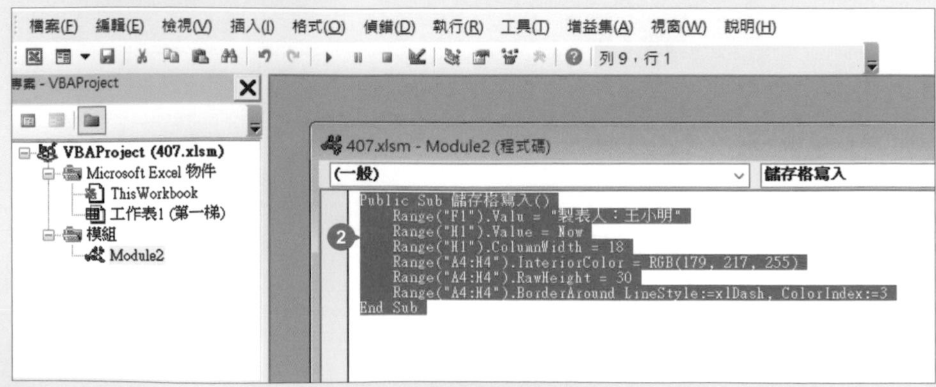

在 ChapGPT 對話框中輸入以下文字，按 Shift + Enter 鍵換行，再按 Ctrl + V 鍵，將剛剛複製的程式碼貼上並送出：

請檢查以下 VBA 程式碼 是否有錯誤並詳細說明錯誤的位址，再請重新整理。

請檢查以下 VBA 程式碼 是否有錯誤並詳細說明錯誤的位址，再請重新整理。

```
Public Sub 儲存格寫入()
    Range("F1").Valu = "製表人：王小明"
    Range("H1").Value = Now
    Range("H1").ColumnWidth = 18
    Range("A4:H4").InteriorColor = RGB(179, 217, 255)
    Range("A4:H4").RawHeight = 30
    Range("A4:H4").BorderAround LineStyle:=xlDash,
ColorIndex:=3
End Sub
```

得到此段 ChatGPT 回覆：

以下是經過檢查後的 VBA 程式碼，我已經修正了其中的拼字錯誤和一些語法問題：

```
mathematica                                    Copy code

Public Sub 儲存格寫入()
    Range("F1").Value = "製表人：王小明"
    Range("H1").Value = Now
    Range("H1").ColumnWidth = 18
    Range("A4:H4").Interior.Color = RGB(179, 217, 255)
    Range("A4:H4").RowHeight = 30
    Range("A4:H4").BorderAround LineStyle:=xlDash, ColorIndex:=3
End Sub
```

step 07 選按程式碼方框右上角 **Copy code**，自動複製。

step 08 回到 Visual Basic 編輯器，將原本的程式碼刪除後，按 Ctrl + V 鍵，貼上剛剛複製的程式碼。

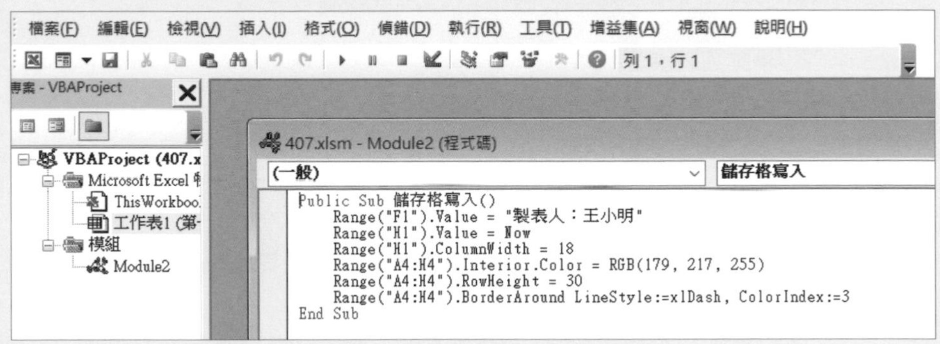

step 09 於 **工具列** 選按 ▶ 執行，確認執行結果無誤後，即完成程式碼偵錯的操作。

✦ 針對 ChatGPT 回覆的程式碼偵錯修訂

ChatGPT 提供的程式碼有時會因為提問的方式不夠具體，或是電腦環境與設定不盡相同，可能在執行後發生錯誤，可參考以下做法偵錯：

step 01 從 ChatGPT 取得回覆，並於 Visual Basic 編輯器執行發生錯誤，可以檢查對話方塊中是否有說明錯誤的內容，選按 **偵錯** 鈕可查看錯誤程式碼的位址，接著於 **工具列** 選按 ■ 先停止程式碼執行。

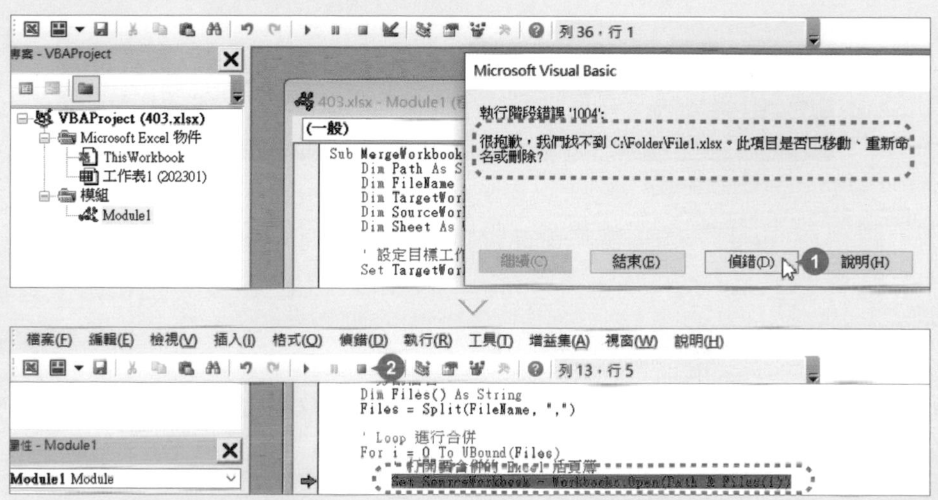

step 02 複製有問題的程式碼，回到 ChapGPT 並在對話框中貼入，再輸入執行錯誤的說明，請 ChatGPT 重新修改程式碼，重新得到回覆。

step 03 透過回覆的結果與錯誤提示，了解因為此程式碼的設計是以指定檔名來合併，與原本要的結果不相符，此時要求 ChatGPT 修訂為不指定檔案名稱的作法，如果有取得新的程式碼，選按程式碼方框右上角 **Copy code** 複製。

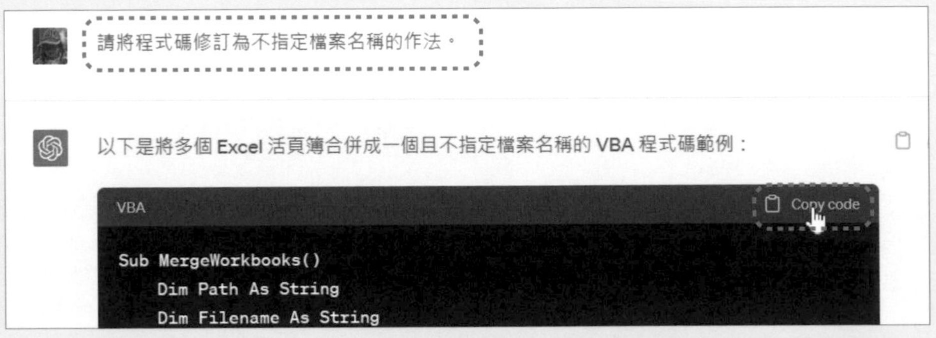

step 04 回到 Visual Basic 編輯器，將原本的程式碼刪除後貼上，再重新於 **工具列** 選按 ▶ 執行，如果沒有再出現錯誤，執行結果也是正確，到這裡就算完成程式碼偵錯操作。

有時候在程式偵錯碼時，可能不會像上述範例一樣，只重新提問二次就取得執行結果正確的程式碼。若執行過程中再度發生錯誤，則需重複上述操作，直到問題得以解決。

PART

05

在 Excel 就能問 ChatGPT

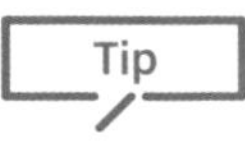

1 安裝連接 OpenAI 增益集

前面幾個單元分享了如何使用 Excel 搭配 ChatGPT，現在進一步體驗直接在 Excel 中使用 ChatGPT 對話。

✦ 安裝增益集 BrainiacHelper

OpenAI 是一家人工智慧研究實驗室，而 ChatGPT 是 OpenAI 公司所開發的一種基於 GPT (Generative Pre-trained Transformer) 模型的自然語言處理技術。為了能在 Excel 中使用 GPT 技術，需要安裝 **BrainiacHelper** 擴充元件。這個擴充元件可以讓 Excel 與 GPT 技術進行連接，並且提供了一個方便易用的介面，讓使用者可以直接在 Excel 中詢問操作、函數應用，或是如何計算...等問題，提升工作效率與便利性。

step 01 於 **插入** 索引標籤選按 **取得增益集**。

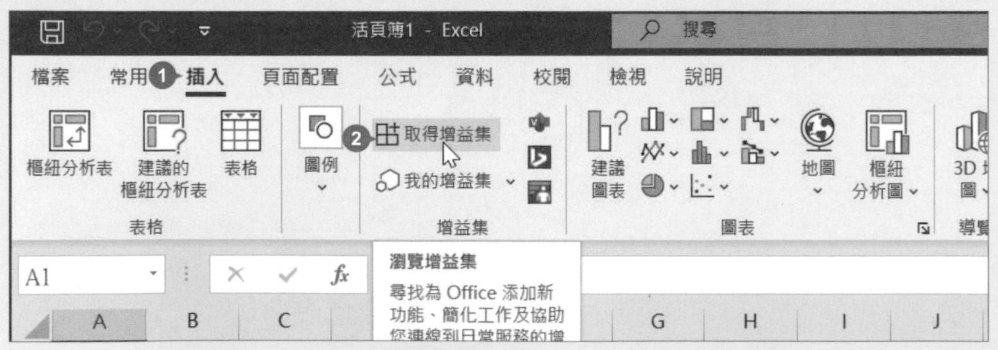

step 02 搜尋欄位輸入「brainiac」選按 🔍，於搜尋結果 **BrainiacHelper** 右側選按 **新增** 鈕，再於 **授權條款與隱私權原則** 訊息選按 **繼續** 鈕。(不過因為 Excel 版本不同的關係，有些版本不見得能夠使用，目前示範的為 Excel 2021。)

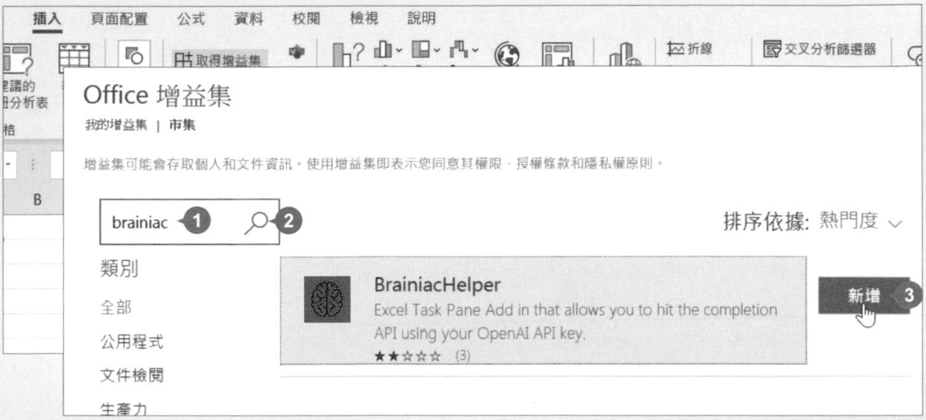

Office 增益集

我的增益集 | 市集

增益集可能會存取個人和文件資訊。使用增益集即表示您同意其權限、授權條款和隱私權原則。

brainiac 1 2

排序依據: 熱門度

類別

全部

公用程式

文件檢閱

生產力

BrainiacHelper

Excel Task Pane Add in that allows you to hit the completion API using your OpenAI API key.

★★☆☆☆ (3)

新增 3

請稍候...

BrainiacHelper

授權條款與隱私權原則

一旦按一下 [繼續]，即表示您同意提供者的授權條款與隱私權原則，並了解此產品的使用權利並非由 Microsoft 提供，除非 Microsoft 是提供者。

取消 繼續 4

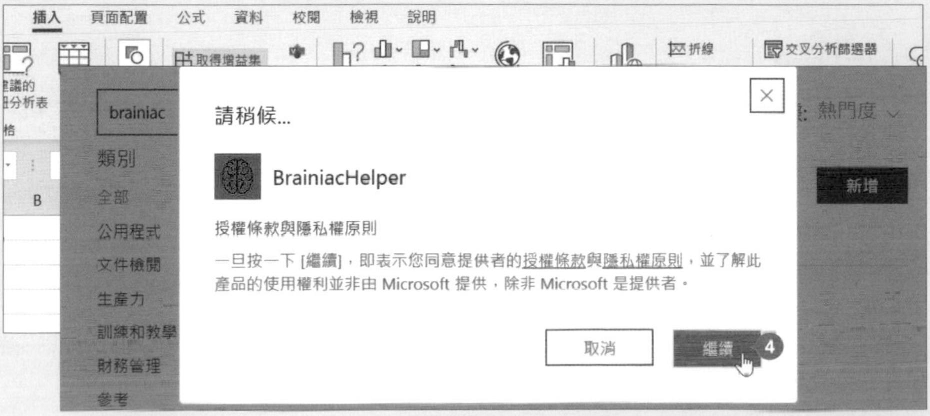

step 03 安裝完成後，於 **常用** 索引標籤選按 **Show Credential Entry**，就可以開啟 **Brainiac** 窗格。

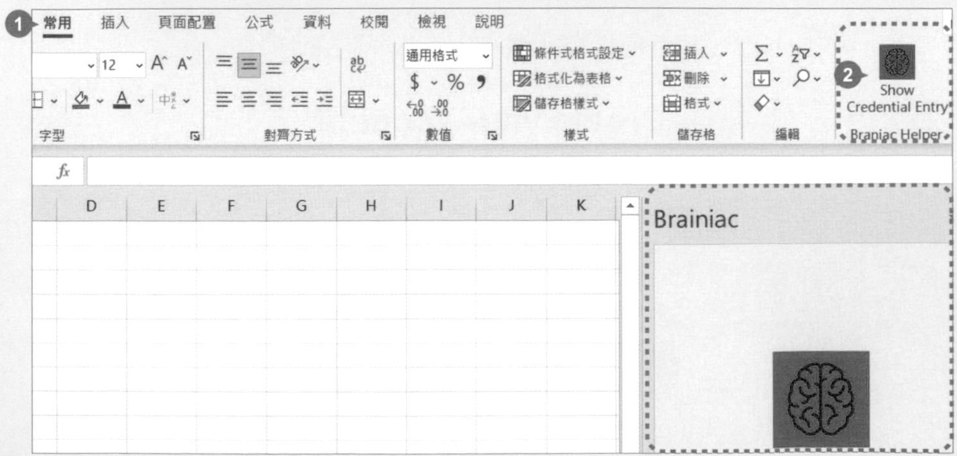

✦ 取得 OpenAI API 金鑰 (API Key)

BrainiacHelper 需透過 API Key 與 GPT 技術連接，所以要先進入 OpenAI 個人畫面找到 API Key。

step 01 開啟瀏覽器，於網址列輸入「https://openai.com/product」，按 Enter 鍵進入 OpenAI API 官網，頁面中選按 **Get started** 鈕。

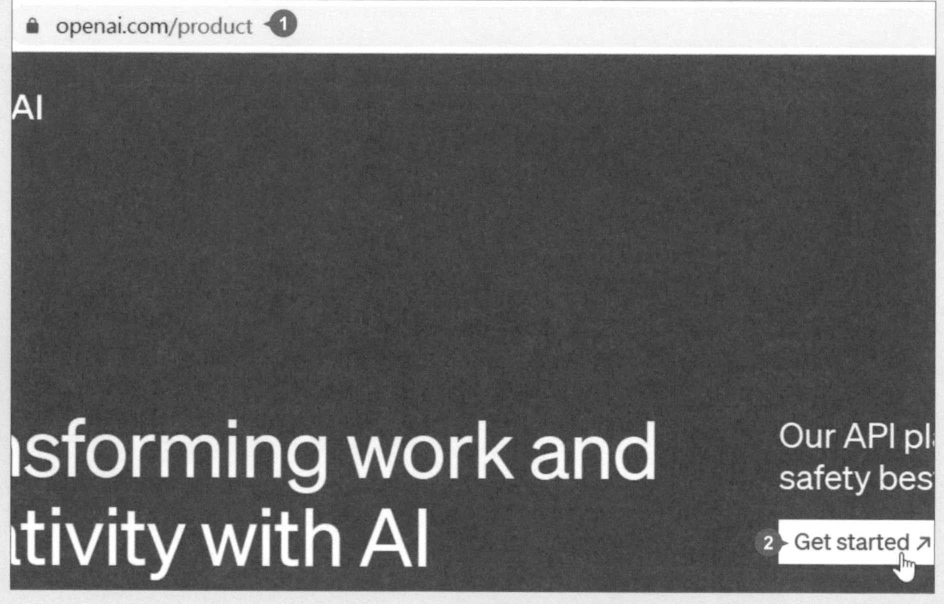

step 02 如果已有帳號，選按 **Log in**。(如果還未註冊，可參考 Part 01 完成註冊。)

Create your account

Please note that phone verification is required for signup. Your number will only be used to verify your identity for security purposes.

Email address

Continue

Already have an account? Log in

step 03 輸入帳號後，選按 **Continue** 鈕，再輸入密碼，最後選按 **Continue** 鈕完成登入。(若已有綁定 Google、Microsoft 帳號，可直接選按 **Continue with Google** 或 **Continue with Microsoft Account** 登入。)

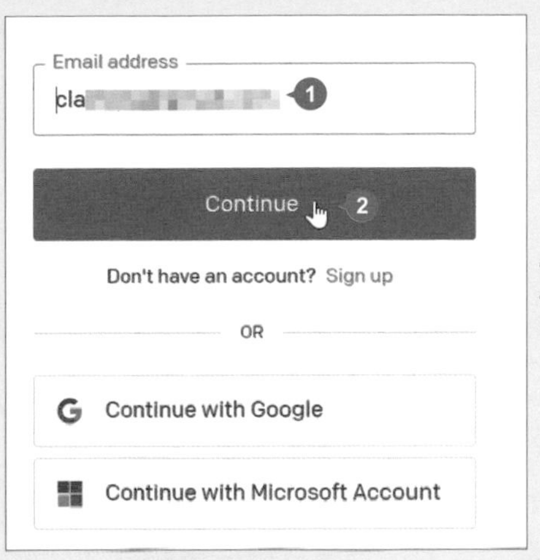

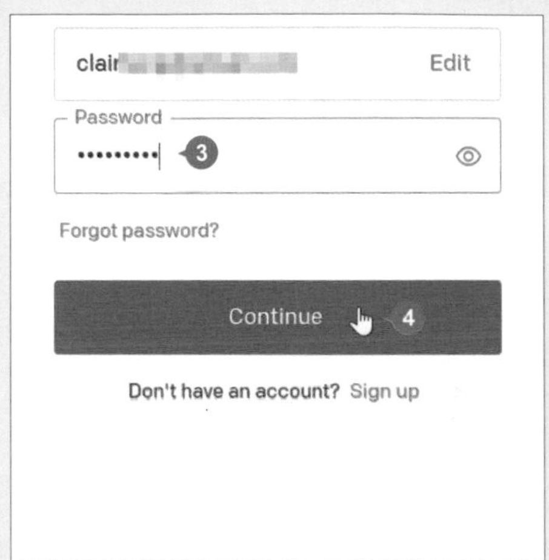

step 04 登入後選按畫面右上角 **Personal \ View API keys**。

step 05 於 **API Keys** 項目選按 **+ Create new secret key** 鈕。

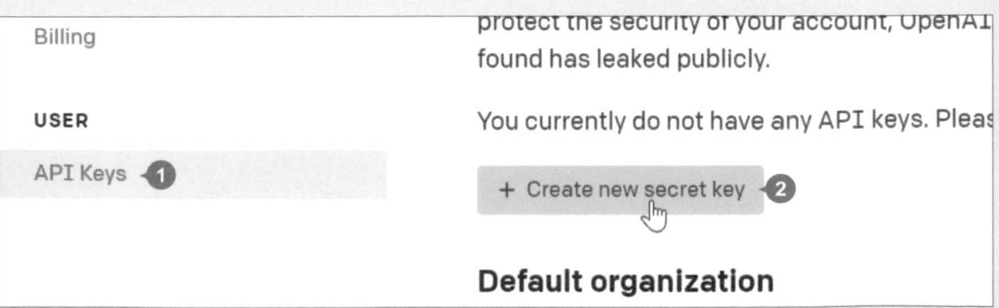

step 06 **Create new secret key** 畫面選按 **Create secret key** 鈕，再選按 ⧉ 鈕複製 API Key，選按 **Done** 鈕。(複製後請存放於文字檔中，一旦按下 **Done** 鈕，就無法再看到這組金鑰完整的內容。)

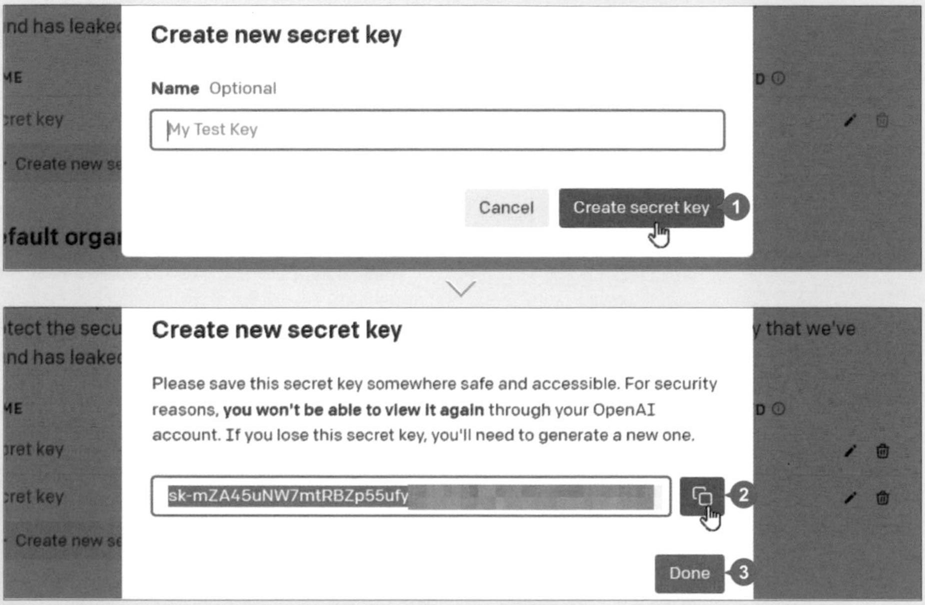

✦ 與 GPT 技術連接

回到 Excel，於 **常用** 索引標籤選按 **Show Credential Entry**，於 **Brainiac** 窗格，**GPT-3 API Key** 欄位貼上剛才複製的 API Key，就可以開始使用了。

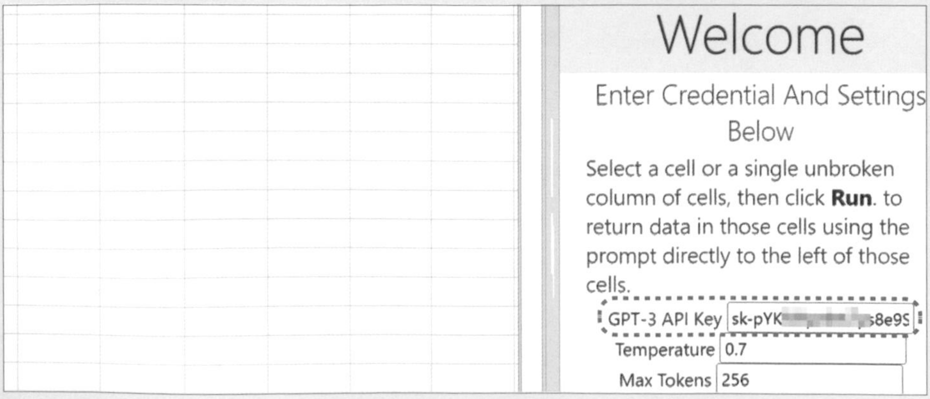

小提示

查詢 API 可用額度

免費的 API 連接服務方案，目前提供一定額度免費使用 (目前為 US$18)，建議隨時查詢確認目前使用額度，等需要時再付費購買額度，這樣才不會在不知情的情況下被收取額外的費用。進入 OpenAI API 官網，登入後選按畫面右上角 **Personal \ Manage account** 進入管理畫面。

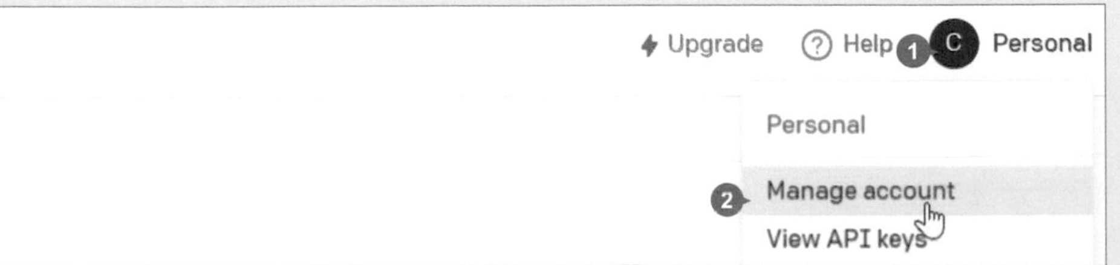

Usage 項目 **Free trial usage** 下方可看到目前使用的情況、所剩金額額度，下方 **EXPIRES** 顯示此額度的到期日。

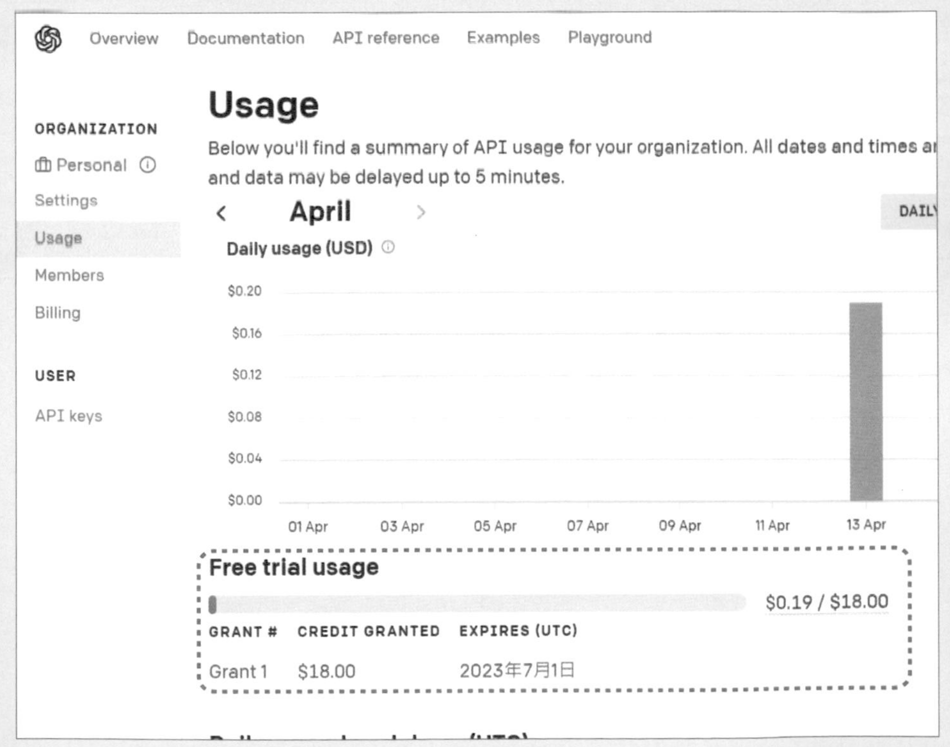

2 Excel 的提問方式

除了以簡單易懂且具體的問題提問，在 Excel 使用 BrainiacHelper 來獲取答案時，需注意以下二項重點。

■ 提問前需於 **常用** 索引標籤選按 **Show Credential Entry**，開啟 **Brainiac** 窗格，**GPT-3 API Key** 欄位貼上剛才複製的 API Key，就可以開始使用。(要注意：API Key 只作用在目前的 Excel 檔案，一旦開啟另一個 Excel 檔案或關閉 Excel 重新開啟，都需再重新貼上 API Key。)

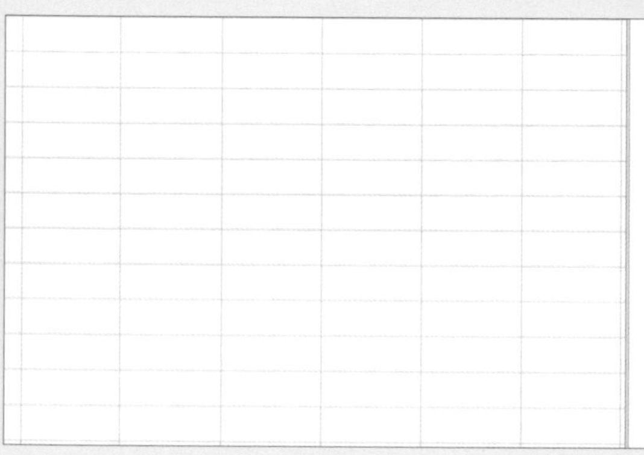

■ 在 Excel 中提問，需使用二個緊鄰儲存格 (如下圖 A2、B2 儲存格)，左側儲存格輸入問題，右側可取得 ChatGPT 回覆答案。選按右側儲存格 (如下圖 B2 儲存格)，再選按 **Brainiac** 窗格最下方的 **Run**，就可以獲取答案。

	A	B
1	問題	答案
2	Excel 圖表中適合用於佔比與統計分析的種類型？並說明該如何建立	
3		
4		
5		

3 試算表應用範例

Excel 安裝了 BrainiacHelper 連接 GPT 技術後，使用者可以直接詢問計算、統計、操作方式...等更多問題，提高整體工作效率。

✦ 問題 1

在 "範例01 " 工作表 A2 儲存格輸入以下問題：

Excel 圖表中適合用於佔比與統計分析的類型？並說明該如何建立

step 02 選按 B2 儲存格，於 **常用** 索引標籤選按 **Show Credential Entry** 開啟 **Brainiac** 窗格，於 **GPT-3 API Key** 欄位貼上 API Key，再選按 **RUN** 獲取答案。

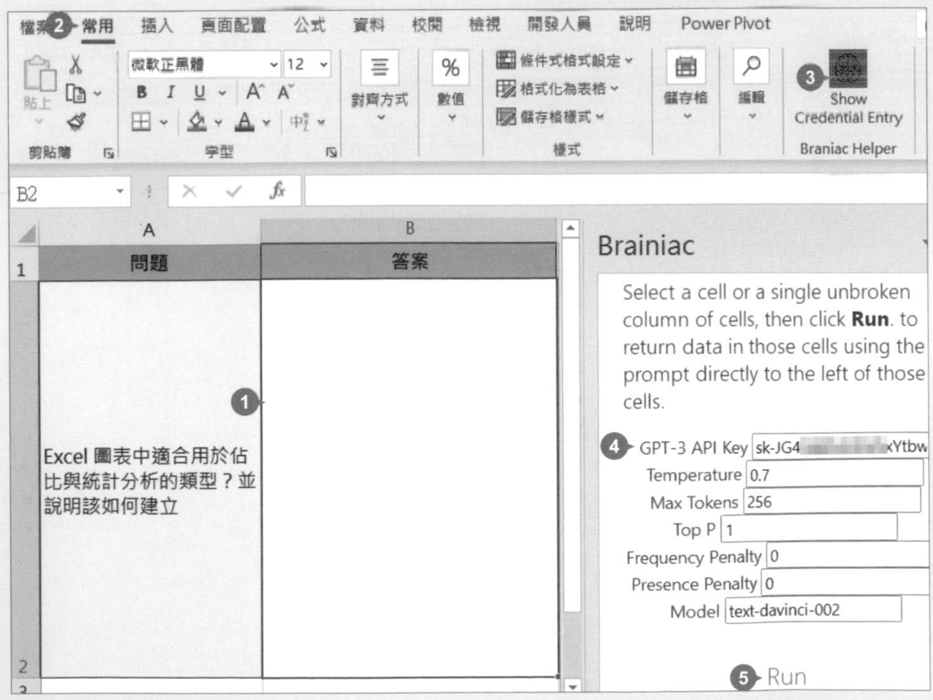

step 03 待答案生成後，覺得內容不完整或不合適 (有時會遇到使用英文回答的情況)，同樣選取 B2 儲存格再選按 **Run** 可重新獲取不同答案。

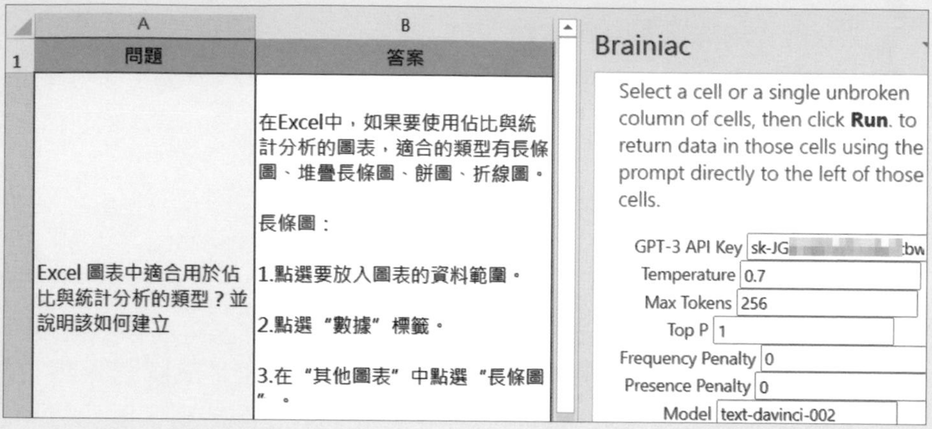

	A	B
1	問題	答案
2	Excel 圖表中適合用於佔比與統計分析的類型？並說明該如何建立	在Excel中，如果要使用佔比與統計分析的圖表，適合的類型有長條圖、堆疊長條圖、餅圖、折線圖。 長條圖： 1.點選要放入圖表的資料範圍。 2.點選 "數據" 標籤。 3.在 "其他圖表" 中點選 "長條圖"。

Brainiac

Select a cell or a single unbroken column of cells, then click **Run**. to return data in those cells using the prompt directly to the left of those cells.

GPT-3 API Key	sk-JG... bw
Temperature	0.7
Max Tokens	256
Top P	1
Frequency Penalty	0
Presence Penalty	0
Model	text-davinci-002

✦ 問題 2

在 "範例02 " 工作表，進貨單包含日期、商品、數量、單價與金額，以 **商品** 欄位中的名稱做為篩選條件，計算 "龍井" 進貨的金額總和與進貨次數。

	A	B	C	D	E	F	G	H	I
1	進貨單								
2	日期	商品	數量	單價 / 磅	金額		商品	金額總和	進貨次數
3	2023/11/12	綠茶	50	300	15000		龍井	42200	3
4	2023/12/14	龍井	30	700	21000				
5	2024/3/22	碧螺春	20	680	13600				
6	2024/5/15	龍井	10	530	5300				
7	2024/5/20	烏龍茶	20	900	18000				
8	2024/6/28	鐵觀音	10	700	7000				
9	2024/8/2	普洱茶	5	300	1500				
10	2024/9/15	龍井	30	530	15900				
11	2024/10/30	玫瑰花茶	30	700	21000				
12	2024/11/2	桂花茶	40	890	35600				

問題1：計算指定商品金額總和

問題2：計算指定商品進貨次數

step 01 在 K3 儲存格輸入以下問題：

> **寫一個 Excel 公式，B3 到 B12 是商品，E3 到 E12 是金額，請依 G3 的商品計算金額總和。**

step 02 選按 L3 儲存格，再選按 **RUN** 獲取答案。

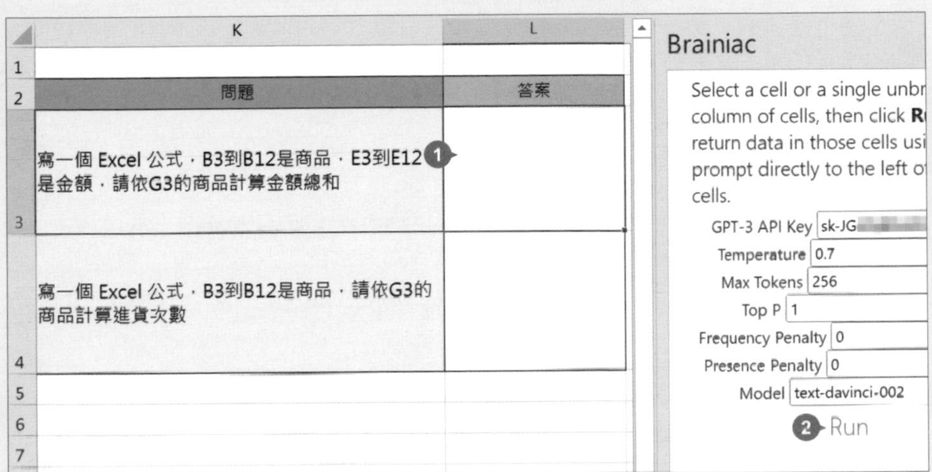

step 03 待答案生成後，選取 L3 儲存格內的公式，於 **常用** 索引標籤選按 **複製**。

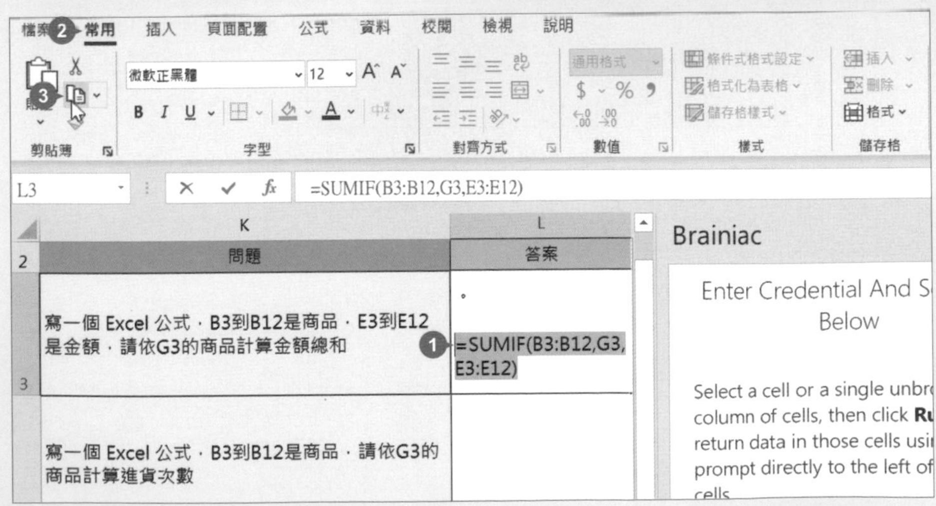

step 04 選取 H3 儲存格，於 **常用** 索引標籤選按 **貼上** 完成第一個公式的運算。

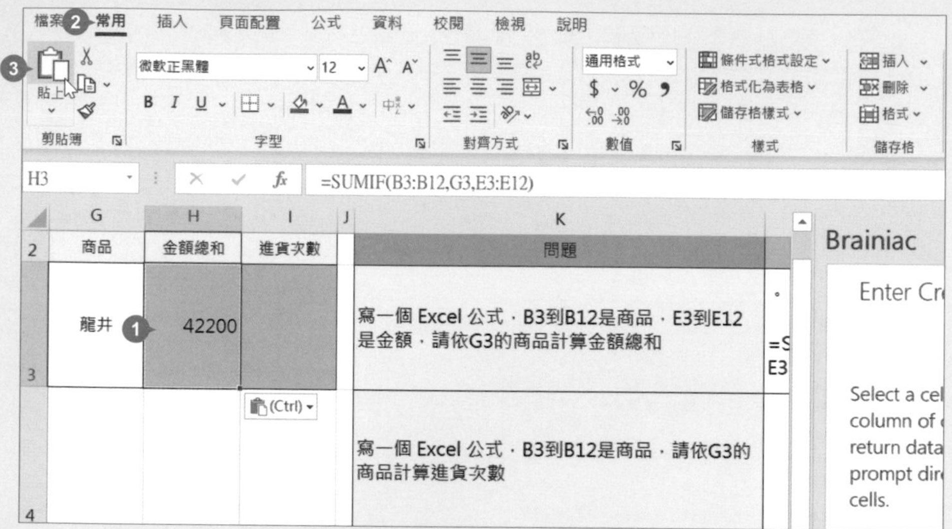

step 05 在 K4 儲存格輸入以下問題：

> **寫一個 Excel 公式，B3 到 B12 是商品，請依 G3 的商品計算進貨次數。**

step 06 選按 L4 儲存格，於 **Brainiac** 窗格選按 **RUN** 獲取答案。

	K	L
2	問題	答案
3	寫一個 Excel 公式，B3到B12是商品，E3到E12是金額，請依G3的商品計算金額總和	。 =SUMIF(B3:B12,G3, E3:E12)
4	寫一個 Excel 公式，B3到B12是商品，請依G3的商品計算進貨次數	
5		
6		

Brainiac

return data in those cells us
prompt directly to the left o
cells.

GPT-3 API Key: sk-JG4
Temperature: 0.7
Max Tokens: 256
Top P: 1
Frequency Penalty: 0
Presence Penalty: 0
Model: text-davinci-002
Run

step 07 待答案生成後，選取 L4 儲存格內的公式，於 **常用** 索引標籤選按 **複製**。

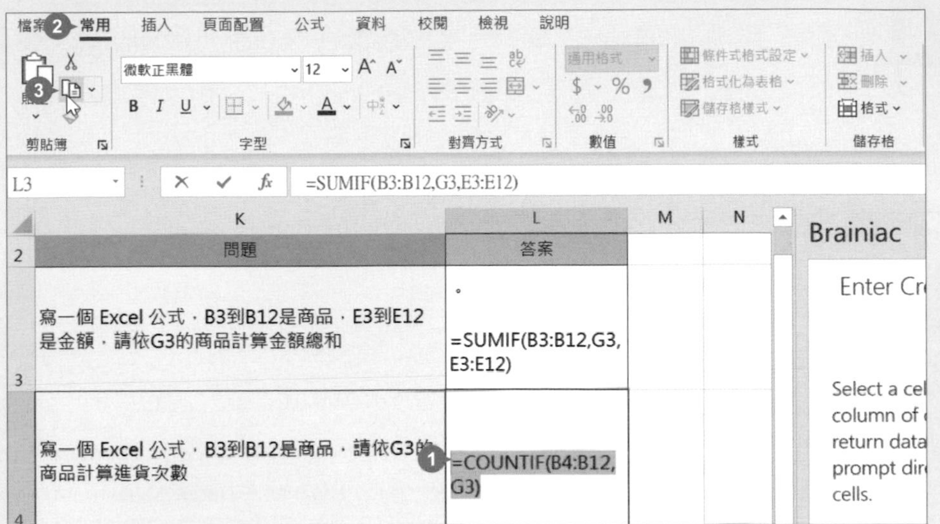

step 08 選取 I3 儲存格，於 **常用** 索引標籤選按 **貼上** 完成第二個公式的運算。

小提示

重新回答

當 BrainiacHelper 獲取的答案不是很正確時，或希望能得到不同答案，可以刪除已產生的答案，再於 **Brainiac** 窗格重新選按 **RUN** 就可以產生新的答案。

4 詢問函數語法與舉例示範

Do it !

透過 BrainiacHelper 獲取答案，可能會遇到不熟悉的函數，這時可以直接在工作表中提問並同時學習。

✦ 問題 1

step 01 在 A2 儲存格輸入以下問題：

Excel 中如何使用 SUMIF 函數，說明語法並提供一個範例。

step 02 選按 B2 儲存格，於 **常用** 索引標籤選按 **Show Credential Entry** 開啟 **Brainiac** 窗格，於 **GPT-3 API Key** 欄位貼上 API Key，再選按 **RUN** 獲取答案。

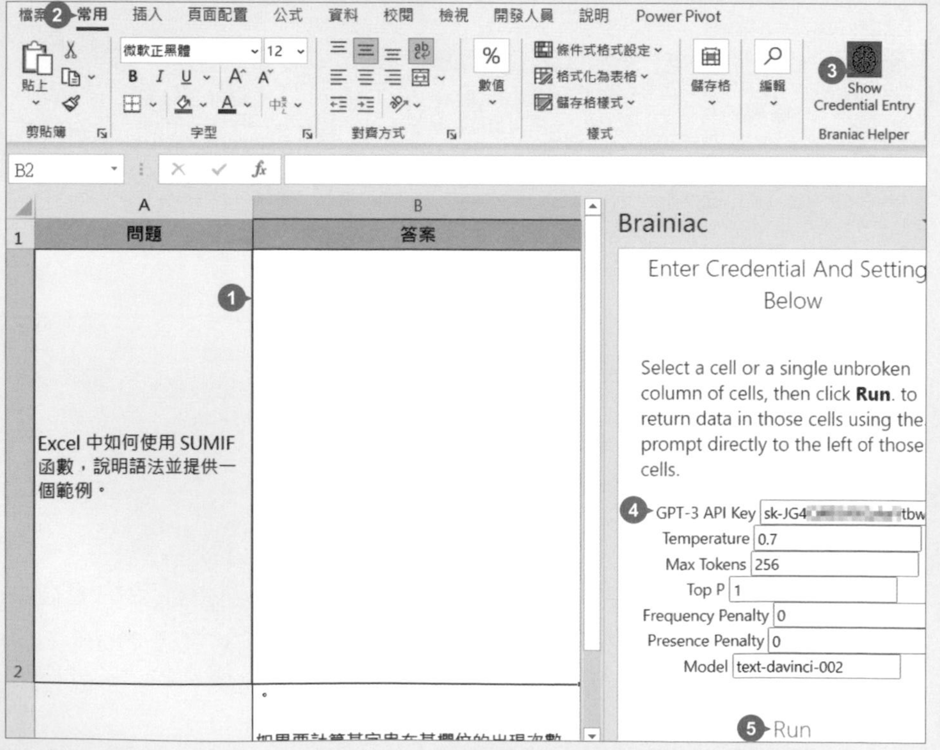

step 03 待答案生成後，於 B2 儲存格就可以看到相關函數的用法與範例。

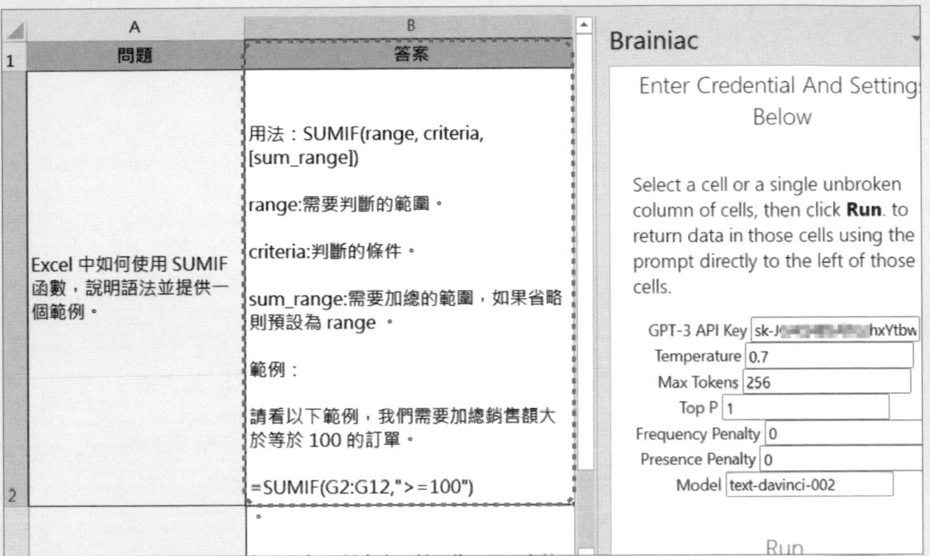

✦ 問題 2

step 01 在 A3 儲存格輸入以下問題：

Excel 中如何使用 COUNTIF 函數，說明語法並提供一個範例。

step 02 選按 B3 儲存格，於 **Brainiac** 窗格選按 **RUN** 獲取答案。

A
B
Excel 中如何使用 COUNTIF 函數，說明語法並提供一個範例。
❶
Excel 中要使用什麼函數計算員工年資，說明語法與說明需準備什麼資料。
Brainiac
GPT-3 API Key sk-JG4 … nxYtbw
Temperature 0.7
Max Tokens 256
Top P 1
Frequency Penalty 0
Presence Penalty 0
Model text-davinci-002
❷ Run

step 03 待答案生成後，於 B3 儲存格就可以看到相關函數的用法與範例。

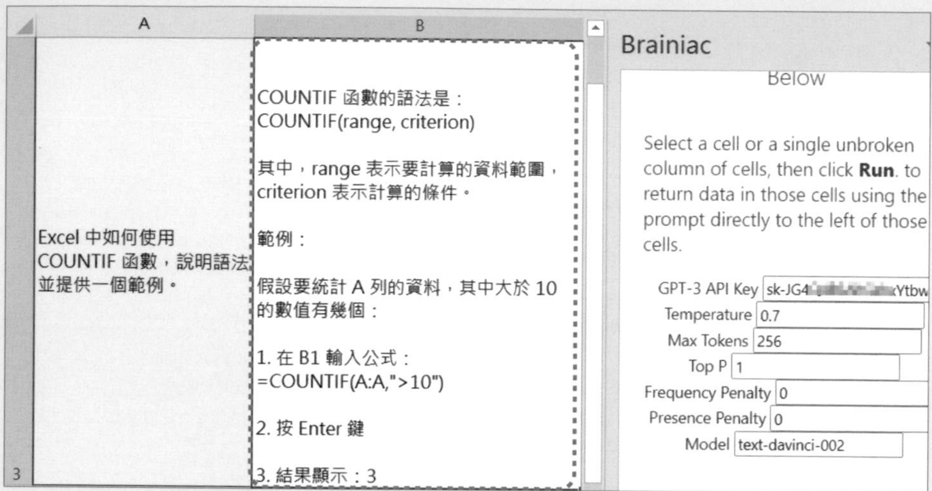

✦ 問題 3

step 01 在 A4 儲存格輸入以下問題：

> **Excel 中要使用什麼函數計算員工年資，說明語法與說明需準備什麼資料。**

step 02 選按 B4 儲存格，於 **Brainiac** 窗格選按 **RUN** 獲取答案。

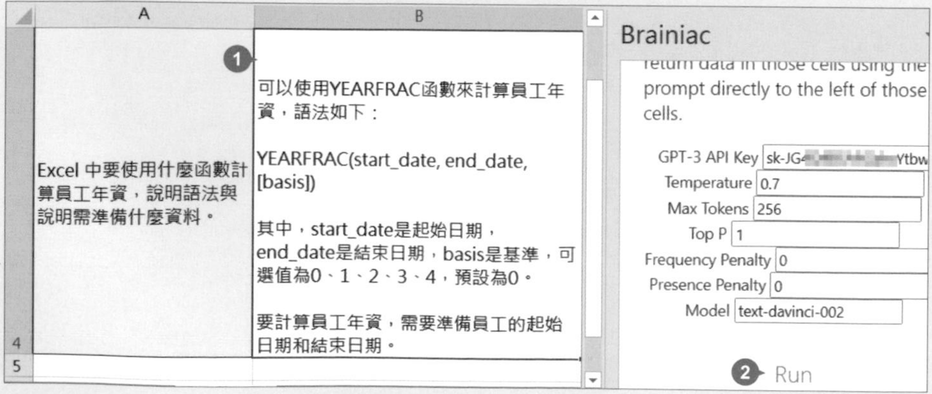

5 詢問 Excel 操作功能

使用 Excel 時，遇到不熟悉的功能或不知道如何執行時，可以直接在 BrainiacHelper 提問，獲得建議與操作說明。

✦ 問題 1

step 01 在 A2 儲存格輸入以下問題：

列出 10 個最常用的 Excel 快速鍵，並說明對應效果。

step 02 選按 B2 儲存格，於 **常用** 索引標籤選按 **Show Credential Entry** 開啟 **Brainiac** 窗格，於 **GPT-3 API Key** 欄位貼上 API Key，再選按 **RUN** 獲取答案。

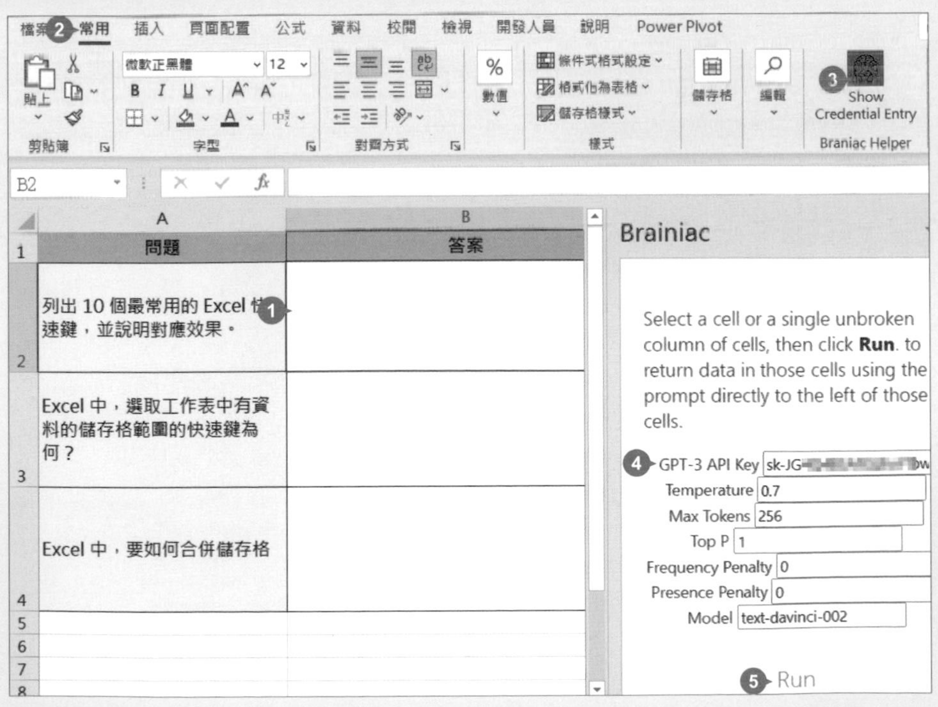

step 03 待答案生成後，於 B2 儲存格就會列出 10 個，在 Excel 裡最常用的快速鍵並說明對應效果。

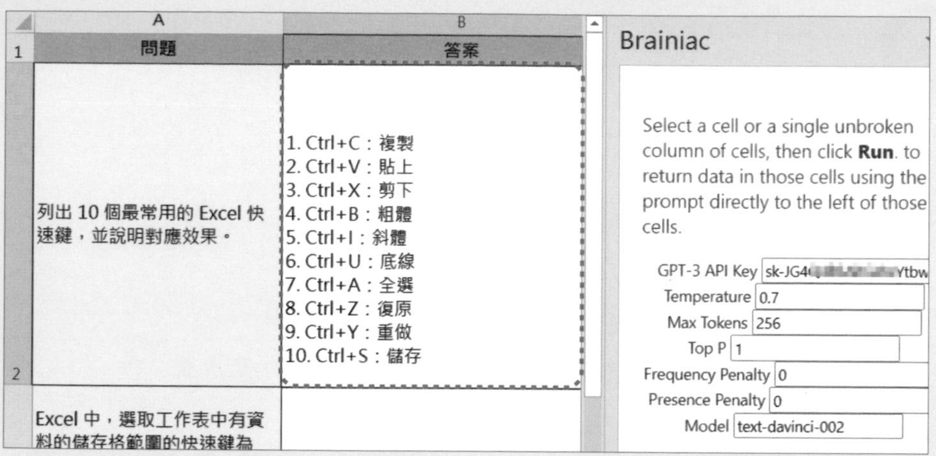

✦ 問題 2

step 01 在 A3 儲存格輸入以下問題：

> **Excel 中，選取工作表中 "有資料" 的儲存格範圍的快速鍵為何？**

step 02 選按 B3 儲存格，於 **Brainiac** 窗格選按 **RUN** 獲取答案。

A
B
Excel 中，選取工作表中 "有資料" 的儲存格範圍的快速鍵為何？
1
3
Excel 中，要如何合併儲存格
4
5
6
7
8
9
10
Brainiac
return data in those cells using the prompt directly to the left of those cells.
GPT-3 API Key
Temperature 0.7
Max Tokens 256
Top P 1
Frequency Penalty 0
Presence Penalty 0
Model text-davinci-002
2 Run

待答案生成後，需測試看看，若答案內容不完整或不合適，同樣選取 B3 儲存格再選按 **Run** 可重新獲取不同答案。

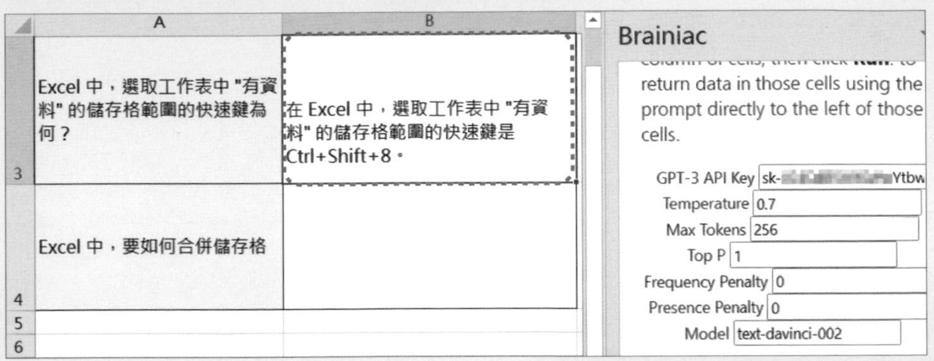

✦ 問題 3

step 01 在 A4 儲存格輸入以下問題：

Excel 中，要如何合併儲存格。

step 02 選按 B4 儲存格，於 **Brainiac** 窗格選按 **RUN** 獲取答案。

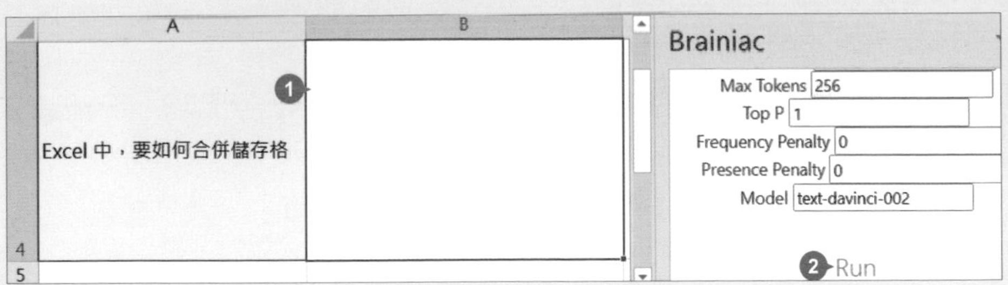

step 03 待答案生成後，於 B4 儲存格就會列出合併儲存格的操作說明。

	A	B
4	Excel 中，要如何合併儲存格	1. 在需要合併的兩個儲存格中，按住「Ctrl」鍵，點選兩個儲存格。 2. 按下「Ctrl+1」，開啟「儲存格格式」對話方塊。 3. 在「儲存格格式」對話方塊裡，選擇「合併儲存格」。

Max Tokens 256
Top P 1
Frequency Penalty 0
Presence Penalty 0
Model text-davinci-002

NOTE

PART 06

更多提升工作效率的整合應用

Tip

1 用標記突破字數限制分析長篇資料

Do it！

想要快速閱讀網路文章或手邊長篇報告，需將內容先提供給 ChatGPT，再要求以摘要或表格的方式整理資料數據。

✦ 範例說明

以 "2023全球消費者洞察報告" 網頁資料示範，不建議直接貼上網址要求 ChatGPT 整理，這樣的提問方式，測試過程發現內容錯誤率非常高，在此以貼上文章的方式示範。然而 ChatGPT 提問有字數上限，面對長篇文章時該怎麼辦？建議將長篇文章拆分為多段，以避免超過提問字數上限而提問失敗；ChatGPT 閱讀後可以快速產生摘要列項，也可將資料數據以表格整理。

2023全球消費者洞察報告：物價高漲 全球逾五成消費者減少非必要支出

責任編輯 / 潘韜宇
2023年2月24日

PwC於2023年2月24日發布《2023全球消費者洞察報告》(2023 Global Consumer Insights Pulse Survey)。本報告對全球25個國家或地區的9,180名消費者進行調查，調查發現，隨著物價高漲，53%全球消費者減少非必要的支出，15%的消費者甚至停止非必要的支出。

資料來源：http://bit.ly/3zATebd

小提示

ChatGPT 字數輸入限制

"token" 是計算 ChatGPT 這種生成式 AI 語言模型語言文本的基本單位，GPT-3 語言模型：每次輸出最高上限為 2,049 個 token；GPT-4 語言模型：每次輸出最高上限為 32,768 個 token。包括空格、標點符號和換行，每個英文字或符號都被視為 1 個 token，中文字符可能需要 1-2 個 tokens。所以在提問時，要確保提問的文字內容不要超過這個限制。如果提問太長，可能需要分成幾個較短的問題來提出。

✦ ChatGPT 操作 (問題1)

此範例示範長篇文件提問的方式，將長篇文件內容分次提供給 ChatGPT，並為每一次對話提供的文章內容標註編號，最後再告訴 ChatGPT 將標註編號的文章全部解讀。(若文件字數較少，則可直接全文貼上，請 ChatGPT 整理文章重點摘要或條列清單，而不需分段處理。)

step 01 在 ChatGPT 對話框中輸入以下文字：

> 接下來我會在多個對話中提供幾段標記 "#" 編號的文章，請先記住文章，不需分析或摘要，只需回覆我：「已記住」。

step 02 接著於 ChatGPT 對話框按 Shift + Enter 鍵換行，輸入以下文字以及貼上 "2023全球消費者洞察報告" 網頁前半段文章內容，或開啟範例原始檔 <601-2.txt> 複製)，並送出：

> 首先記第一段 #1 的文章：
> **PwC於2023年2月24日發布《2023全球消費者洞察報告》(2023 Global Consumer Insights Pulse Survey)。本...**

step 03 得到此段 ChatGPT 回覆：

> 已記住 #1 的文章。

step 04 在 ChatGPT 對話框中輸入以下文字以及貼上 "2023全球消費者洞察報告" 網頁後半段文章內容 (或開啟範例原始檔 <601-3.txt> 複製)，並送出：

> 請先幫我記住文章，不需分析或摘要，只需回覆我：「已記住」。記住第二段 #2 的文章：
> **PwC發布《2023全球消費者洞察報告》，發現隨著物價高漲，53%全球全球消費者減少非必要的...**

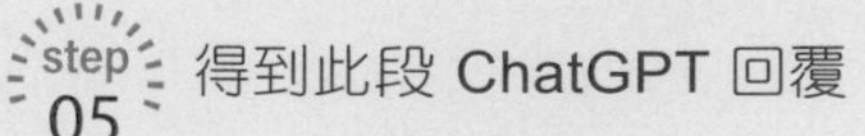

step 05 得到此段 ChatGPT 回覆：

已記住第二段 #2 的文章。

step 06 完成長篇文章內容分次提供後，可以開始請 ChatGPT 整理文章的重點摘要，在 ChatGPT 對話框中輸入以下文字，並送出：(摘要與清單也可指定字數，例如幾項、幾則。)

現在你是市場分析專家，根據前面 #1、#2 文章，整理重點摘要，條列清單。

step 07 得到此段 ChatGPT 回覆：

以下是根據前面 #1、#2 文章整理的重點摘要條列清單：

消費者支出方面：

- PwC發布《2023全球消費者洞察報告》，發現53%全球消費者減少非必要的支出，15%的消費者甚至停止非必要的支出。
- 消費者願意為永續產品支付更高的價格，超過四分之三(78%)的受訪者願意為在當地生產/採購的產品支付更高價格，也願意為永續或環保產品(77%)，或由具高道德聲譽公司生產的產品(75%)支付更高的價格。

元宇宙和購物通路方面：

- 採用元宇宙作為購物通路的做法，目前仍在初期導入的階段，僅有約四分之一(26%)的受訪消費者曾於2022年使用元宇宙進行娛樂、虛擬實境體驗，或透過它來購買商品。
- 以印度(48%)、越南(43%)、香港(42%)等地區的消費者，對參與元宇宙相關活動的意願最高。

消費者隱私和數據安全方面：

- 消費者對數據隱私的問題越來越擔憂，對於要跟社群媒體(47%)、第三方 / 入口旅遊網站(36%)、健康醫療(34%)、消費性公司(32%)打交道感到非常擔憂。
- 將近一半(49%)的消費者僅願意分享必要的個人資訊，32%則選擇不接收電子郵件、簡訊或其他的訊息。

✦ ChatGPT 操作 (問題2)

step 01 接著要整理此長篇文章內的資料數據，在 ChatGPT 對話框中輸入以下文字，並送出：

現在你是市場分析專家，根據前面 #1、#2 文章，整理資料數據，以表格呈現。

step 02 得到此段 ChatGPT 回覆：

主要發現	數據
全球消費者減少非必要支出	53%
全球消費者停止非必要支出	15%
消費者願意為永續產品支付更高價格	78%
消費者願意為當地生產/採購的產品支付更高價格	78%
消費者願意為永續或環保產品支付更高價格	77%
消費者願意為高道德聲譽公司生產的產品支付更高價格	75%
使用元宇宙進行娛樂、虛擬實境體驗或購買商品	26%
印度消費者對參與元宇宙相關活動的意願最高	48%
消費者對於跟社群媒體打交道感到非常擔憂	47%
消費者對於跟第三方 / 入口旅遊網站打交道感到非常擔憂	36%
消費者對於跟健康醫療打交道感到非常擔憂	34%
消費者對於跟消費性公司打交道感到非常擔憂	32%
消費者僅願意分享必要的個人資訊	49%
消費者選擇不接收電子郵件、簡訊或其他訊息	32%

✦ ChatGPT 操作 (問題3)

step 01 面對這些資料數據不知道該從哪個角度進行分析，這時可請 ChatGPT 給一些建議，在 ChatGPT 對話框中輸入以下文字，並送出：

> **現在你是市場分析專家，根據前面 #1、#2 文章，列出 5 點可能的分析方向，以及 100 字的結論。**

step 02 得到此段 ChatGPT 回覆：

1. 消費者對永續產品、環保產品、高道德聲譽公司生產的產品願意支付更高價格，因此企業應加強推廣相關產品。
2. 元宇宙作為購物通路在初期導入階段，但潛力龐大，企業可考慮積極開發相關技術，以搶佔先機。
3. 消費者對數據安全及隱私的問題越來越擔憂，企業需加強相關政策及保障措施，以提高消費者信心。
4. 台灣、香港、新加坡等地區的消費者較願意使用虛擬通路購物，因此企業可考慮擴大相關市場的推廣。
5. 消費者在經濟環境充滿挑戰時，傾向減少非必要支出，因此企業需提供價格合理、實用性高的產品，以吸引消費者。

結論：隨著消費者對永續產品、環保產品、高道德聲譽公司生產的產品願意支付更高價格，以及虛擬通路購物的興起，企業需加強相關市場的推廣，並加強相關保障措施，以提高消費者信心。此外，企業亦需根據消費者減少非必要支出的趨勢，提供價格合理、實用性高的產品，以滿足消費者需求。

小提示

顯示的答案與此範例示範不同

面對長篇文章，依不同使用者或是提問方式稍有差異，ChatGPT 回覆的答案可能會與範例不相同，或有時不太精準，可再多次提問或反問 ChatGPT：「是否有遺漏？」或「請提供更精準摘要」...等，可提升答案正確性。

2 PDF 文件資料整理成表格與圖表

常見以 PDF 格式整理報告與資料數據，藉由視覺方式呈現並分析，往往較口頭或冗長的文字報告，更能快速理解且提高效率。

✦ 範例說明

以 "內政部不動產資訊平台" 網頁資料示範，下載每季住宅價格指數發布文件，可藉由 ChatGPT 整理，再於 Excel 快速換為各式圖表。

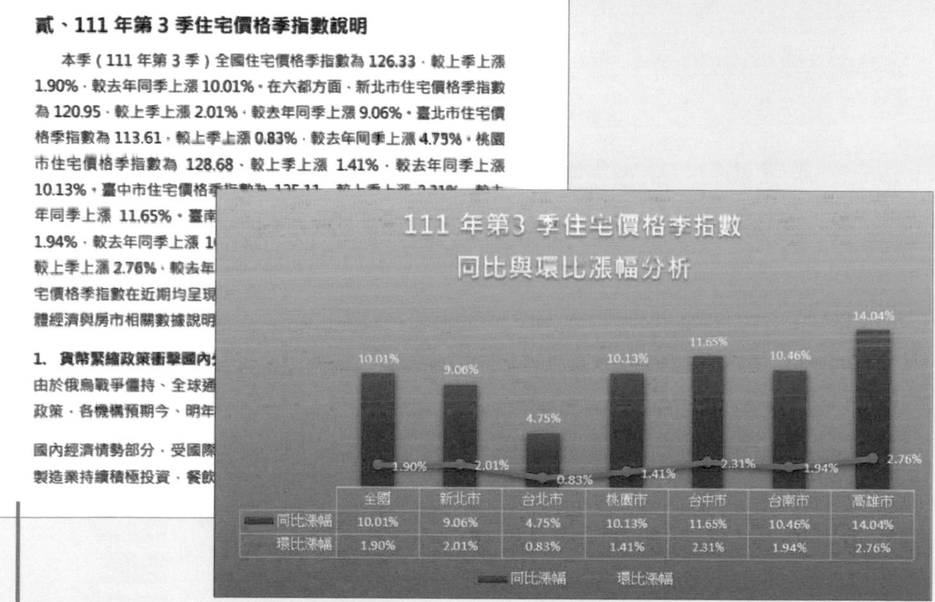

資料來源：https://pip.moi.gov.tw/V3/e/scre0106.aspx

✦ ChatGPT 操作 (問題1)

step 01 開啟範例原始檔 <602-111Q3住宅價格指數發布內容(平台).pdf>，按 Ctrl + C 鍵複製 "貳、111 年第3 季住宅價格季指數說明" 該段內容。

貳、111 年第 3 季住宅價格季指數說明

本季（111 年第 3 季）全國住宅價格季指數為 126.33，較上季上漲 1.90%，較去年同季上漲 10.01%。在六都方面，新北市住宅價格季指數為 120.95，較上季上漲 2.01%，較去年同季上漲 9.06%。臺北市住宅價格季指數為 113.61，較上季上漲 0.83%，較去年同季上漲 4.75%。桃園市住宅價格季指數為 128.68，較上季上漲 1.41%，較去年同季上漲 10.13%。臺中市住宅價格季指數為 135.11，較上季上漲 2.31%，較去年同季上漲 11.65%。臺南市住宅價格季指數為 139.21，較上季上漲 1.94%，較去年同季上漲 10.46%。高雄市住宅價格季指數為 130.57，較上季上漲 2.76%，較去年同季上漲 14.04%。綜合來看，全國及六都住宅價格季指數在近期均呈現上漲的走勢，惟本季上漲幅度趨緩。另從總體經濟與房市相關數據說明如下：

step 02 在 ChatGPT 對話框中輸入以下文字：

分析這段資料中的數據，並以表格整理：

step 03 接著按 Shift + Enter 鍵換行，按 Ctrl + V 鍵貼上剛複製的說明內容，並送出：

本季（111 年第3 季）全國住宅價格季指數為126.33，較上季上漲1.90%，較去年同季上漲10.01%。在六都方面，新北市住宅價格季指數為120.95，較上季上漲2.01%...

step 04 得到此段 ChatGPT 回覆，以表格整理該段文字內的資料數據，並說明結論。選取表格內的資料，按 Ctrl + C 鍵複製。

地區	季指數	環比漲幅	同比漲幅
全國	126.33	1.90%	10.01%
新北市	120.95	2.01%	9.06%
台北市	113.61	0.83%	4.75%
桃園市	128.68	1.41%	10.13%
台中市	135.11	2.31%	11.65%
台南市	139.21	1.94%	10.46%
高雄市	130.57	2.76%	14.04%

根據給出的資料，建立表格，包含以下項目：地區、季指數、環比漲幅、同比漲幅。整理後發現，全國及六都住宅價格季指數在本季度均呈現上漲的趨勢，但本季度的上漲幅度均趨

✦ 回到 Excel 完成 (問題1)

依 ChatGPT 的回覆，回到 Excel 如下操作：

step 01 選取 A1 儲存格，按 Ctrl + V 鍵，貼上剛剛複製的表格資料。接著按住 Ctrl 鍵選取要制作為圖表的資料數據儲存格範圍：A1~A8、C1~C8、D1~D8。

	A	B	C	D	E	F	G	H	I	J	K
1	地區	季指數	環比漲幅	同比漲幅							
2	全國	126.33	1.90%	10.01%							
3	新北市	120.95	2.01%	9.06%							
4	台北市	113.61	0.83%	4.75%							
5	桃園市	128.68	1.41%	10.13%							
6	台中市	135.11	2.31%	11.65%							
7	台南市	139.21	1.94%	10.46%							
8	高雄市	130.57	2.76%	14.04%							

step 02 建立圖表的方式有很多種，可以於 **插入** 索引標籤 **圖表** 區域選按合適圖表類型套用，在此示範 **插入組合圖 \ 群組直條圖-折線圖**。

step 03 調整圖表位置與大小：選取圖表，將滑鼠指標移至圖表上方呈 ✥ 狀時拖曳，即可將圖表移至合適的位置擺放；將滑鼠指標移至圖表四個角落控點上呈 ⤡ 狀時，按住滑鼠左鍵不放，可拖曳調整圖表的大小。

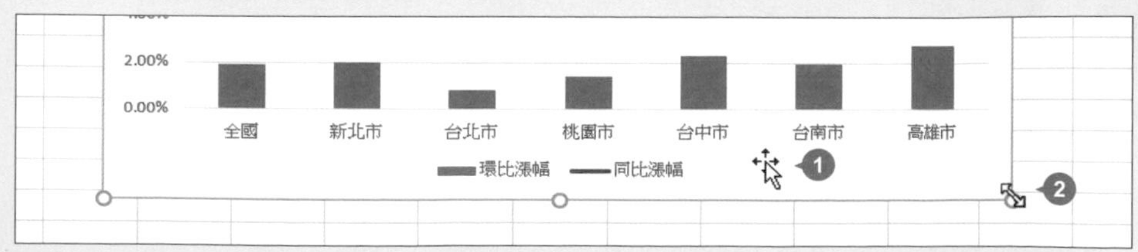

step 04 變更圖表類型：選取圖表，於 **圖表設計** 索引標籤選按 **變更圖表類型** 開啟對話方塊，將 **環比漲幅** 指定為：**含有資料標記的堆疊折線圖**，**同比漲幅** 指定為：**群組直條圖**，按 **確定** 鈕完成變更。

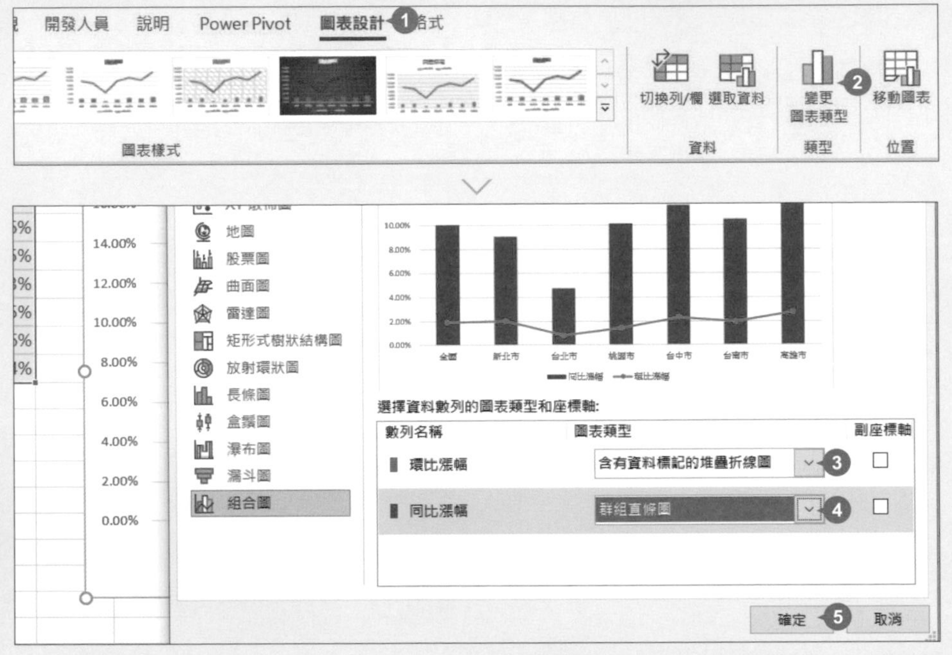

step 05 套用圖表樣式：選取圖表，於 **圖表設計** 索引標籤 **圖表樣式** 區塊中選按合適樣式縮圖即可套用該設計。

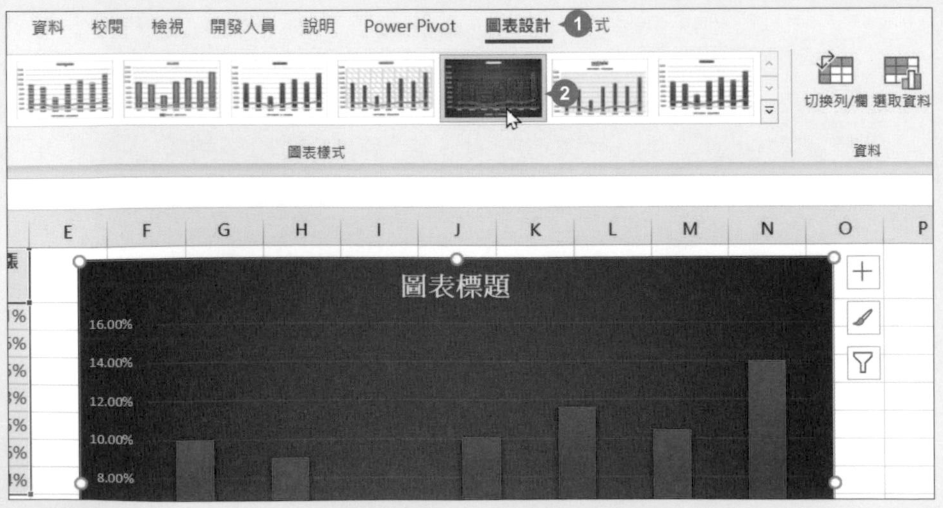

step 06 調整圖表背景：選取圖表，於 **格式** 索引標籤 **圖案樣式** 區塊中選按 **其他** 鈕，開啟選項清單，選按合適樣式即可套用該設計。

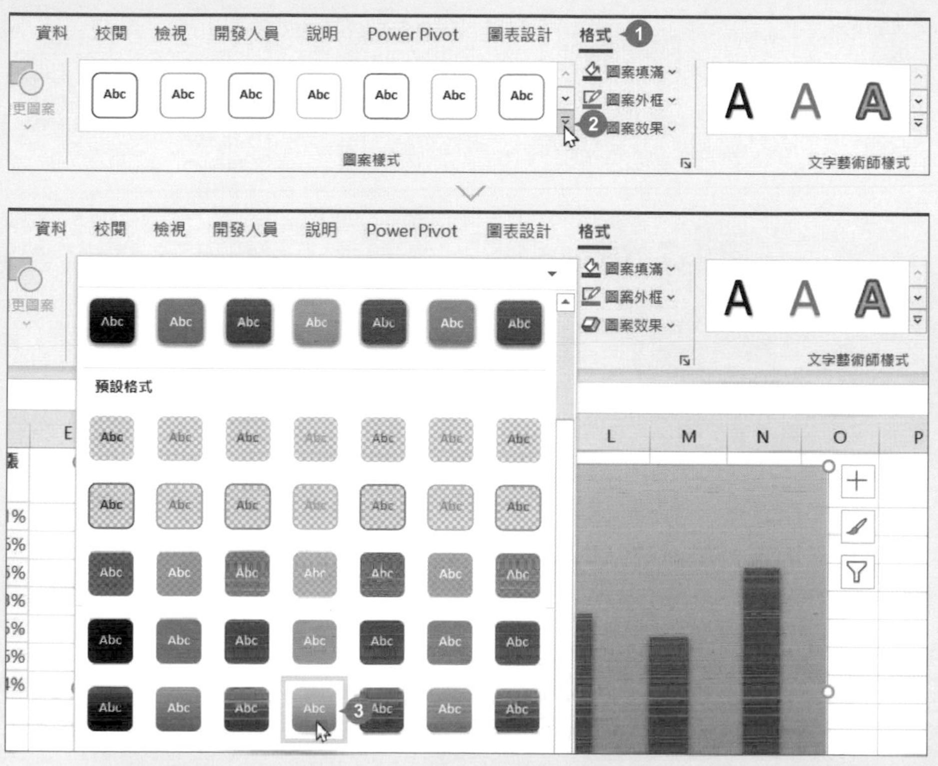

step 07 圖表標題文字：選取圖表標題，選按二下輸入合適的標題文字。

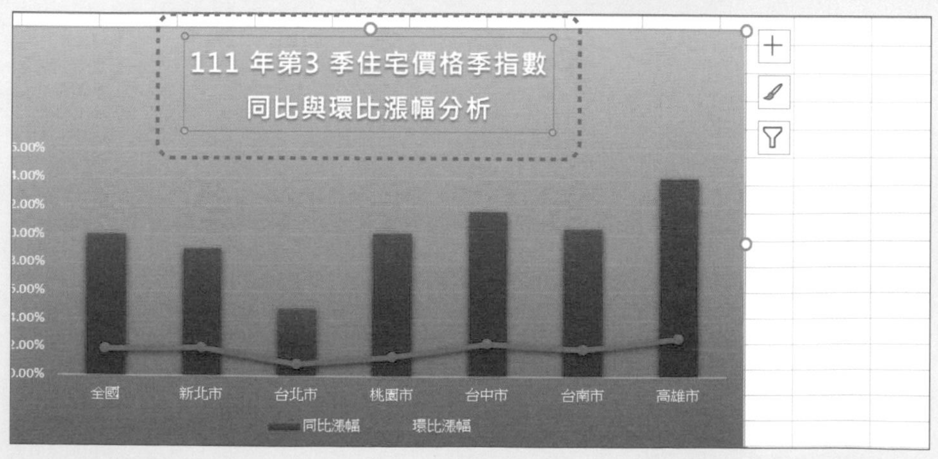

step 08 調整座標軸顯示：選取圖表，選按 **圖表項目** ＋ 鈕 \ **座標軸** 右側 ▶ 清單鈕，取消核選 **主垂直**，可隱藏主垂直座標軸。

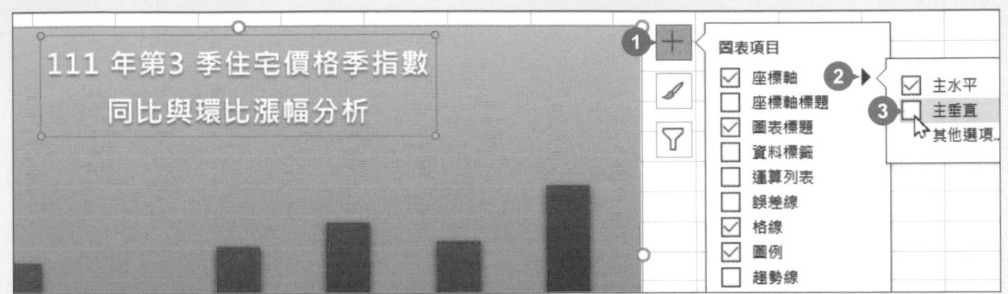

step 09 顯示資料標籤：選取圖表，選按 **圖表項目** ＋ 鈕 \ **資料標籤** 右側 ▶ 清單鈕，核選 **終點外側**，可於指定位置顯示顯示資料標籤。

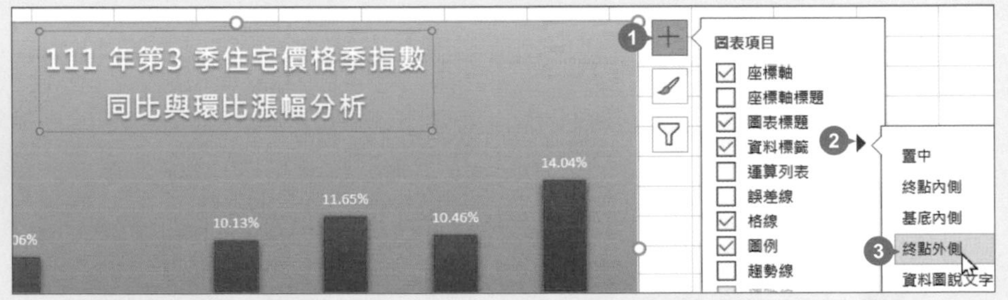

step 10 顯示運算列表詳細資料：選取圖表，選按 **圖表項目** ＋ 鈕 \ 核選 **運算列表**，可於圖表下方新增含有圖例的圖表數據明細資料。

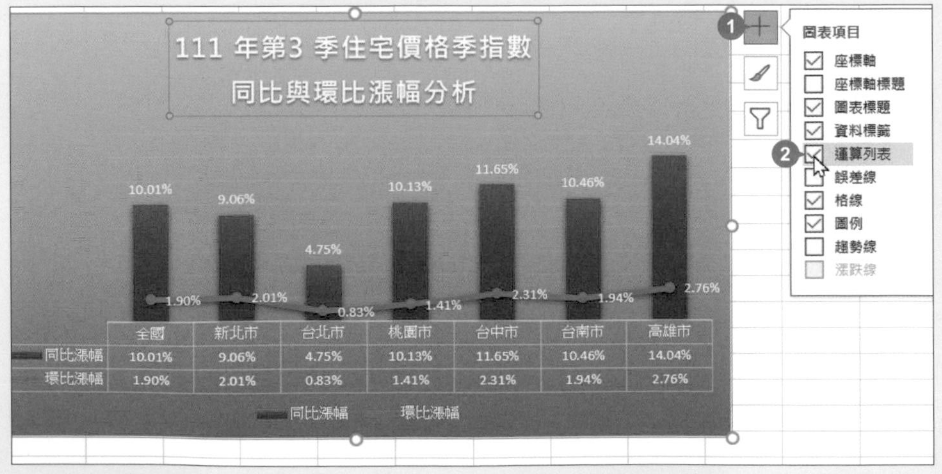

3 圖片或圖片式 PDF 檔轉換並分析

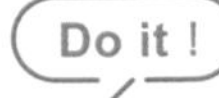

文件、網頁、PDF 檔均可藉由 ChatGPT 分析或整理其中的資料數據，若遇到無法選取資料的圖片或圖片式 PDF 檔，該如何處理？

✦ 範例說明

資料來源檔案為圖片或圖片式 PDF 格式檔案時，會完全無法選取其中的資料內容，如此一來也就無法提供 ChatGPT 並進行後續分析。在此示範二種方式，將圖片或圖片式 PDF 檔內容資料轉換為可編輯的文件：

- 常見的資料數據陳述式圖片或圖片式 PDF 檔案：適合上傳至 Google 雲端，藉由 Google 文件轉換為文字資料。
- 以表格整理的資料數據圖片或圖片式 PDF 檔案：適合使用線上 OCR 圖像文件轉換器，將圖片或圖片式 PDF 檔轉換為文字資料。

壹、前言

行政院 100 年 10 月 26 日核定「民國 101 年至民國 104 年整體住宅政策實施方案」，以「編製住宅價格指數並定期發布」做為具體措施之一。內政部以不動產成交案件實際申報資料，計算出住宅價格季指數，提供住宅價格之變動趨勢資訊，透過不動產估價師尋找比較案例之概念，搜尋與本季交易案例高度相似並具有替代性的相似房屋，計算於不同時點之價格變動，進而以「類重複交易法」方式編製作為衡量住宅市場價格變動的參考指標。目前編製完成全國及六直轄市住宅價格季指數，編製期間為 101 年第 3 季至 111 年第 3 季。

貳、111 年第 3 季住宅價格季指數說明

本季（111 年第 3 季）全國住宅價格季指數為 126.33，較上季上漲 1.90%，較去年同季上漲 10.01%。在六都方面，新北市住宅價格季指數為 120.95，較上季上漲 2.01%，較去年同季上漲 9.06%。臺北市住宅價格季指數為 113.61，較上季上漲 0.83%，較去年同季上漲 4.75%。桃園市住宅價格季指數為 128.68，較上季上漲 1.41%，較去年同季上漲 10.13%。臺中市住宅價格季指數為 135.11，較上季上漲 2.31%，較去年同季上漲 11.65%。臺南市住宅價格季指數為 139.21，較上季上漲 1.94%，較去年同季上漲 10.46%。高雄市住宅價格季指數為 130.57，較上季上漲 2.76%，較去年同季上漲 14.04%。綜合來看，全國及六都住宅價格季指數在近期均呈現上漲的走勢，惟本季上漲幅度趨緩。另從總體經濟與房市相關數據說明如下：

1. 貨幣緊縮政策衝擊國內外經濟

由於俄烏戰爭僵持，全球通膨仍居高不下，主要國家加速執行貨幣緊縮政策，各機構預期今、明年全球經濟成長趨緩。

國內經濟情勢部分，受國際景氣衝擊於外銷成長趨緩，但國內需求上，製造業持續積極投資，餐飲與零售業連續正成長，彌補部分出口成長趨

1

表 3 全國及六都住宅價格季指數對去年同季變動率

縣市	全國	新北市	臺北市	桃園市	臺中市	臺南市	高雄市
101 年第 3 季	17.34%	17.96%	12.35%	19.12%	23.87%	23.86%	21.35%
101 年第 4 季	18.13%	17.76%	13.43%	18.81%	22.52%	20.29%	25.60%
102 年第 1 季	21.35%	21.78%	13.40%	25.37%	31.08%	20.01%	24.42%
102 年第 2 季	21.19%	21.25%	14.19%	27.35%	25.19%	23.43%	25.34%
102 年第 3 季	12.64%	13.93%	11.48%	22.57%	14.45%	12.12%	16.56%
102 年第 4 季	13.82%	15.63%	12.59%	21.50%	15.22%	14.48%	18.98%
103 年第 1 季	13.54%	14.28%	13.64%	19.54%	16.23%	16.64%	20.03%
103 年第 2 季	10.31%	11.32%	9.20%	11.97%	18.28%	13.52%	13.76%
103 年第 3 季	9.83%	8.15%	6.85%	8.75%	12.82%	12.28%	10.48%
103 年第 4 季	9.14%	5.21%	2.83%	13.02%	14.28%	11.91%	11.39%
104 年第 1 季	7.17%	1.66%	-1.27%	5.61%	13.17%	12.22%	9.60%
104 年第 2 季	4.70%	-0.42%	-1.54%	6.02%	8.60%	7.99%	8.77%
104 年第 3 季	2.46%	-0.13%	-3.35%	2.46%	5.37%	4.30%	7.67%
104 年第 4 季	0.53%	-2.73%	-5.16%	-2.45%	0.97%	2.36%	1.02%
105 年第 1 季	-1.44%	-2.03%	-5.53%	1.73%	-5.17%	-2.99%	-2.30%
105 年第 2 季	0.61%	-2.36%	-5.92%	-3.85%	-3.35%	-0.08%	-1.17%
105 年第 3 季	0.61%	-2.51%	-4.55%	-2.64%	1.01%	1.30%	-0.07%
105 年第 4 季	-0.51%	-1.14%	-2.18%	2.02%	0.35%	1.15%	-0.33%
106 年第 1 季	0.10%	-1.15%	-1.79%	0.84%	2.35%	1.59%	1.92%
106 年第 2 季	-0.89%	-1.31%	-1.66%	0.57%	1.36%	0.55%	2.20%
106 年第 3 季	0.00%	-0.27%	-1.25%	4.82%	0.16%	-1.52%	0.99%
106 年第 4 季	1.52%	1.37%	-0.95%	-0.73%	3.68%	-0.36%	2.25%
107 年第 1 季	1.21%	1.97%	1.19%	-2.05%	2.31%	-0.47%	1.07%
107 年第 2 季	0.22%	2.14%	1.49%	2.64%	0.43%	-0.24%	-2.25%
107 年第 3 季	-0.06%	2.79%	1.37%	-0.40%	0.61%	2.43%	-1.46%
107 年第 4 季	0.20%	1.44%	1.77%	1.14%	0.13%	3.22%	-0.79%
108 年第 1 季	0.47%	0.81%	0.65%	1.27%	0.55%	3.56%	0.81%

✦ 藉由 "Google 文件" 轉換

只要擁有 Google 帳號，登入帳號後進入 Google **雲端硬碟**，再如下操作即可辨識並取得圖片或圖片式 PDF 檔中的文字資料。(在此以 Google Chrome 瀏覽器示範)

step 01 將本機電腦中需要進行辨識的圖片或圖片式 PDF 檔，拖曳至瀏覽器預先登入並開啟的 Google **我的雲端硬碟** 畫面中。

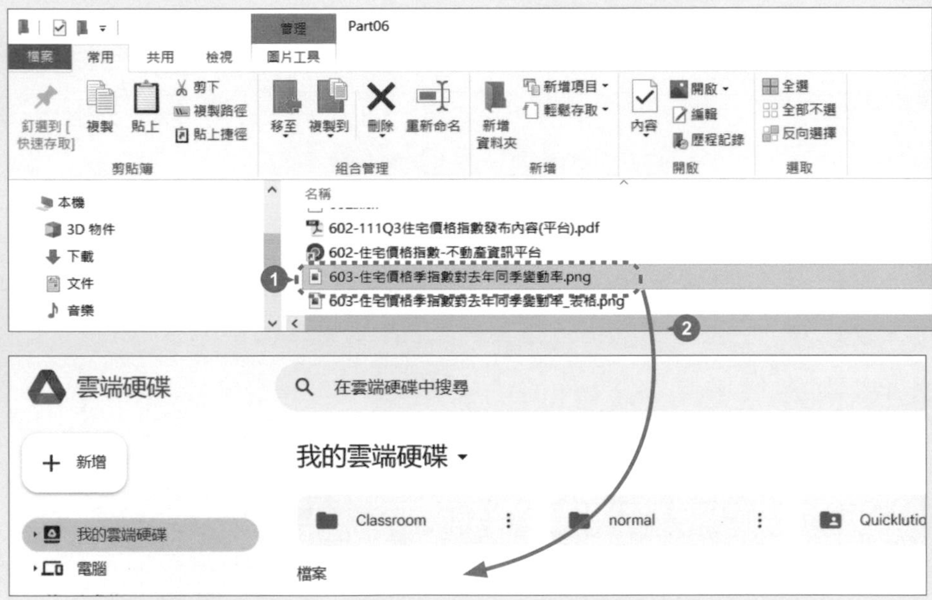

step 02 在要進行辨識的圖片或圖片式 PDF 檔上選按滑鼠右鍵，或選按該檔案右上角 ⋮ \ **選擇開啟工具** \ **Google 文件**。

step 03 會開啟 Google 文件，第一頁會是原圖片或圖片式 PDF 檔，第二頁則是辨識完成並取得的文字 (部分格式與樣式可能偵測不到)，如此一來即可選取要在 ChatGPT 提問的資料文字或是數據。

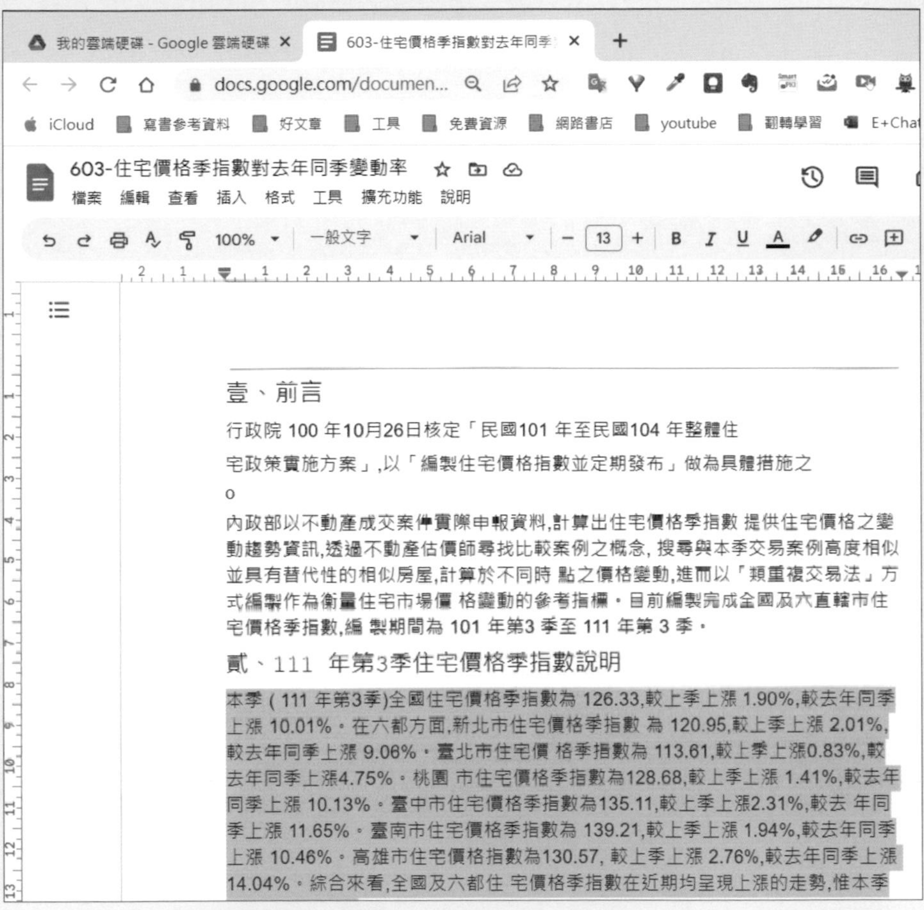

小提示

適合以 Google 文件轉換成文字的 PDF 和圖片檔案格式

- **格式**：圖片檔案 (.jpeg、.png 和 .gif) 與 PDF (.pdf) 檔案。
- **內容**：檔案大小不超過 2 MB，文字高度至少必須達到 10 像素，一般常用的字型、畫質與解析度必須鮮明清晰。
- **頁面**：文件頁面方向必須正確，如果圖片方向有誤，需先旋轉圖片再上傳到 Google 雲端硬碟。

✦ 藉由線上 OCR 工具轉換

前面分享的 Google 文件轉換方式，不適合轉換表格式資料，會將表格中的資料數據拆分排列，後續使用十分不方便；接著要分享的「OnlineOCR.net」線上工具，1 小時內可免費識別 (OCR) 15 頁 (一次上限 10 頁；文件大小 15 mb)，允許 PDF 檔、照片或圖片...等，轉換為可編輯和可搜尋的電子文件檔。

step 01 開啟瀏覽器，進入「https://www.onlineocr.net/zh_hant/」頁面，選按 **選擇文件** 鈕，選擇並開啟需要轉換的文件。

step 02 選擇文件語言與輸出格式 (在此選擇 **Word**，Excel 無法成功轉換表格資料)，接著按 **兌換** 鈕即開始轉換。

完成轉換後會於下方出現 **下載輸出文件**，選按 **下載輸出文件** 下載該檔案至電腦中。

step 04

開啟下載回來的 Word 檔案文件，即會看到辨識完成並取得的文字 (部分格式與樣式可能偵測不到)，如此一來即可選取要在 ChatGPT 提問的資料文字或是數據。

表 3 全國及六都住宅價格季指數對去年同季變動率

縣市	全國	新北市	臺北市	桃園市	臺中市	臺南市	高雄市
101 年第 3 季	17.34%	17.96%	12.35%	19.12%	23.87%	23.86%	21.35%
101 年第 4 季	18.13%	17.76%	13 .43%	18.81%	22.52%	20.29%	25.60%
102 年第 1 季	21.35%	21.78%	13 .40%	25.37%	31.08%	20.01%	24.42%
102 年第 2 季	21.19%	21.25%	14.19%	27.35%	25.19%	23.43%	25.34%
102 年第 3 季	12 .64%	13.93%	11.48%	22.57%	14.45%	12.12%	16.56%
102 年第 4 季	13.82%	15.63%	12.59%	21.50%	15.22%	14.48%	18.98%
103 年第 1 季	13.54%	14.28%	13 .64%	19.54%	16.23%	16.64%	20.03%
103 年第 2 季	10.31%	11.32%	9.20%	11.97%	18.28%	13.52%	13.76%
103 年第 3 季	9.83%	8.15%	6.85%	8.75%	12.82%	12.28%	10.48%
103 年第 4 季	9.14%	5.21%	2.83%	13.02%	14.28%	11.91%	11.39%

4 匯出聊天室完整問答

Do it！

ChatGPT 上所有聊天室的問題與相對應答案，可以透過匯出，將完整問答以 HTML 格式保存，方便進行搜尋、瀏覽與複製！

✦ ChatGPT 操作

step 01 ChatGPT 左側功能區，於帳號名稱右側選按 ■ \ **Settings**，於對話方塊中選按 **Show \ Export data**。

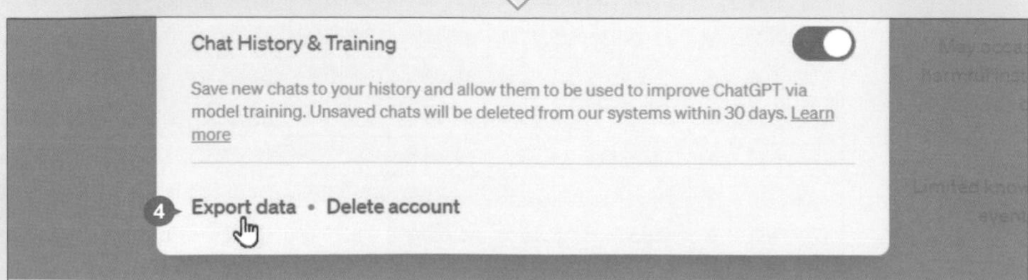

對話方塊中訊息提示為：資料匯出將包含帳戶訊息與聊天室內容，並透過先前註冊的電子郵件直接發送，準備好後選按 **Confirm export** 鈕。

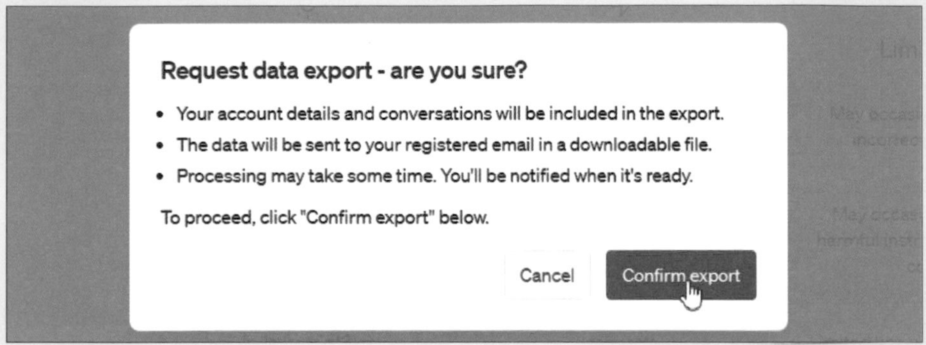

匯出成功後，會在上方看到如圖的綠色訊息方塊。

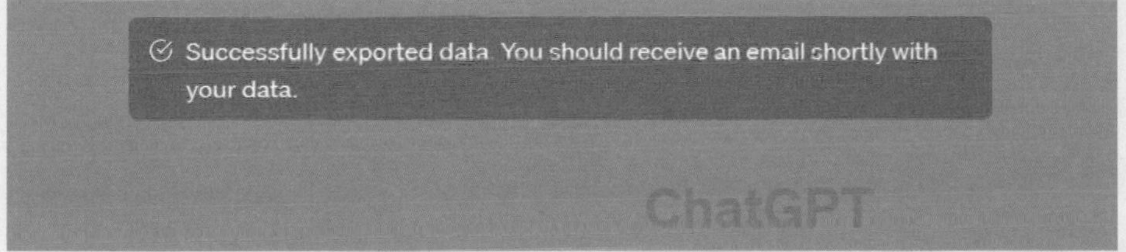

✦ 檔案下載、解壓縮與開啟

回到註冊 ChatGPT 帳號的信箱，即可看到 Open AI 寄送的電子郵件，選按 **Download data export** 鈕，會下載一個 *.zip 壓縮檔至電腦內。

OpenAI

You recently requested a copy of your ChatGPT data.

Your data export is now ready. Please click on the link below to download your data.

Download data export

step 02 進入電腦中 <下載> 資料夾，找到剛才匯出的壓縮檔與解壓縮後，連按二下進入資料夾，再連按二下 <chat.html> 開啟頁面。

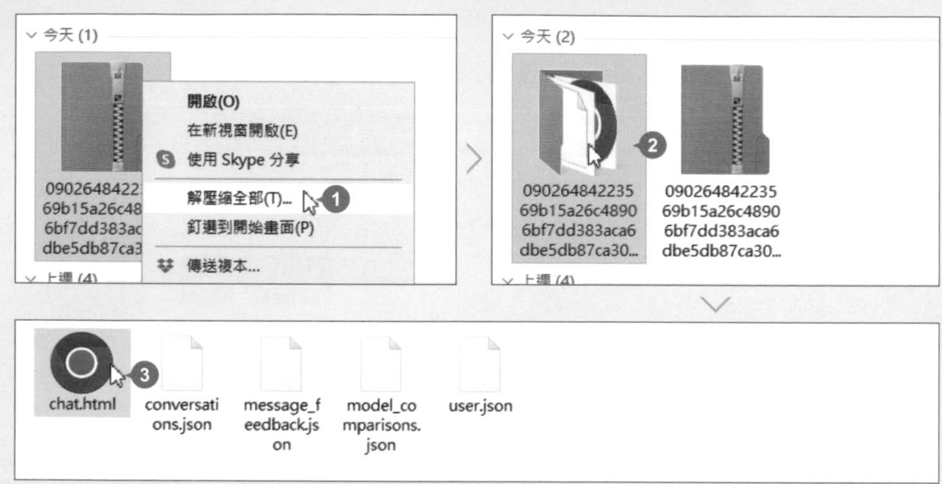

step 03 會以預設瀏覽器開啟網頁，ChatGPT 的所有聊天室會以純文字方式呈現，一個區塊即是一個聊天室內容，可以利用垂直捲軸上下瀏覽，也可以選取需要的對話內容進行複製。

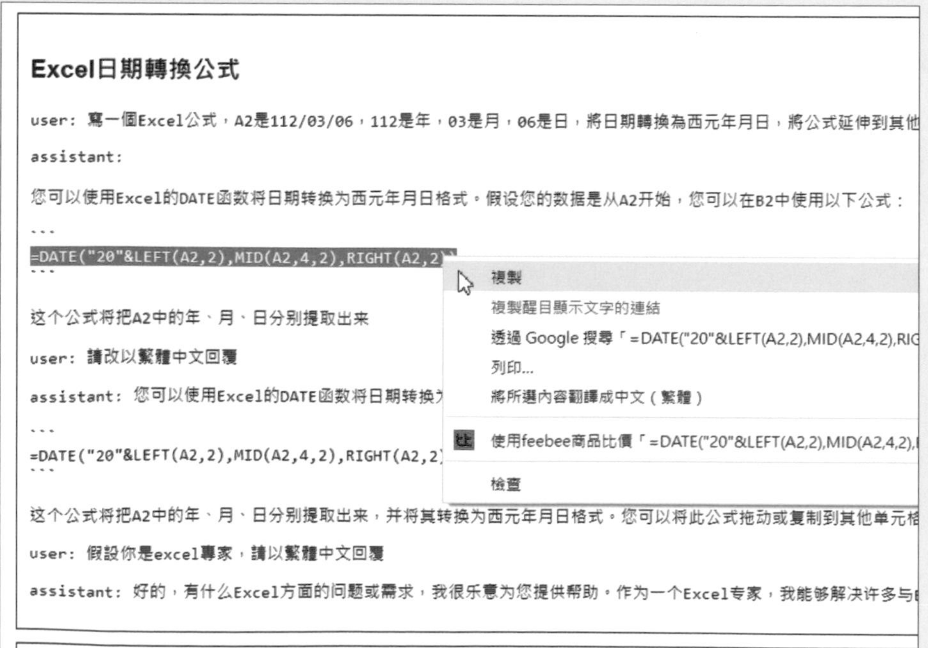

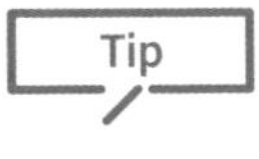

5 看 YouTube 自動取得字幕與影片摘要 Do it！

透過瀏覽器外掛，讓你在 YouTube 觀看影片的同時，取得影片字幕內容，並傳送至 ChatGPT 產生影片摘要重點。

✦ 範例說明

在 YouTube 平台搜尋、瀏覽相關影片獲取資訊時，往往由於影片時間太長，看到後面忘了前面，無法即時掌握重點。"YouTube Summary with ChatGPT" 是一款免費瀏覽器擴充程式，適用於 Chrome、Safari 瀏覽器，可以自動提取 YouTube 影片字幕並可切換多語系，同時也可直接請 ChatGPT 協助產生影片摘要。

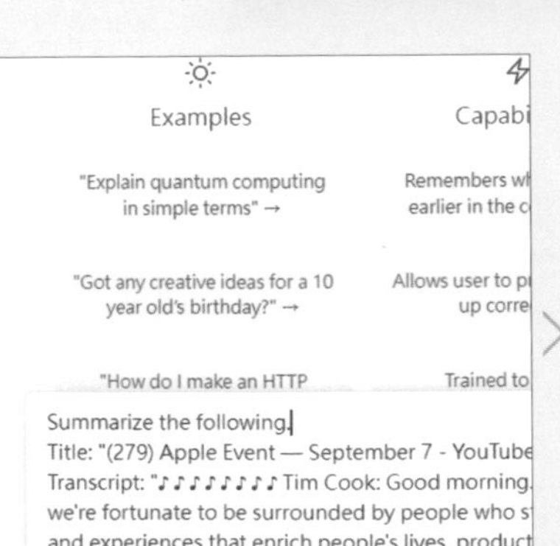

翻譯為中文：
This is a transcript of an Apple Event held on September 7, which introduced three essential products: iPhone, AirPods, and Apple Watch. These products are designed to work seamlessly together, with automatic switching, integration, and personalized features. The event showcased Apple Watch as an essential companion, with a focus on customers' personal experiences using it. The event also introduced the new Apple Watch Series 8, with a new design, advanced sensors, and features like a big, always-on display and detailed watch faces.

這是一份蘋果公司在9月7日舉辦的發佈會的文字稿，介紹了三款重要的產品：iPhone、AirPods和Apple Watch。這些產品被設計成可以無縫配合，具有自動切換、整合和個性化功能。該活動突出了Apple Watch作為重要的伴侶，著重展示客戶在使用它時的個人體驗。該活動還介紹了新的Apple Watch Series 8，具有新的設計、先進的傳感器和功能，例如大型的常開顯示屏和詳細的錶盤面。

✦ 擴充功能安裝

在此以 Google Chrome 瀏覽器示範擴充功能安裝與後續操作應用。

step 01 開啟瀏覽器，進入「https://glasp.co/youtube-summary」頁面，選按 **Install on Chrome** 鈕。

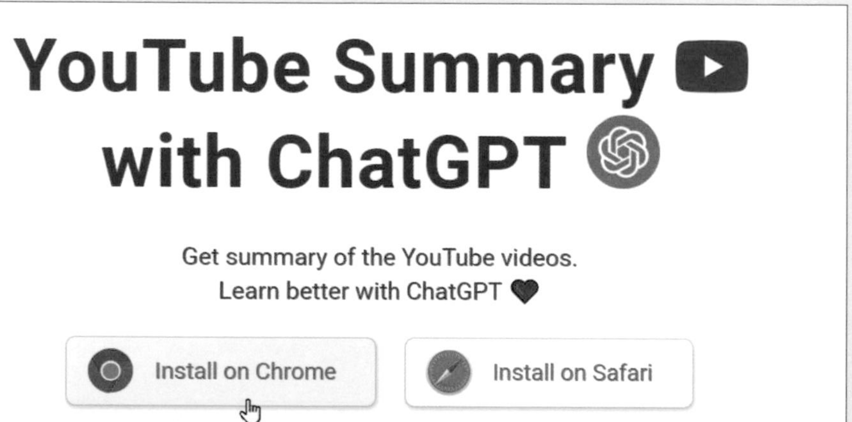

step 02 選按 **加到 Chrome** 鈕 \ **新增擴充功能** 鈕，安裝完成後，網址列最右側會跳出工具已加入 Chrome 的訊息。

✦ 使用 YouTube Summary with ChatGPT 擴充功能

step 01 於 YouTube 平台開啟要取得摘要的影片，在此示範影片為：「https://bit.ly/43lmuAt」，影片畫面右側選按 **Transcript & Summary** 鈕，開啟字幕清單。

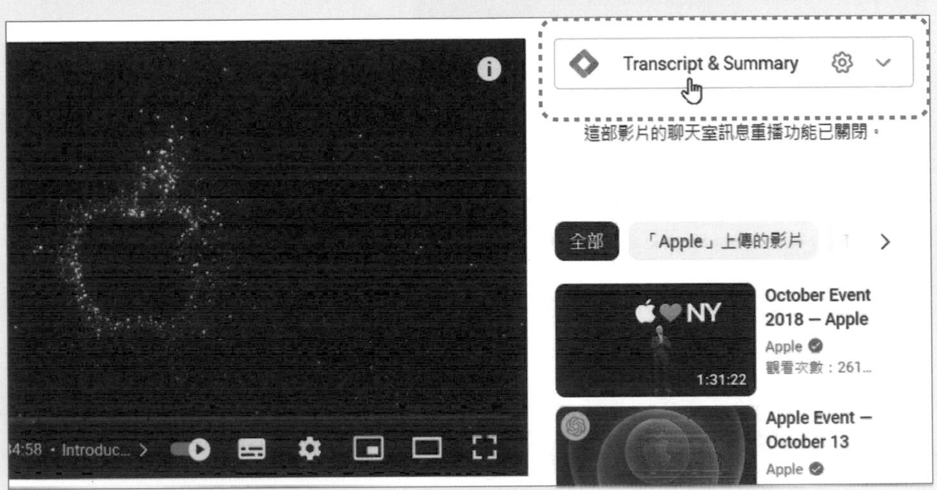

step 02 預設會以使用者瀏覽器語系產生對應的字幕，也可於清單中選按合適語系轉換 (部分影片會無法產生字幕)，經過實測，英文字幕傳回 ChatGPT 產生摘要的速度會較快，在此選按 **英文**。

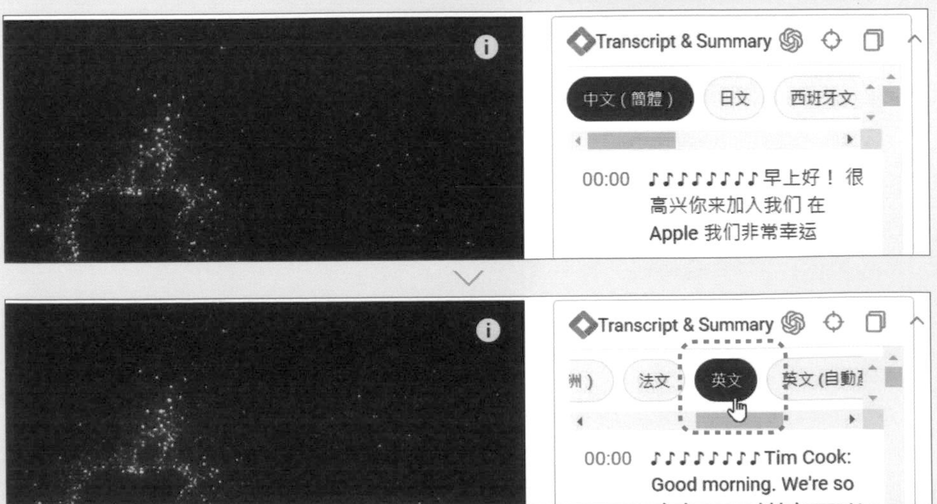

step 03 選按右上角 **View AI Summary**，會自動將字幕內容傳回 ChatGPT。

✦ ChatGPT 操作

step 01 在 ChatGPT 對話框會自動出現 "Summarize the following" 指令，以及影片字幕內容 (若等了一下仍無字幕內容，可將瀏覽器視窗縮小再還原試試。)：

"How do I make an HTTP　　Trained to decline

Summarize the following.
Title: "(279) Apple Event — September 7 - YouTube"
Transcript: "♪♪♪♪♪♪♪♪ Tim Cook: Good morning. We're so glad you could join us. At Apple, we're fortunate to be surrounded by people who strive to innovate together to create products and experiences that enrich people's lives, products that are intuitive and easy to use, that have a unique integration of hardware and software, and that are incredibly personal. Today, we're

step 02 接著 ChatGPT 會自動依影片字幕內容產生一段摘要，也可再次於 ChatGPT 對話框提問「翻譯為中文：(複製上方摘要內容)」，按 Enter 鍵送出，取得中文摘要內容。

This is a transcript of an Apple Event held on September 7, which introduced three essential products: iPhone, AirPods, and Apple Watch. These products are designed to work seamlessly together, with automatic switching, integration, and personalized features. The event showcased Apple Watch as an essential companion, with a focus on customers' personal experiences using it. The event also introduced the new Apple

翻譯為中文：
This is a transcript of an Apple Event held on September 7, which introduced three essential products: iPhone, AirPods, and Apple Watch. These products are designed to work seamlessly together, with automatic switching, integration, and personalized features. The event showcased Apple Watch as an essential companion, with a focus on customers' personal experiences using it. The event also introduced the new Apple

6 優化 ChatGPT，回答最新資訊

Do it！

ChatGPT 的資料目前只侷限於 2021 年以前的內容，藉由瀏覽器外掛連結 Google，取得最新資訊回答你我的問題。

✦ 範例說明

"WebChatGPT" 是一款免費瀏覽器擴充程式，適用於 Google Chrome 瀏覽器，有即時連網的功能，每當使用者在 ChatGPT 提問，會前往 Chrome 瀏覽器進行搜尋將結果取回並學習，再將閱讀的頁面整理列項、回覆。

2023年是科技創新快速發展的一年，以下是國際新聞中最具話題性的五項科技創新：

1. 元宇宙：2023年CES展會將以元宇宙為重要關鍵字[1]。元宇宙是一個虛擬現實的世界，將人工智慧、虛擬現實、擴增現實等技術融合在一起，可以創造出與現實不同的體驗。
2. 5G FWA：2023年將有全球規模的5G FWA商用，將加速家庭寬頻的普及[2]。5G FWA技術支援家庭和商業應用，提供更大頻寬和低延遲的連接，成為固定寬頻連接的替代方案之一。
3. 量子計算：中國的"祖衝之二號"和"九章二號"實現了量子優越性，並且成為了國際新聞中的話題[3]。量子計算是一種基於量子力學的計算方法，可以在極短的時間內解決現代計算無法處理的問題。
4. AI語音助手：隨著人工智慧技術的不斷發展，AI語音助手已成為人們生活中不可或缺的一部分。2023年，預計將有更多的AI語音助手應用在智能家居、智能手機等方面，為人們提供更加方便的生活體驗。
5. 智慧城市：智慧城市是一種基於物聯網技術的城市管理模式。2023年，預計將有更多的城市開始實施智慧城市項目，進一步提高城市的智能化水平。智慧城市可以提高城市管理的效率，同時也可以為人們帶來更加便捷的生活體驗。

Regenerate response

按 / 打开命令菜单

Web access | 3 results | Any time | Any region | Default prompt

WebChatGPT extension v.3.2.4. If you like the extension, please consider supporting me.

ChatGPT Mar 23 Version. Free Research Preview. ChatGPT may produce inaccurate information about people, places, or facts

✦ 擴充功能安裝

在此以 Google Chrome 瀏覽器示範擴充功能安裝與後續操作應用。

step 01 開啟瀏覽器，進入「https://bit.ly/WebChatGPT_2023」頁面，選按 **加到 Chrome** 鈕 \ **新增擴充功能** 鈕。

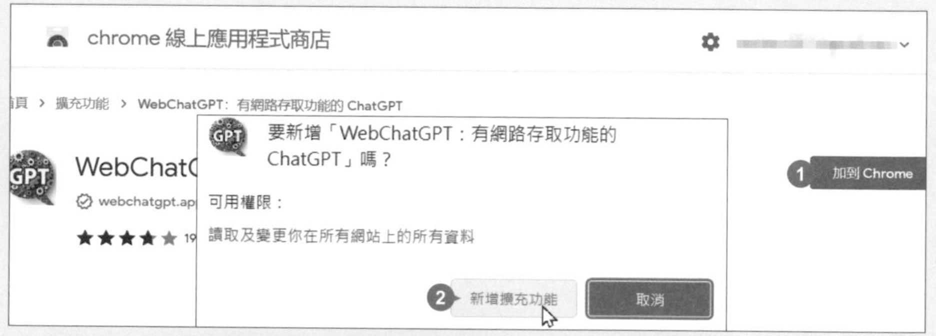

step 02 安裝完成後，網址列最右側會跳出工具已加入 Chrome 的訊息，並切換至 ChatGPT 畫面。

step 03 ChatGPT 對話框下方會出現一功能列，共有五個選項，分別是 **Web access** (連線上網)、**results** (來源)、**Time** (時間)、**Region** (地區)，以及最右邊的 **Prompt** (指令)；畫面中會看到先使用預設的項目。

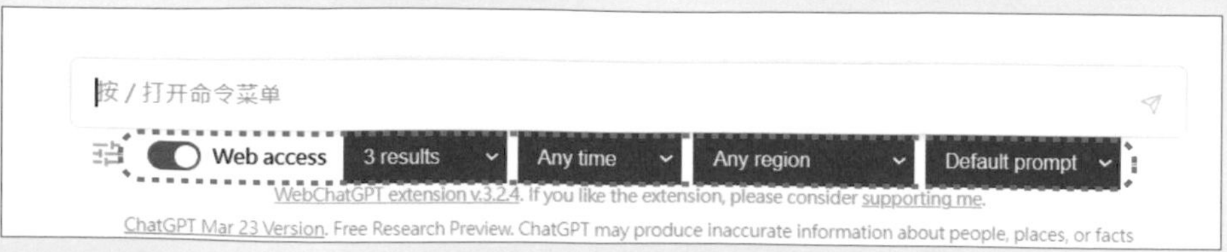

✦ ChatGPT 操作 (問題1)

step 01 同樣的問題，第一次提問先關閉 **Web access**，在 ChatGPT 對話框中輸入以下文字，並送出：

2023 年國際新聞中 "科技創新" 類別，列出五項最具話題性的 ②

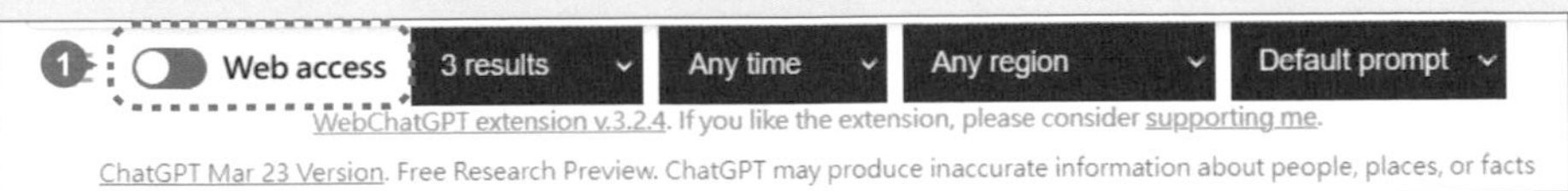

step 02 得到此段 ChatGPT 回覆，告知無法預測未來的事件或情況，知識庫僅限於 2021 年 9 月之前的資料。

很抱歉，作為一個人工智能模型，我無法預測未來的事件或情況。我的知識庫僅限於2021年9月之前的資料。此外，「話題性」是一個主觀的詞語，因此可能因人而異，建議您關注當前的新聞報導以了解最近發生的事件。

✦ ChatGPT 操作 (問題2)

step 01 同樣的問題，第二次提問先開啟 **Web access**，並設定功能列上的 **results** (來源)、**Time** (時間)、**Region** (地區)，以及最右邊的 **Prompt** (指令)，在 ChatGPT 對話框中輸入以下文字，並送出：

2023 年國際新聞中 "科技創新" 類別，列出五項最具話題性的 ②

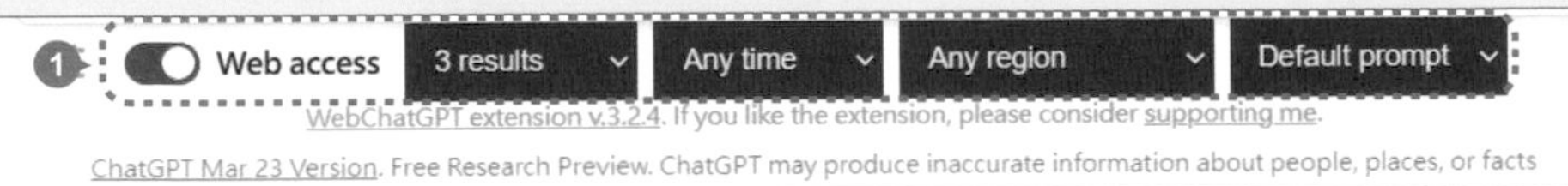

step 02 會自動依工具列的設定取得 3 則引用來源頁面資訊，下方得到此段 ChatGPT 回覆，如此一來即可讓 ChatGPT 回覆最新的資訊內容。

Web search results:

[1] "美國消費性電子展（CES）主辦單位美國消費技術協會已宣示2023年六大科技主軸，包含移動載具、元宇宙、健康科技、企業科技、沉浸遊戲和永續。 工研院產科國際所經理董鍾明說：「元宇宙（Metaverse）和沉浸式（Immersive）是CES 2023的重要關鍵字，物宇宙（Metaverse on Things；MoT）比我們想像得更快實現。 」..."
URL: https://udn.com/news/story/7240/7009465

[2] "2023年全球5G FWA實現大規模商用，加速家庭寬頻普及 由於5G FWA可支援家庭和商業應用，帶來更大頻寬和低延遲連接，成為固定寬頻連接之替代方案之一。目前全球已有超過45個國家及地區的83家營運商推出符合3GPP的5G"
URL: https://technews.tw/2022/10/11/trendforce-top-10-technology-industry-pulses-in-2023/

[3] "推進科技創新，促進產業優化升級，突破供給約束堵點，依靠創新提高發展質量。. 近年來，中國重大科技創新成果競相涌現，"天問"探火、"羲和"探日、"神舟""天和"遨遊星河；"祖衝之二號"和"九章二號"實現量子優越性，"海鬥一號 ..."
URL: http://big5.www.gov.cn/gate/big5/www.gov.cn/xinwen/2022-03/13/content_5678787.htm

Current date: 2023/4/11

Instructions: Using the provided web search results, write a comprehensive reply to the given query. Make sure to cite results using [[number](URL)] notation after the reference. If the provided search results refer to multiple subjects with the same name, write separate answers for each subject.
Query: 2023 年國際新聞中 "科技創新" 類別，列出五項最具話題性的
Reply in 中文

2023年是科技創新快速發展的一年，以下是國際新聞中最具話題性的五項科技創新：

1. 元宇宙：2023年CES展會將以元宇宙為重要關鍵字[1]。元宇宙是一個虛擬現實的世界，將人工智慧、虛擬現實、擴增現實等技術融合在一起，可以創造出與現實不同的體驗。
2. 5G FWA：2023年將有全球規模的5G FWA商用，將加速家庭寬頻的普及[2]。5G FWA技術支援家庭和商業應用，提供更大頻寬和低延遲的連接，成為固定寬頻連接的替代方案之一。
3. 量子計算：中國的"祖衝之二號"和"九章二號"實現了量子優越性，並且成為了國際新聞中的話題[3]。量子計算是一種基於量子力學的計算方法，可以在極短的時間內解決現代計算無法處理的問題。
4. AI語音助手：隨著人工智慧技術的不斷發展，AI語音助手已成為人們生活中不可或缺的一部分。2023年，預計將有更多的AI語音助手應用在智能家居、智能手機等方面，為人們提供更加方便的生活體驗。
5. 智慧城市：智慧城市是一種基於物聯網技術的城市管理模式。2023年，預計將有更多的城市開始實施智慧城市項目，進一步提高城市的智能化水平。智慧城市可以提高城市管理的效率，同時也可以為人們帶來更加便捷的生活體驗。

7 轉存聊天為圖片、PDF、文字或連結 Do it！

無法轉存每次提問 ChatGPT 的答覆或與朋友分享，是使用 ChatGPT 常見的困擾，ChatGPT 目前沒有提供相關功能。

✦ 範例說明

"ChatGPT Prompt Genius" 是一款免費瀏覽器擴充程式，適用於 Google Chrome 瀏覽器，可將提問與 ChatGPT 答覆內容轉存為 PNG 圖檔、PDF 文件、MD 和連結網址，是一項很方便的轉存工具。

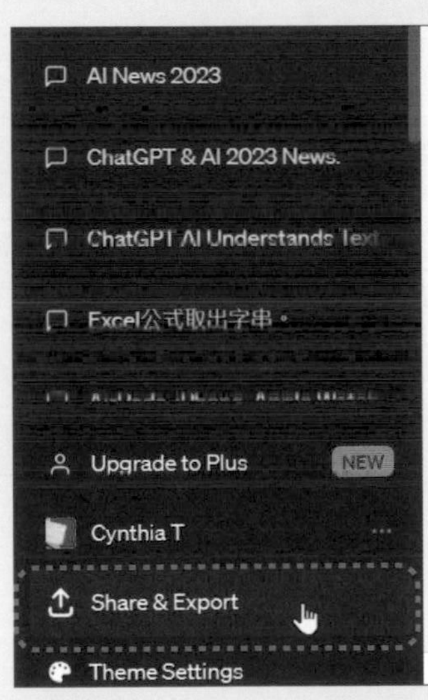

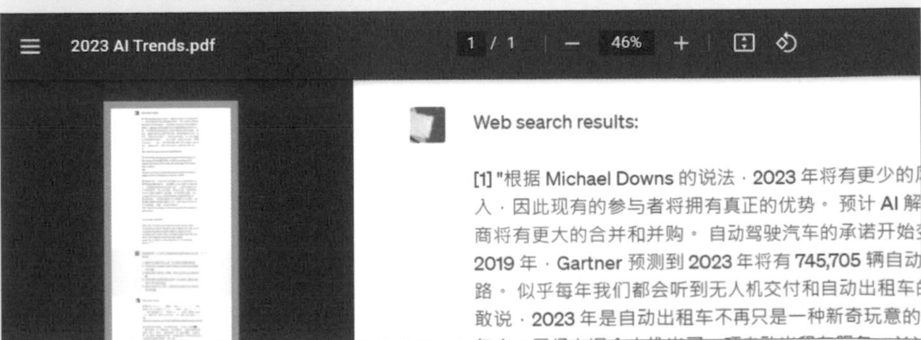

✦ 擴充功能安裝

在此以 Google Chrome 瀏覽器示範擴充功能安裝與後續操作應用。

step 01 開啟瀏覽器，進入「https://bit.ly/chatgpt-prompt-genius」頁面，選按 **加到 Chrome** 鈕 \ **新增擴充功能** 鈕。

step 02 安裝完成後，網址列最右側會跳出工具已加入 Chrome 的訊息。

step 03 安裝好後，ChatGPT 左側功能區會出現 **Share & Export** 功能。

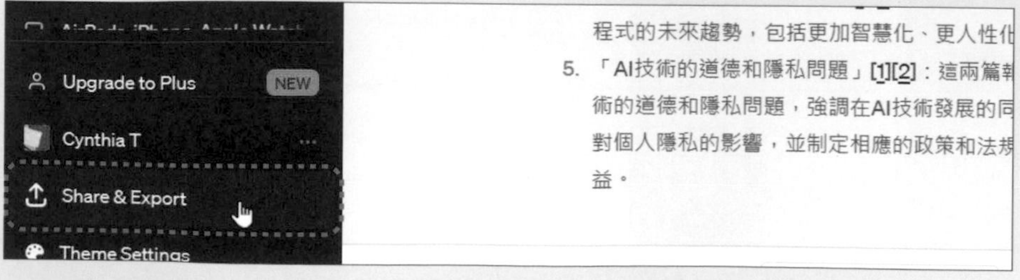

✦ ChatGPT 操作

step 01 轉存為 PDF 檔：選按欲轉存的聊天室，再選按 **Share & Export \ Download PDF**，會自動將該聊天室全部內容轉換成 PDF 文件檔並下載至本機電腦。

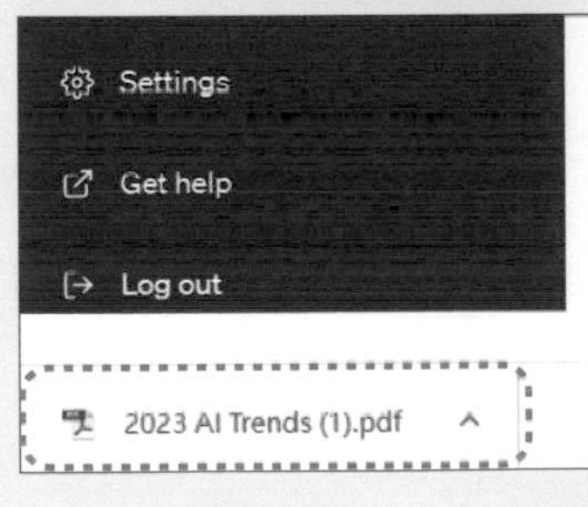

step 02 轉存為 PNG 檔：選按欲轉存的聊天室，再選按 **Share & Export \ Download PNG**，會自動將該聊天室全部內容轉換成 PNG 圖片並開啟新分頁呈現。於新分頁的圖片上方按一下滑鼠右鍵 \ **另存圖片**，即可將圖檔下載至本機電腦。

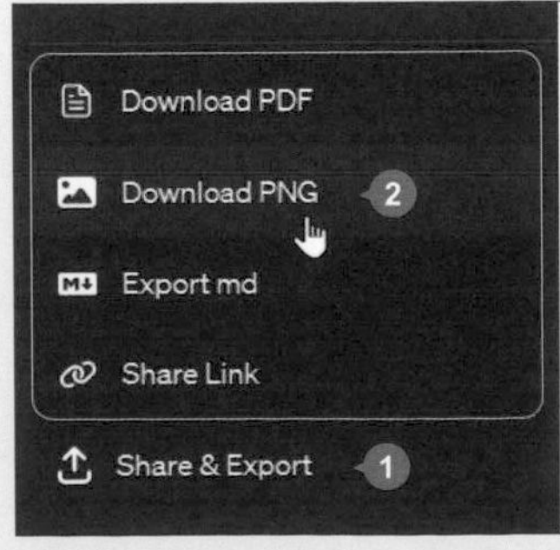

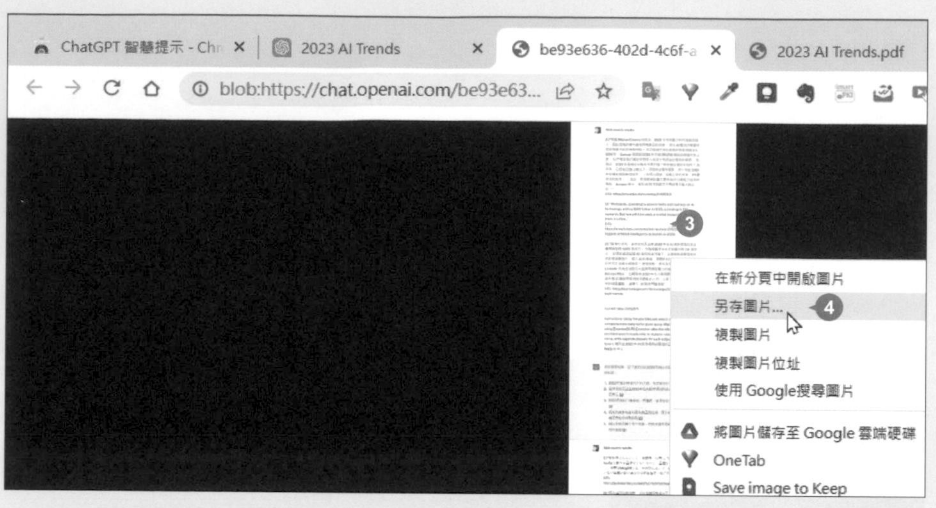

step 03 轉存為 MD 檔：選按欲轉存的聊天室，再選按 **Share & Export \ Export md**，會自動將該聊天室全部內容轉換成 MD 純文字檔並下載至本機電腦 (可使用 Windows 系統內建用 **記事本** 應用程式開啟)。

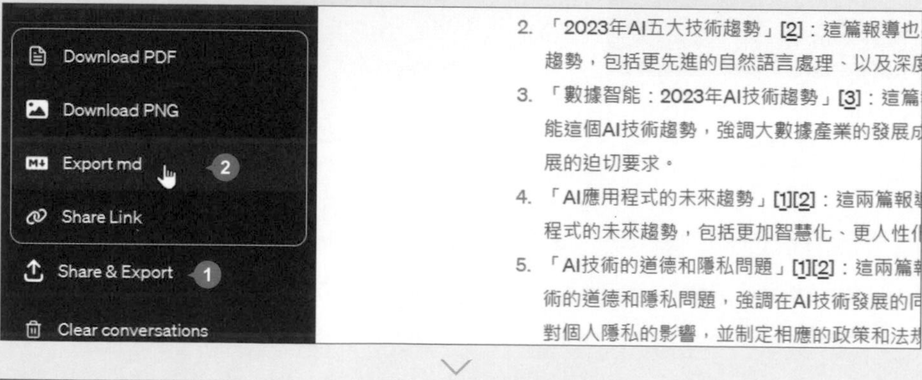

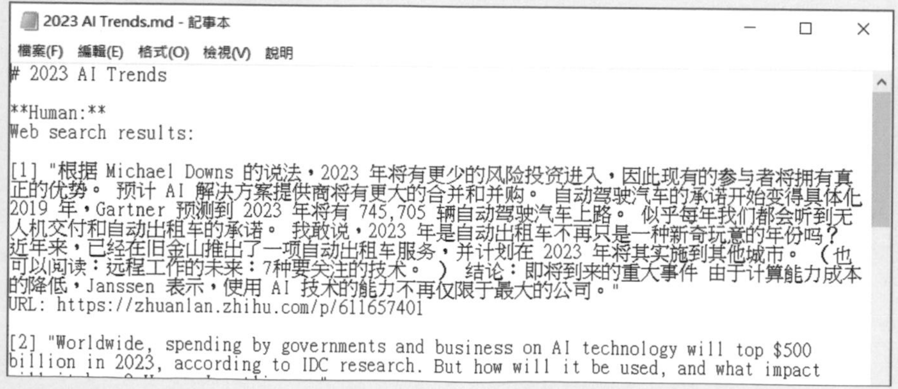

分享連結：選按欲分享的聊天室，再選按 **Share & Export \ Share Link**，會自動將該聊天室全部內容轉換成網頁，開啟新分頁呈現；複製上方網址即可與朋友、同事分享。

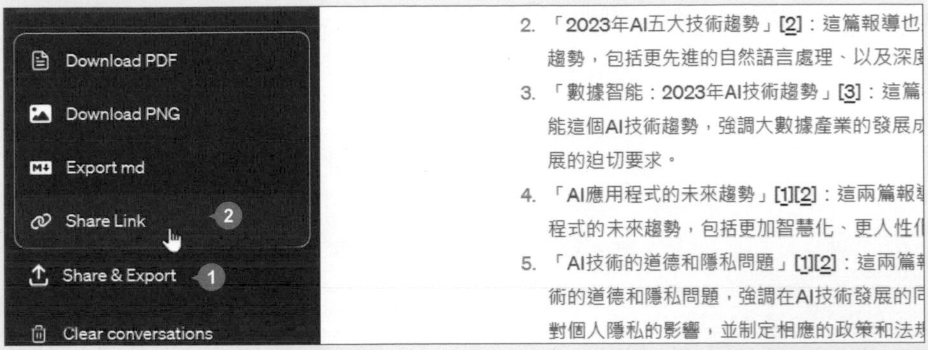

Download PDF
Download PNG
Export md
Share Link 2
Share & Export 1
Clear conversations

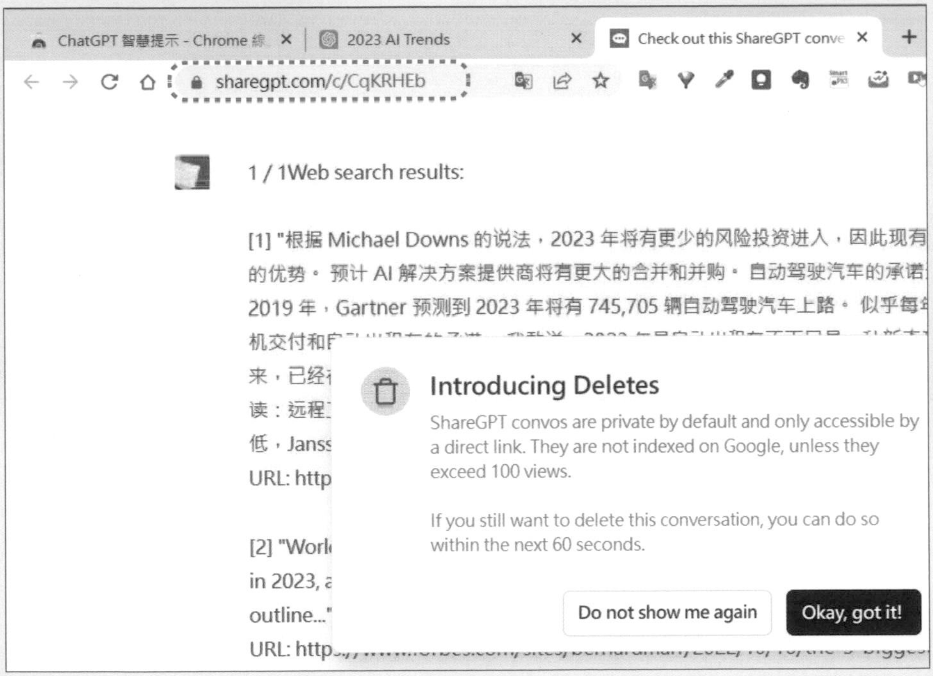

2. 「2023年AI五大技術趨勢」[2]：這篇報導也
趨勢，包括更先進的自然語言處理、以及深度
3. 「數據智能：2023年AI技術趨勢」[3]：這篇
能這個AI技術趨勢，強調大數據產業的發展成
展的迫切要求。
4. 「AI應用程式的未來趨勢」[1][2]：這兩篇報
程式的未來趨勢，包括更加智慧化、更人性化
5. 「AI技術的道德和隱私問題」[1][2]：這兩篇報
術的道德和隱私問題，強調在AI技術發展的同
對個人隱私的影響，並制定相應的政策和法規

ChatGPT 智慧提示 - Chrome 線 ×　2023 AI Trends ×　Check out this ShareGPT conve ×

sharegpt.com/c/CqKRHEb

1 / 1Web search results:

[1] "根据 Michael Downs 的说法，2023 年将有更少的风险投资进入，因此现有
的优势。预计 AI 解决方案提供商将有更大的合并和并购。自动驾驶汽车的承诺
2019 年，Gartner 预测到 2023 年将有 745,705 辆自动驾驶汽车上路。似乎每年

Introducing Deletes

ShareGPT convos are private by default and only accessible by a direct link. They are not indexed on Google, unless they exceed 100 views.

If you still want to delete this conversation, you can do so within the next 60 seconds.

Do not show me again　Okay, got it!

8 停用或移除 Chrome 瀏覽器擴充功能 Do it !

Google Chrome 瀏覽器有很多好用的擴充功能讓你免費安裝使用，但如果安裝太多會彼此相互干擾或造成 ChatGPT 介面太過雜亂。

已安裝的 Google Chrome 瀏覽器擴充功能，若暫時不使用可以調整為停用或移除功能。

step 01 開啟 Google Chrome 瀏覽器，登入帳號後，於瀏覽器右上角選按 ⋮ \ **更多工具 \ 擴充功能**。

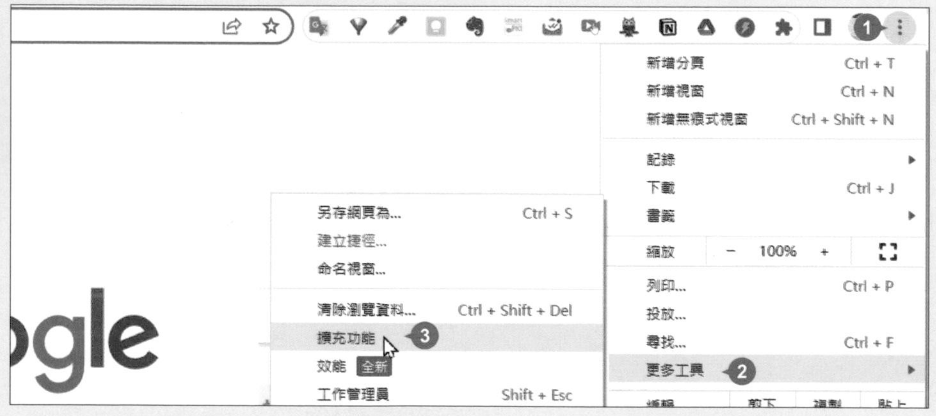

step 02 於不想使用的擴充元件選按 呈 狀，即可停用，待下次要使用時再開啟即可使用。(若選按 **移除** 鈕則為解除安裝)

翻倍效率工作術--不會就太可惜的 Excel × ChatGPT 自動化應用

作　　者：文淵閣工作室 編著 / 鄧君如 總監製
企劃編輯：王建賀
文字編輯：江雅鈴
設計裝幀：張寶莉
發 行 人：廖文良

發 行 所：碁峰資訊股份有限公司
地　　址：台北市南港區三重路 66 號 7 樓之 6
電　　話：(02)2788-2408
傳　　真：(02)8192-4433
網　　站：www.gotop.com.tw
書　　號：ACI037000
版　　次：2023 年 05 月初版
　　　　　2024 年 05 月初版二刷
建議售價：NT$390

國家圖書館出版品預行編目資料

翻倍效率工作術：不會就太可惜的 Excel × ChatGPT 自動化應用
/ 文淵閣工作室編著. -- 初版. -- 臺北市：碁峰資訊, 2023.05
面；　公分
ISBN 978-626-324-506-8(平裝)
1.CST：辦公室自動化
494.8　　112006636

本書是根據寫作當時的資料撰寫而成，日後若因資料更新導致與書籍內容有所差異，敬請見諒。若是軟、硬體問題，請您直接與軟、硬體廠商聯絡。